众 神 的 植 物

神 圣 、 具 疗 效 和 致 幻 力 量 的 植 物

PLANTS OF THE GODS

Their Sacred, Healing, and Hallucinogenic Powers

〔美〕理查德·伊文斯·舒尔兹〔Richard Evans Schultes〕
〔瑞士〕艾伯特·霍夫曼〔Albert Hofmann〕
〔德〕克里斯汀·拉奇〔Christian Rätsch〕———— 著

金恒镳 ———————————————— 译

你愈深入迷幻蘑菇（特奥纳纳卡特尔，Teonanácatl 的音译）的世界，看到的东西就愈多。

你还可以看见我们的过去与未来，这些集合成单一的事物，早已完成、早就发生……

我看见失窃的马匹与深埋地底的城市，那些无人得悉其存在的，即将重见天日。

我看到、知道无数的事物。我认识神，并且见过他：

一个巨大无比的钟，嘀嗒地响着，许多球体慢慢地转动，

在众星之间，我看见地球、整个宇宙，我看见白昼与夜晚、哭泣与欢笑、幸福与痛苦。

凡能认识迷幻蘑菇之奥秘者，甚至能目睹那无边无际的巨钟之齿轮与发条。

——马里亚·萨宾纳（María Sabina）

商务印书馆
创于1897
The Commercial Press

导读

有一种植物，它富含文化底蕴、宗教意义与古老的传说，且具使用价值。其花容洁净而冷艳，令人耳目一新。花色多样，从纯白、鹅黄、浅橙、宝蓝、绛紫到近墨，不一而足。入夜绽放，香气袭人。硕大而修长的花筒垂悬而微张，人若不趋近端详，不得窥其花蕊。它叫作"曼陀罗"，为梵语音译，意为"宇宙结构的本源"。此花又称"悦意花"（印度语）、"爱情花""情人花""美人花""醉心花""天使之喇叭""魔草"等十余种动人的名字。

曼陀罗在许多社会里甚受珍视，这不只是因为它奇丽的花容，更因其植株含有非常特殊的生物碱（如东莨菪碱、莨菪碱、阿托品）。这些生物碱含有强烈的抗胆碱成分，服用后可引发精神异常之谵妄，让人意识不清，将幻觉视为现实，甚至中毒丧命。

你也许不知道，我们的生活周遭处处可见各种具有上述"迷幻之毒"的植物，例如杜鹃花、牵牛花、夹竹桃、相思树、刺桐、睡莲、水仙等，这些植物的整个植株，或其叶、花、果、种子、根部等，都含有各种不同浓度的有毒生物碱。

令人好奇的是：植物体为何要制造生物碱？生物碱并非植物生长、发育与繁殖直接所需的营养要素，它是植物体内二次代谢高分子化合物，其制造成本极高。原来，这些生物碱是植物用来防御吃它的动物，是保全其繁衍子孙的武器。到底植物是从何时开始制造并形成这么复杂的化合物？其功能又为何？

陆地植物是从水生植物登陆演化而来。约在4.5亿年前，刚登陆的植物还得依赖水来繁殖。其后植物逐步演化适应缺水的陆地环境，就在此时，大量的昆虫也出现了。昆虫依赖植物为生，而开花植物又得依靠昆虫来授粉，两者各自贡献所有，也各取所需，互赖共存，这在演化学上称为"共同演化"。然而，植物为防止吃它的动物吃得太过分，或吃掉它重要的繁殖器官（如花与种子），于是演化出各种防御方法，其中之一便是制造毒性的生物碱作为化学武器（因此花或种子内的这些成分最浓），用来自卫与增加繁衍机会。这些毒物有些是常备的，有些则是受到动物攻击时会立即反应制造的，而昆虫便尽量选毒性较低的叶子（避开输毒液的叶脉）来吃，或演化出抗毒的免疫力。有的昆虫还演化出利用吃下的毒素转换成自身毒素的能力，来防御吃它的动物。植物不断推出更毒与更新的生物碱，而昆虫也不断地适应与增强抗毒免疫力，宛如20世纪60年代"冷战时期"的武器竞赛，只不过植物与昆虫的"竞武"悠久得多，有上亿年历史。防御和攻击成为植物与昆虫无止境的战争。人类何其聪明，利用了植物（及蘑菇等其他生物）所制造的毒素来制造迷幻药，让人服用后感觉超出现实，进入幻境。这些迷幻药广泛用于仪式、医病、占卜、预言等方面，而产生了"萨满文化"。本书的重点便是介绍这些植物与其在原住民文化中所扮演的角色，以及迷幻药在医学上的潜在用途。

《众神的植物》所提到的大部分植物，对我们而言是外来种，是相当陌生的。译者对书中的许多植物，有些连属名都不太熟悉，遑论种名；因此在翻译过程中，便得请教许多植物分类学专家，如杨远波与邱文良博上，并查阅相关资讯，少数无解者则由译者暂译并附上拉丁学名（植物名称依据大陆学者的译法重新校订——中文简体版注），本书所使用之植物俗名均为西班牙文，故翻译时采用《西汉大词典》（台湾商务印书馆，2008年）所附之中译音表。译者还要感谢陈惠兰小姐协助译稿的文字录入。

金恒镳

警告：本书并非致幻植物用法指南。其目的在于提供有关这类植物的科学、历史和文化资料，此类植物过去或现在对很多社群具有重要意义。服用其中某些植物或植物制品可能引发危险。本书描述的治疗方法和技巧意在提供补充，而非替代专业的医学护理或治疗。未经合格的医疗认证，不得擅自采用此类疗法。

***

扉页背面图片：玛雅"蘑菇石"，出自萨尔瓦多，年代为前古典时期后期（公元前300年—公元200年）；高33.5厘米。

Plants of the gods: their sacred, healing, and hallucinogenic powers

Richard Evans Schultes, Albert Hofmann, Christian Rätsch

A production of EMB-Service for Publishers, Adligenswil/Lucerne

© revised edition 1998 by EMB-Service for Pulishers, Lucerne

www.embservice.ch

Simplified Chinese Translation Copyright © 2021 By The Commercial Press, Ltd.

目录

睡梦中的吸食者舒适地躺卧在座椅上，享受着印度大麻花叶制成的麻醉品。此幅版画出自施温德（M. von Schwind, 1804–1871）的《蚀刻版画集》（*Album of Etchings*，1843）。

第4页图：中世纪欧洲女巫用各种药汤让人酩酊大醉，其中至少有一帖药将茄科植物用作精神活性剂。当被催眠者昏昏沉沉时，女巫便可施法伤害或救助他们。此幅木刻版画（1459年）描绘两名女巫进行求雨与招雷仪式，当时可能遭遇干旱，她们正在调制药汁以求得甘霖。

对墨西哥的维乔尔（Huichol）印第安人而言，乌羽玉（*Lophophora williamsii*）不是植物，而是神——大地女神赐给人类、协助人类与她在神秘国度联系的大礼。维乔尔人每年举行盛大的"佩约特"（Peyote）庆典，所有出席的族人会吃采收的新鲜佩约特仙人掌。

序

地球上最早的生命形式是植物。最近发现一些保存极好的植物化石，年代可追溯到32亿年前。这些古老的植物成为后来所有植物，甚至动物（包括最晚近的人类）发生的基础。覆盖地球的绿色植物与太阳之间，存在一个不可思议的关联：有叶绿素的植物吸收太阳光，并合成有机化合物，此化合物是建构植物与动物两者的原料。植物体把太阳能以化学能的形式储存起来，这种化学能是所有生命过程所需的能源。由此，植物界不但提供了建构自身的食物与热量，也提供了调控体内新陈代谢必需的维生素。植

物也制造活性的化学成分，供人类用作药材。人类与植物密不可分的关系，不言自明；但植物制造的物质，对人类心智与精神的深远影响，往往是难以理解的。含有这类物质的这些植物，即本书所指的"众神的植物"。本书的重点在于这些物质用途的起源，以及它们对人类发展的影响。那些会改变人们身心正常运作状态的植物，在生活于非工业化社会的人们的心中，都是神圣不可亵渎的。这些能导致幻觉的植物，一向被称为"众神的植物"，其地位之崇高，无他物能超越。

人类的意识中存有神奇，可借此抵达无形的国度，

而佩约特仙人掌会告知我们，并引领我们抵达彼处。

——昂多南·阿铎（Antonin Artaud），《塔拉乌马拉人》（*The Tarahumars*, 1947）

维乔尔印第安的萨满（shaman）使用神圣的佩约特仙人掌，以便能在另一个世界达到某种视觉上的意识状态，在那里看到的东西与现实世界发生的事有因果关系；那些影响前者的，也会改变后者。此棉纱织品中央的骷髅头便是萨满，他是"逝者"，因此有能力进到地下的国度。

引言

人类使用致幻或能溃散意识的植物，虽然已有数千年的历史，但是西方社会最近才认识到此类植物的重要性，它们不仅改造了原始文化的历史，甚至也改造了先进文明的历史。事实上，过去三十年来，我们已清楚地看到，在现代化的工业化与都市化社会里，人们对致幻植物的用处以及它们可能存在的价值越来越有兴趣。

致幻植物是复杂的化工厂。它们作为满足人类需要之辅助工具的潜能，我们尚未完全体会。有些致幻植物体内的化合物足以改变人类的感受（如视觉、听觉、触觉、嗅觉、味觉），或者导致人为的精神疾病，这些经验从最早的人类试尝其身边的植物就有了。这些能改变人类意识的植物具有的惊人效果，往往奥秘不可解且神奇万分。

所以，长久以来致幻植物在早期文化的宗教仪式上扮演重要的角色。这些植物到目前依然被一些沿袭古文化、坚守古老传统与生活方式的人视为神圣要素。生活在古老社会的人们为何更容易接近精神世界，更容易借着致幻植物的药性引起通灵的效果，与超自然的世界来往？有没有比致幻植物更直接的方法，能让人逃逸红尘中平淡的现实生活与种种桎梏，暂时进入难以言喻的飘然境界，即使只是短暂的刹那一刻？

致幻植物给人奇怪、神秘诡异与迷惑的感觉。原因何在？因为它迟至今日才真正成为科学的研究对象。科学研究的成果极可能促使人类了解此类具有精神活性成分的植物在科技上的重要性。人类的意识与肉身及身体器官，都需要救治与矫正剂。

此类非成瘾性药物是"致幻剂"、获得"神秘体验"的媒介，还是只是人们用来开启享乐之旅的工具？其实引起科学家重视的尚有另一个层面：可否通过透彻了解这些药物的用途与化学成分来发现新的医疗手段，用于精神疾病方面的治疗或试验？中枢神经系统是人体最复杂的器官，而精神病学的进展不似其他医学领域那般快速，主要是因为没有适当的工具。我们在透彻了解若干能改变意识的植物及其有效化学成分之后，可能会发现它们具有深远的积极影响。

受过教育的社会大众必须在这类科学知识的发展中有所参与，尤其是致幻物之类如此争议性的议题。就是因为这层缘由，本书的目的不在指导深入研究此领域的科学家，或是导引一般的读者，而是写给对此议题有兴趣的普通大众。我们深信，那些着眼于人道本身或倡导人道精神的科学家，必须将科技知识提供给能够使用它们的社会大众。在这个本意下，作者撰写《众神的植物》，并冀望本书至少在某些方面能为人类带来实际的好处。

理查德·伊文斯·舒尔兹
艾伯特·霍夫曼

修订版

《众神的植物》于1979年首度发行时，即成为民族植物学与民族药理学的划时代著作。这本书启发和影响了全球许多年轻的研究人员，并鼓励他们坚守其研究岗位。正因为这样，人们对许多"众神的植物"有崭新的发现，厘清了许多致幻药物活性与成分方面的疑问。在保有本书撰写初衷，同时呈现新知的原则下，我试着在此修订版中纳入一些新的信息。我衷心期望这些"众神的植物"在我们的世界仍然拥有重要的地位，也希望那些依赖自然神性的人有机会接触到它们。

克里斯汀·拉奇

致幻植物是什么?

许多植物具有毒性。很显然,英文中的"toxic"(有毒的)直接来自希腊文"τοξιχον"(相当于英文字母的Toxikon),就是"弓",意指使用箭毒。

药用植物可用于治疗疾病或减轻病情,因为它们具有毒性。一般说到"毒性",指的是致命的毒害。然而,16世纪的瑞士炼金术士和医生帕拉塞尔苏斯(Paracelsus,1493—1541年)写道:"万物皆有毒,没有无毒之物,端视毒之剂量决定该物是否有毒。"

毒物、药物与毒品的差别只在于剂量大小。例如毛地黄(digitalis),如果用量得当,是最灵验并被广泛采用的心脏病强心剂处方,然而剂量若过高,便是致命的剧毒之物。

"酒醉"一词人人皆知,但是它最早是指"纵酒的毒害"。实际上,凡是有毒之物皆可能使人中毒。《韦氏辞典》将"有毒"定义为:"与毒有关或引起毒害者。"它可以更明确地指非纯为营养目的而摄取的植物性、动物性或化学性物质,这些物质会让身体出现明显的活性机能反应。我们知道这不过是一种广义的说法,此定义也包括了咖啡因这类物质。正常剂量的咖啡因作为兴奋剂,不至于引起中毒的症状,但是高剂量的咖啡因肯定是危险的有毒之物。

致幻物必须归为有毒之物,因为它们绝对会引起中毒。广义而言,致幻物也是毒品。英文的narcotic(即毒品)源自希腊文"ναρχουν"(narkoyn),意即"使感觉迟钝",从词源来看是指它在作用阶段会让人体验到一段或更多段兴奋的时光,但最终会让人的中枢神经系统陷入沮丧的状态。在此广泛的定义下,酒与烟均为毒品。咖啡因等兴奋剂不归为毒品,因为在正常剂量下,它不会让人感觉沮丧,虽然心情会受到影响。德文有"Genuβmittel"(意为"嗜好品")一词,此乃包括毒品与兴奋剂,但英文里没有这种词汇。

"毒品"一词通常被诠释为让人上瘾的东西,例如鸦

曼陀罗(Datura)一直被认为与湿婆崇拜有关。湿婆为印度之神,是宇宙的创造与摧毁之神。右图中非凡的青铜雕像是11或12世纪印度东南部的作品。湿婆跳"Ānandatāndava"之舞,此为湿婆跳的第七个舞,也是最后的舞蹈。湿婆的右脚踏碎恶魔"Apasmāra-purusa",此恶魔是愚昧之化身。湿婆的上右手握着一个小鼓,象征时间,是他在生命与创造之域所跳的宇宙之舞的律动。他的下右手施无畏印,代表湿婆护卫宇宙的地位。他的上左手持着火焰,燃烧着幻觉之帷幕。下边的左手做"象手"(gajahasta)姿势,指向他抬起的左脚,左脚可在空中自由活动,象征心灵的解放。

湿婆以冠束发,宝冠中央饰有两条蛇托起的一颗骷髅,显示湿婆结束时间循环和摧毁生命的黑暗面。右边是一朵曼陀罗花,花冠编织在他披散飞扬的发辫之间。

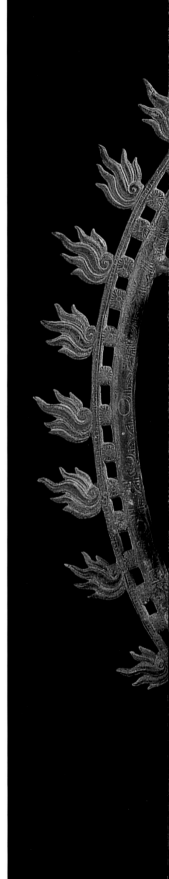

下图为秘鲁萨满巴勃罗·阿马温戈（Pablo Amaringo）所作，诠释亚马孙印第安人最重要的药物"阿亚瓦斯卡"（Ayahuasca）饮料的进化史，这种神秘的饮料具有强烈的幻视特性，服用者会短暂瞥见某种"真情实况"，进入奇异的视觉境界。

第13页上图：大麻的使用历史悠久。服用此植物可能是导致蒙古萨满疯狂舞蹈的原因。

片及其衍生物（吗啡、可卡因、海洛因）与古柯碱等，皆为毒品。美国规定合法的毒品必须是名列于《哈里森毒品法案》（the Harrison Narcotic Act）者。因此，虽然大麻是受管制的物质，但不属于非法的毒品。

宽泛地讲，致幻物含括所有的毒品，即使它不会让人上瘾也没有毒性效果。

幻觉的类别很多，最常见与最容易辨识的一种是视觉幻象，大多表现在颜色上。但是致幻物会影响所有的感觉，如使听觉、触觉、嗅觉、味觉出现幻觉。单一的一种致幻植物（例如乌羽玉或大麻）往往会引起好几种不同的幻觉。致幻物也会引起人为的精神病，造成精神错乱，因为迷幻剂含有"引发精神病"的有效成分。当代的大脑研究显示，迷幻剂能引发大脑的活动，与真正的精神病完全不同。

现代研究呈现了心理生理学的效应之复杂性，"致幻物"这个词无法完全包含致幻物引起的所有反应。因此，各种各样令人迷惑的命名一一出笼，但没有一个名词能够描述所有迷幻剂的效果。这些名词极多，都与幻觉、意识、精神、幻影、灵魂等精神或心理状态有关。例如 entheogens、deliriants、delusionogens、eidetics、hallucinogens、misperceptinogens、mysticomimetics、phanerothymes、phantasticants、psychotica、psychoticants、psychogens、psychosomimetics、pyschodysleptics、

psychotaraxics、psychotogens、psychotomimetics、schizogens、psychedelics 等。欧洲一般称为"幻想剂"（phantastica），而美国最常用的是"迷幻药"（psychedelics）。就词源学而言，美国用"迷幻药"是错的，具有毒品次文化的其他内涵。

真相是，没有一个词能适当地将这类对身心有显著影响的植物完全含括在内。德国毒物学家路易斯·莱温（Louis Lewin）是第一个使用"幻想剂"一词的人，他承认此词"并未涵盖我想传递的所有内涵"。而"致幻物"（hallucinogen）虽然发音容易且含义浅显，但并非所有植物皆会引起真正的幻觉。至于常用的"拟精神病药物"

（psychotomimetic）一词，许多专家不予采用，因为此类植物不见得都会引发精神类疾病。但是由于致幻物与拟精神病药物不但易懂，且普遍被引用，本书就采用这两个词语。

在众多定义中，霍弗（Hoffer）与奥斯蒙德（Osmond）的定义够广，接纳者也众。其定义为："致幻物为……化学剂，在无毒剂量时可让感觉（包括思维与心境）产生变化，但对人物、地方与时间不致出现精神错乱、记忆丧失或意识迷乱的情形。"

根据路易斯·莱温较旧的归类法，艾伯特·霍夫曼将精神药物分为镇痛剂与兴奋剂（如鸦片、古柯碱）、镇

下图：马里亚·萨宾纳虔诚地服用"圣婴"（niños santos），因为她喜爱迷幻蘑菇带来的幻觉与医治效果。

第15页图：墨西哥马萨特克（Mazatec）的萨满马里亚·萨宾纳在贝拉达（velada）的医病仪式中，会先熏燃神圣蘑菇。

静剂与镇定剂（利血平）、催眠药（卡瓦-卡瓦）、致幻药（仙人球毒碱、大麻）等。这类致幻物大部分只会引发心境的变化或让心境平静。

但是，最后一类致幻物会大大改变感受的幅度、对真情实况的认知、空间感和时间感，也可能让人失去人格特质。在意识尚存的情况下，进入梦幻的世界，能感觉到比正常世界更觉真实的世界。他们往往会看见难以形容的明亮色彩；面对的物件可能已失去原始的象征特性，似乎因为各自拥有实体性而分离，愈来愈趋向独立。

致幻物引发的精神改变与意识的异常状态，是如此地远离日常生活常态，因而几乎无法用日常生活的语言来描述。当致幻物发生作用时，人会远离他熟悉的世界，处在另一套标准与陌生的时空里。

致幻物大部分来自植物，少数来自动物如蟾蜍、蛙、鱼；有一些则是人工合成物，如LSD（麦角酸二乙胺，也称为麦角二乙酰胺）、TMA（3-甲氧基-苯异丙胺）、DOB（2,5-甲氧基-4-溴苯异丙胺）。这些致幻物的使用可追溯至史前时代，一般认为它们那让人超脱尘俗的效果或许来自神灵。

在原住民的文化里，往往没有身体或肉体产生疾病或是造成死亡的概念；人们认为疾病和死亡是心灵受到扰乱的结果。因此，可让原住民医生（有时甚至是患者）与灵界沟通的致幻物，通常成为原住民药典中的良药。人们认定致幻物比直接医治身体的药或缓和剂更有疗效。此类概念的累积，让致幻物逐渐成为大部分（甚至是全部）原住民社会医疗的稳固基础。

致幻植物因为含有几种化学物而能以特定的方式对中枢神经系统产生明确的作用。迷幻状态往往为时短暂，只能维持到诱发成分代谢完毕或排放到体外。所谓的真正迷幻（视觉）与或可称之为假迷幻的状态，似乎有所区别。有毒植物会扰乱正常的新陈代谢作用，产生精神异常状态，引发极类似迷幻之实用目的的状态。若干所谓亚文化群的成员尝试使用许多植物，例如占卜鼠尾草等，并认为此类植物是新发现的致幻药。假迷幻状态也可能发生在未取食有毒植物或有毒物质时。中世纪一些被视为行径怪诞的人，在长时间不摄取食物和水分之后，最终在正常的代谢作用下出现幻觉，经由这种假迷幻状态产生幻视与幻听体验。

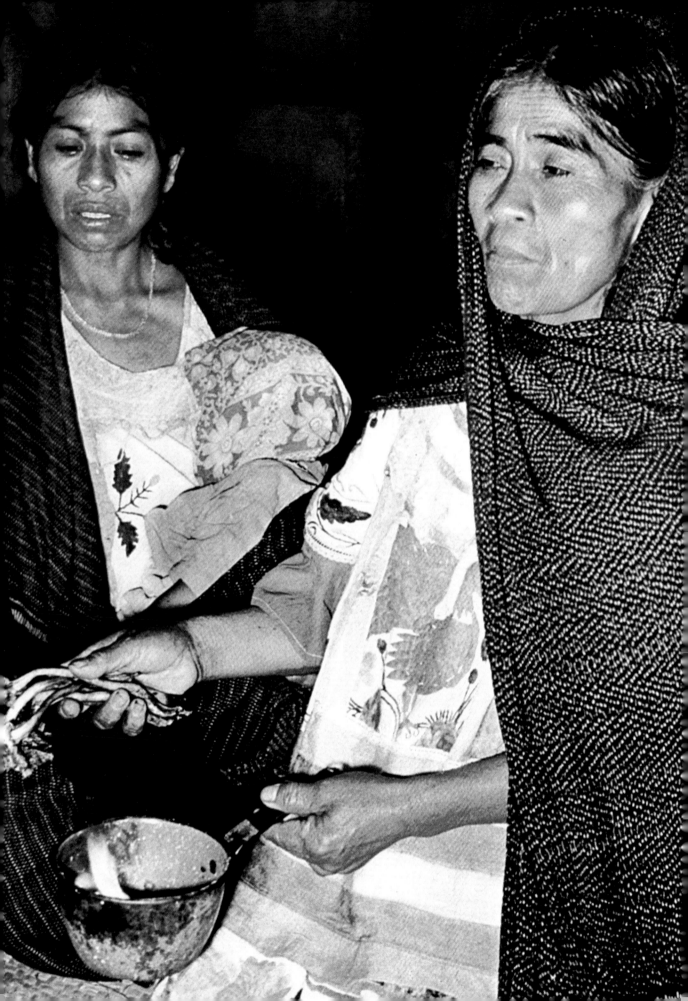

植物界

18世纪以前，尚无真正合乎逻辑或广为接受的植物分类系统与命名系统。欧洲各国采用当地的俗名来称呼这些植物，而在专业上提到它们时，用的是拉丁文，名字通常包含好几个词，以一长串累赘的形容词来表示。

15世纪中叶，印刷术与铅字版的发明带动了本草植物书（即植物图鉴，主要是药用植物）的出版。在1470—1670年所谓本草植物的时代（Ages of Herbals），植物学与医药从由迪奥斯科里斯（Dioscorides，约公元40—90年）及其他传统博物学家主导了约16个世纪的古老概念中解脱出来。在这两个世纪，植物学的进步远超过去的1500年。

然而，直到18世纪才由林奈（Carl von Linné）提出第一套综合且科学的植物分类系统与命名法。林奈为瑞典的博物学家与医生，也是乌普萨拉（Uppsala）大学的教授，在1753年出版了巨著《植物种志》（*Species Plantarum*），全书共1200页。

林奈依据植物的"性征系统"归纳出一个简易的植物分类系统，包括24个纲，主要根据雄蕊的数目及其特征来分类。他为每一种植物取了一个由属名与种加词组成"双名"的物种名。虽然在他之前也有植物学家采用双名制（二名法），但是林奈是第一个自始至终采用这个系统的人。从后来的植物演化知识来看，林奈的性征系统是高度人为与不适当的，现在已不通用。但是他的双名制概念却为全球所采用，植物学家一致同意以1753年为采用现行命名制的元年。

林奈深信他在1753年已完成世界上大部分植物的分类工作，他估算世界上的植物不超过10,000种。但是林奈的成就与其众门生所发挥的影响，让人们对开展与探索新大陆植物的兴趣大增。结果，一个世纪之后的1847年，英国植物学家约翰·林德利（John Lindley）估计，植物的物种已增加到将近100,000种，隶属于8900属。

圣母百合
（*Lilium candidum*）

香蒲
（*Acorus calamus*）

单子叶植物（MONOCOTYLEDONEAE）

致幻植物出现在演化程度最高的开花植物（被子植物）中，也出现在形式较简单的真菌类中。被子植物分为单子叶植物与双子叶植物。

香蒲、大麻、颠茄及毒蝇鹅膏（又名毒蝇伞）是精神活性物种的代表。

欧洲鳞毛蕨
（*Dryopteris filix-mas*）

蕨类植物（PTERIDOPHYTA）

耳蕨
（*Polytrichum commune*）

苔藓植物（BRYOPHYT）

密刺蔷薇
（ *Rosa spinosissima* ）

大麻
（ *Cannabis sativa* ）

离瓣花（Archichlamydeae）

烟草
（ *Nicotiana tabacum* ）

颠茄
（ *Atropa belladonna* ）

合瓣花（Metachlamydeae）

双子叶植物（DICOTYLEDONEAE）

双子叶植物（有两片子叶的开花植物），包括合瓣花植物与离瓣花植物。

植物（Angiospermae）

种子植物分为具球果的植物（裸子植物）与开花植物（被子植物）。

裸子植物（Gymnospermae）

物（SPERMATOPHYTA）

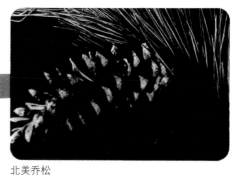

北美乔松
（ *Pinus strobus* ）

海藻
（ *Algae* ）

藻类（ALGAE）

灵芝
（ *Ganoderma lucidum* ）

毒蝇鹅膏
（ *Amanita muscaria* ）

真菌类（FUNGI）

叶状体生物（THALLOPHYTA）

蕈类、霉菌类、真菌类、藻类、苔藓、蕨类均为形式较简单的生物。

现代植物学的历史虽然只有两个世纪，但预估的物种数目大幅增加，约在280,000—700,000之间。物种数达700,000种已为一般植物学者所接受，他们的研究重点集中在未深入探索的热带地区。

当代专家估算真菌物种数在30,000—100,000之间。估算上存在巨大差异，一部分归因于未能全面研究许多真菌类，另一部分归因于对若干单细胞类缺乏适当的定义。当代一位真菌学者认为，目前采集到的热带真菌种类太少，其实热带真菌数量丰富，他认为真菌物种总计可能有200,000种。

藻类皆为水生，一半以上分布在海洋。这类多样的植物群，目前认为物种数量在19,000—32,000之间。在前寒武纪的化石中已发现藻类，它们约莫出现在30亿年前，称为

原核蓝绿藻（*Collenia*），是地球上已知早期的生命。

地衣是不可思议的植物群，由藻类与真菌共生结合组成，将近有450属，约16,000—20,000种。

苔藓群由苔类与藓类两大类组成，主要分布在热带地区。如果加紧调查热带地区，有望发现许多新种。苔藓群不算是经济生物群，部分原因在于我们不了解它们。

目前的蕨类及其亲缘植物约有12,000—15,000种。蕨类为古老的植物群，主要分布在今日的热带地区。种子植物显然是陆地上的优势植物群。裸子植物为小众植物群，约有675种，其出现可追溯至泥炭纪，目前明显在衰退中。

今日地球上主要的植物群是被子植物，它们在陆地上占有优势，已演化出最多样的种类，一般而言，它们构成了世界的植物群。被子植物属于种子植物，它们的种子受到子房壁的包覆和保护，和种子裸露的裸子植物完全相反，通常称之为开花植物。就经济方面而言，它们是当今最重要的植物群，在地球上几个陆生环境中一直占尽优势，因此可能有资格称作"世界上最重要"的植物。

关于被子植物的物种总数，有各种不同的估算，多数植物学家认为共有200,000—250,000种，分属300科。其他专家估计约有500,000种，这个数字或许更接近事实。

被子植物主要分成两大类，一为只有一枚子叶的单子叶植物，一为通常具有两枚子叶的双子叶植物。单子叶植物约占被子植物的四分之一。

生物活性物种所含的一些化合物有显著的医疗和致幻作用，从这个角度来看，植物界的某些物种极其重要。

首先，真菌愈来愈受到重视。几乎所有广泛使用的抗生素都来自真菌。制药业利用真菌合成类固醇及其他用途的化合物。真菌内不乏含有致幻化合物的成分，但是人类利用的真菌大抵属于子囊菌（麦角菌）与担子菌（各种蕈

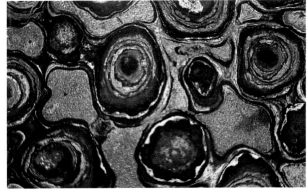

类与马勃类）。真菌造成食物产生黄曲霉素这一重要事实，直到最近才为人类所知晓。

奇怪的是，迄今尚无藻类与地衣含有致幻物的报道。自藻类分离出来的新的生物活性化合物有不少种（其中可能具有医药价值）。最近的研究强调有可能自地衣分离出活性成分：地衣产生为数相当多的杀菌化合物，且浓度甚高。北美洲西北端一直有使用含致幻物的地衣之传说，但是只是传闻，迄今并没有鉴定出是何种标本或活性剂。在南美洲，一类地衣（网格笔石属）被用作精神活化剂。植物化学界一直忽视苔藓类植物，若干苔藓研究显示无法从中分离出生物活性化合物。同样，民族医药界也未重视藓类与地钱。

有些蕨类似乎是具有生物活性与精神活性的植物，但是根本还称不上进入蕨类植物之化学研究。最近的研究指出，目前已有许多令人意想不到的生物活性化合物在医药上与商业上具有潜在的利益，例如倍半萜内酯（sesquiterpinoid lactones）、蜕皮激素（ecdyosones）、生物碱类（alkaloids）、氰化糖苷类（cyanogenic glycosides）等。根据最近一项针对44种特立尼达岛蕨类（Trinidadian ferns）的抗细菌活性萃取物调查，有77%的萃取物为阳性反应，这结果实在令人惊讶。实验室或是原住民社会并未发现蕨类具有致幻物成分，但是生活在南美洲的人们使用数种蕨类作为致幻饮料"阿亚瓦斯卡"的添加剂。（Ayahuasca为以南美洲产的金虎尾科藤本植物根部制成的一种饮料，饮用后能产生神经错乱的心理作用以及经久的幻觉、梦幻的交互作用；亦译为"通灵藤水""死藤水"或"毒藤水"。——译者注）

种子植物中，含有生物活性成分的裸子植物不多。已知裸子植物含具有拟交感神经作用的麻黄碱（ephedrine）与剧毒的紫杉碱（taxine）。树脂与木材含有许多这类成分，故深具经济重要性。这群种子植物也含具有丰富生理活性的均二苯乙烯类（stilbenes）及其他化合物，可用作树干心材的防腐剂及精油类。

从各方面来看，被子植物是重要的植物。因为它们是优势度高与物种最多样的植物群，是人类社会与物质发展的基本物质。被子植物是人类取自植物之医药的主要来源。大部分的有毒植物都是被子植物，人类使用的致幻物及其他药品，几乎都属于这类植物群。关于被子植物化学成分的研究未曾中断过，其理不言自明。但是人们并未认识到，许多被子植物本身未受到深入检验。植物界就像是还未被研究清楚的生物动力科学园区。每一个物种皆为一座名副其实的化工厂。虽然原住民社会在其生活周边，已发现许多具有药性、毒性、毒品成分的植物，但是我们也没有理由假设原住民已经揭露了这些植物隐藏的精神活性成分。

毋庸置疑，新的致幻物隐藏在植物界中，其中部分成分可能在当代医学上极具实用价值。

19

神祇植物之化学研究

众神的植物深受各种学科（民族学、宗教学、史学、民俗学）的青睐。两种自认为最关心这类植物的科学为植物学与化学。本章将叙述化学家对于宗教仪式与"神医"、巫医所使用的植物之成分的研究，讨论此类学术研究的潜在益处。

植物学家必须确立那些过去用作神圣药剂的植物之身份，或鉴定当今仍然发挥这类作用的植物。科学家要做的下一个步骤是：这些植物中的哪些成分，让它们使用于宗教仪式与魔术时能发挥效果？化学家要找出的是那些有效的成分，也就是帕拉塞尔苏斯所称的精髓成分或精华（quinta essentia）。

组成植物的数百种物质中，只有一两种（偶尔会有五六种）化学成分具有精神活性作用。此类活性成分往往只占植物体重量的1%，有时甚至只占千分之一。新鲜植物的主要组成（以重量计），一般90%为纤维素（用于支撑植物体）与水（用作植物营养与代谢物的溶剂以及运输媒介），而碳水化合物（例如淀粉及各种糖类）、蛋白质、脂肪、无机盐类、色素等，只占植物体的10%。植物以此为标准成分构成植物体，所有高等植物皆是如此。只有少数特殊植物含有具备特定生理与心理效应的物质。这些物质的化学构造通常极为相异。与一般作用于植物生长或发育的成分及一般代谢物的化学构造是不同的。

迄今我们对这些特殊物质在植物生命中担任的功能还不清楚，因而众说纷纭，理论各异。由于这类神祇植物的精神活性成分以氮为最多，因而认为这些成分为新陈代谢作用的副产物，有如动物体内的尿酸，其目的为排掉过多的氮。如果这个理论成立，我们认为所有的植物均有此类含氮成分。其实不然。大部分精神活性化合物，如果服用剂量太大就有毒性。科学家认为这些成分具有保护植物免受动物伤害的功能。但是，这个理论仍然说服力不足，因为事实上动物会吃许多有毒植物。有些动物对这些有毒成分具有免疫性。

剩下的便是这样一个无可解答的自然之谜：为什么有些植物会制造一些对人类的心智与情绪、视觉甚至意识状态有特别影响的化学物质？

植物化学家身负重要与不可推诿的任务——将植物体内的活性成分，制造成纯粹的化学态。有了活性成分之后，便可能解析出组成它们的元素，即所含的碳、氢、氧等的比例，进而确定这些元素形成的分子结构。下一个步骤是用人工方法合成这类活性成分，亦即在试管中（不靠植物）制造出来。

有了纯化合物（不论是从植物中分离还是人工合成）就能做药理学试验及化学测试。这个步骤不能用整株植物来做，因为活性成分分布在植物的不同部位，各成分之间有相互干扰的现象。

从植物中分离出的第一个精神活性成分是吗啡，为罂粟内所含的生物碱，是1806年由药学家裴德烈·泽图尔奈（Friedrich Sertürner）首次分离得到的。这种新化合物以希腊神话中的睡神墨菲斯（Morpheus）的名字命名，因为它具有引人入睡的特性。此后发展出更迅速分离与纯化活性成分的有效方法，其中最重要的技术在过去几十年才发展出来。这些技术包括色层分析法，是根据相异物质在吸收剂上附着力的不同，或与溶剂混合的成分被吸收的难易度，而发展出的分离法。最近几年内，定量分析与建构化合物化学结构之方法有着根本上的改变。从前需要好几世代的化学家去阐释天然化合物的复杂结构，如今采用光谱分析与X光分析，便可在数周甚或数日内确定化学结构式。同时化学合成的方法亦突飞猛进。因为化学领域的大进展，以及植物化学家高效率的方法，近年来可能获得相当可观的有关精神活性植物活性成分之化学属性的知识。

罂粟蒴果分泌的乳汁具有精神活性成分，其最初为白色，继而变成脂状褐色物，即生鸦片。1806年，科学家成功地从罂粟中分离出吗啡，是历史上第一次分离出单一的成分。

下图：摘自克勒（Köhler）的《药用植物图鉴》（*Medizinal-Pflanzen-Atlas*，1887）。该书是20世纪杰出且重要的植物书籍。吗啡不具致幻效果，被归类为"忘忧药"。

Papaveraceae.

WMuller n d.Nat

Papaver somniferum L.

动物亦可制造若干精神活性化合物。图中的阿尔蟾蜍（*Bufo alvarius*），俗名为科罗拉多河蟾蜍，分泌不少5-甲氧基-二甲基色胺（5-MeO-DMT）。

化学家对神祇植物药效的研究所做出的贡献，从墨西哥迷幻蘑菇的案例可见一斑。民族学家发现墨西哥南部的印第安人在宗教仪式中使用多种蘑菇。真菌学家鉴定了宗教仪式用的蘑菇，化学分析很清楚地显示哪些物种含有精神活性成分。艾伯特·霍夫曼亲自试验其中的一种蘑菇。他发现这些成分具有精神活性。迷幻蘑菇亦可在实验室内培养出来，他已成功地分离出两种活性化合物。一种化合物的纯度与化学均质度，可以从它的结晶能力显示出来，除非它是液体。这两种以无色晶体形式从墨西哥裸盖菇（*Psilocybe mexicana*）中提取出来的迷幻成分，现在已知是脱磷裸盖菇素（psilocine）与裸盖菇素（psilocybine）。

类似地，一种墨西哥仙人掌乌羽玉（*Lophophora williamsii*）的活性成分仙人球毒碱（mescaline），已经被萃取出来，呈现为纯净的盐酸盐结晶。

有了纯净的蘑菇活性成分，人们才得以将研究延伸到其他领域，例如精神病学，并且获得显著效果。

通过测定是否含有脱磷裸盖菇素或裸盖菇素，可以建立区分真假迷幻蘑菇的客观方法。

当蘑菇致幻成分的化学结构确定后（见第184—187页的结构式），人们发现这类化合物与天然存在于脑部的血清素（serotonin）息息相关。血清素在调控心理（精神）功能上扮演主要角色。

确知纯化合物的精确剂量后，便可在复制条件下进行一连串动物试验，研究它的药理作用，进而决定它在人类精神疾病治疗上可发挥的作用。利用天然蘑菇是不可能做到这些的，因为天然蘑菇所含的活性成分不一，其含量可低到0.1%（湿重），也可高达0.6%（干重）。活性成分大部分是裸盖菇素，脱磷裸盖菇素含量极微。人类所需的平均有效剂量大约为8—16毫克的脱磷裸盖菇素或裸盖菇素。因此不必吞下难咽的2克干蘑菇，只要服用0.008克的裸盖菇素，便可有数小时的幻觉效果。

一旦有了纯活性成分，便可能研究其用途及在医学上的有效应用。现已发现这种活性成分对实验性精神病学的研究极有帮助，对心理分析、精神治疗也有重要的作用。

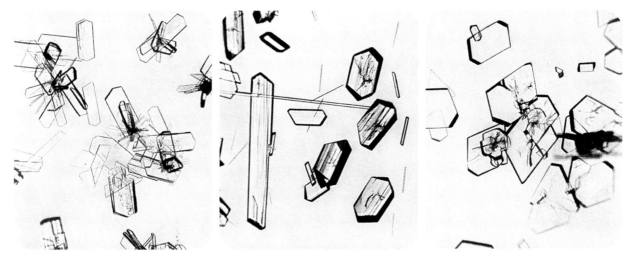

仙人球毒碱（麦司卡林，从酒精中结晶而得） 脱磷裸盖菇素（自甲醇中结晶而得）　　　　　裸盖菇素（自甲醇中结晶而得）

　　你可能会觉得在化学分离、结构分解与人工合成脱磷裸盖菇素与裸盖菇素之后，墨西哥迷幻蘑菇的魔力便丧失了。的确那些对印第安人的精神产生作用、使他们深信过去数千年来有神祇住在蘑菇里的物质，如今可在化学家的曲颈瓶蒸馏器内制造出来。但读者要想到，科学研究只是显示，迷幻蘑菇的神秘性来自两种结晶化合物。其对人类精神的作用还是神秘难解而且魔力无边的，如同蘑菇本身一样不可思议。这种神秘性也存在于从其他神祇植物分离出的纯活性成分之中。

　　许多生物碱的结晶不完整，称为自由盐基。自由盐基可与适宜的酸中和，采用饱和溶液降温法或溶剂蒸发法，分离出结晶的盐物质。由于溶剂内留存有副产物，自溶液中结晶取得的物质，就经过了某种程度的纯化。

　　由于每种物质有其特定的结晶形状，晶体形态可用来鉴定该物质的名称与描述其特性。当代采用X光结构分析法可诠释结晶的化学成分。若采用此方法，所有的生物碱或其他物质必须是结晶态始能进行分析。

世界最大的河流穿过世界最大的雨林，
逐渐地，我开始领悟到，在这片几乎无边无际的森林里——
将近三百万平方英里的土地上，
密密麻麻地长满树木，居住其间的原住民
并不觉得摧毁挡在他们路上的高贵树木
会比我们拔掉眼前卑微的杂草来得严重——
砍掉一棵树所留下的空隙，
不会比从英格兰玉米田里拔起一束野花
或一株罂粟所留的缺口大，
而且两者同样不会被人纪念。

——理查德·史普鲁斯（Richard Spruce）

下图： 库仑河（Kuluene River）的空中俯瞰图。这是亚马孙的一条主流欣古河（Xingú River）最南端的支流。

右图： 这里曾有大量的树木，枝叶扶疏，其上堆满令人难以置信的寄生物，挤满细如发丝、粗如巨蟒长蛇的各类藤条，如今已被修剪、被铲平、被束缚、被随处可见的电缆缠绕。乔木林内混生着高度与之不相上下的尊贵的棕榈树；还有同一科的其他更可爱的植物，它们的树干往往不到大拇指粗，但着生羽状叶、悬垂摆动的枝条上有黑色或红色的莓果，它们就像上方的同伴一样，与灌木及各种小树共同组成林下灌丛，但是看起来并不拥挤，也不难通过……其实要知道，穿越巨木参天的森林是不难的；那些藤蔓、寄生植物……大都高高在上，在地面的并不多……

——理查德·史普鲁斯

致幻植物的类别及其使用的地理分布

人类目前所利用的致幻物质，数量远低于已存在的致幻物质。全世界大约有50万种植物，因致幻性质被采用的植物大约只有1000种。几乎无一处居民文化中，没有一种重要的致幻物。

非洲面积尽管辽阔，植物的多样性也高，但似乎没有太多致幻植物。其中最负盛名的当然非俗名"伊博格"（Iboga）的鹅花树莫属。鹅花树是夹竹桃科植物的根部，使用于迦彭与刚果某些地区的布维蒂人（Bwiti）的宗教仪式。博茨瓦纳的布须曼人把石蒜科的全能花（Kwashi）鳞茎切成片状，擦在献祭者头部，使其汁液的活性成分渗入血液中。"坎纳"（Kanna）是一种神秘难解的致幻物，可能早已不被使用。霍屯督人（Hottentots）口嚼两种番杏科植物，可引起喜乐、大笑与幻视。在一些地区，可零星见到人们利用曼陀罗与天仙子的亲缘植物所含的毒性。

在欧亚大陆，有许多植物因其致幻效果而被采用。最重要的是，欧洲大陆也是出产大麻的原乡，大麻又称马孔阿（Maconha）、达加（Daggha）、甘哈（Ganja）、查拉斯（Charas）等，如今已是流传最广的致幻物，几乎见于世界各地并被广泛使用。

欧亚大陆最特殊的致幻物是毒蝇鹅膏。这是一种蘑菇，为零散分布于西伯利亚的部落所使用，可能也正是古印度的神酒"苏麻"（Soma）。

曼陀罗是亚洲广为采用的植物。在东南亚，尤其是巴布亚新几内亚，人们使用各种成分不明的致幻物。据说新几内亚人服食一种姜科植物马拉巴（Maraba）。巴布亚的原住民服用天南星科植物埃雷里瓦（Ereriba）的叶子与大型乔木瓣蕊花（Agara）树皮的混合物后，会昏昏欲睡，产生幻视。肉豆蔻因含有致幻效果，一直为印度与印度尼西亚人所用。土耳其的部落则饮用一种致幻茶，所利用的是灌木兔唇花（Lagochilus）干燥的叶子。

欧洲古代盛行使用致幻物，几乎仅用于巫术及占卜。这类致幻植物主要为茄科的曼陀罗、风茄、天仙子、颠茄。麦角菌则是黑麦的寄生物，碾麦时若不慎受到麦角菌的污染，整个地区的食用者往往会因此中毒。此类的感染可导致数百民众神志不清、受到幻觉的煎熬，往往引起精神错乱、身体组织坏死，甚至丧命。此灾患被称为"圣安东尼之火"（St. Anthony's fire）。虽然中世纪欧洲显然从未特意用麦角菌作为致幻物，但是若干细微迹象指出，古希腊时期在雅典附近举行的"厄琉西斯秘仪"（Eleusinian Mysteries）与麦角菌属有关。

知名且广为使用的"卡瓦-卡瓦"（Kava-kava）胡椒，虽非致幻物，但长久以来被归为一种催眠药。

在新大陆，致幻植物的数量惊人，具有高度的文化重要性，主宰当地原住民生活的每一个细节。

西印度群岛有若干种致幻植物。事实上，早期的原住民主要使用所谓的"科奥巴"（Cohoba）鼻烟；一般认为此习俗是南美洲奥里诺科（Orinoco）地区的印第安人入侵加勒比群岛时传入的。

同样的，致幻植物在北美洲（即墨西哥以北）也是稀缺品。曼陀罗属植物虽然使用相当普遍，但多集中在西南部地区。美国得克萨斯州及其邻近地区以侧花槐（Mescal Bean）作为追求幻视的祭典上主要的工具。加拿大北部的印第安人将菖蒲（Sweet Flag）的根茎作为草药咀嚼，可能也有致幻效果。

无疑，墨西哥原住民社会拥有的致幻物种类和使用量在全球都是最多的。然而该国致幻植物的数量并不是很多，何以使用致幻物的现象如此普遍，委属难解。墨西哥北部地区最重要且神圣的致幻植物非佩约特仙人掌莫属，虽然还有少数其他致幻植物用于巫术和宗教仪式。在墨西哥早期时代几乎具有同等重要性且延续至今的是蘑菇类，即阿兹特克人所谓的"特奥纳纳卡特尔"。如今至少有24种这类真菌分布于墨西哥南部。被称为"奥洛留基"（Ololiuqui）的墨西哥牵牛花的种子，则是阿兹特克地区另一种重要的致幻物，迄今仍为墨西哥南部地区的人所用。次要的致幻剂有托洛阿切（Toloache）及其他曼陀罗属植物；北

上图： 在尼泊尔加德满都附近的帕苏帕提拿寺〔Shiva Temple of Pashupatinath，湿婆神庙〕前，几个印度瑜伽修行者正在抽大麻烟，准备进行高难度的肢体动作，并进入冥想。

下图： 致幻植物导致的视觉幻象，之后还能加工处理，以艺术方式加以呈现。幻觉经验可以借由此种方式进入日常生活，与人们的生活产生联结。（克里斯汀·拉奇的水彩画《怪诞虫》[Hallucigenia]，大约创作于 1993 年）

部的侧花槐或称"弗里霍利略"（Frijolillo）；阿兹特克人的鼠尾草属植物"皮皮尔特辛特辛特利"（Pipilt-zintzintli）；昔称"占卜者之草"、今称"牧人之草"（Hierba de la Pastora）的鼠尾草属植物；亚基族（Yaqui）印第安人的加那利金雀儿（Genista）；皮乌莱（Piule）、西尼库

伊奇（Sinicuichi）、萨卡特奇奇（Zacatechichi）、米克斯特克人（Mixtecs）称为"希-伊-瓦"（Gi'-i-Wa）的马勃菌；以及许多其他致幻植物。

就数目、多样性及在巫术宗教中的重要性而言，南美洲的致幻物仅次于墨西哥，名列第二。南美洲安第斯文化有半打属于曼陀罗木属（*Brugmansias*）的物种，俗名为博尔拉切罗（Borrachero）、卡姆潘尼利亚（Campanilla）、弗洛里庞迪奥（Floripondio）、瓦恩（Huanto）、奥卡卡丘（Haucacachu）、迈科阿（Maicoa）、托埃（Toé）、通戈（Tongo）等。南美洲的秘鲁和玻利维亚有种长柱型仙人掌，称为圣佩德罗（San Pedro）或阿瓜科利亚（Aguacolla），是"西莫拉"（cimora）饮料的基本成分，用于追求幻觉的仪式。智利的印第安巫医（大部分为女性）在正式场合使用的致幻之树为茄科的"拉图埃"（Latué），

27

原住民使用的主要致幻物

尽管东半球的文明较悠久，致幻物的使用较普遍，但是使用的致幻植物种类远不及西半球的多。人类学家从文化层面诠释了此种差异。然而东半球和西半球采用的致幻植物，在数量上似乎没有显著的差别。

如图中所示，致幻植物的分布及其使用都非常广泛。然而，在致幻植物的使用上存在很大的地理差异。

西半球文化的巫术宗教仪式中，至少珍视一种致幻植物
的价值。许多文化不只看重一种植物，除了致幻植物外，
还重视其他具有精神活性（有致幻功能）的植物，例如
烟草、古柯、瓜尤萨（Guayusa）、约卡（Yoco）、瓜兰卡
（Guarancá）等。其中若干植物，尤其是烟草与古柯，已
跃升为神圣的原住民药物。这些致幻物在示意图中标示
的地区具有重要的文化意义。

Hyoscyamus spp. 天仙子属植物

Amanita muscaria 毒蝇鹅膏

Atropa belladonna 颠茄

Cannabis sativa 大麻

Claviceps purpurea 麦角菌

Datura spp. 曼陀罗属植物

Tabernanthe iboga 鹅花树

Anadenanthera peregrina 大果柯拉豆

Anadenanthera colubrina 大果红心木

Banisteriposis caapi 卡皮藤

Brugmansia spp. 曼陀罗木属植物

Lophophora williamii 乌羽玉

Psilocybe spp. 裸盖菇属植物

Turbina corymbosa et *lpomoea violacea* 伞房盘蛇藤

Virola spp. 油脂楠属植物

Duboisia spp. 软木茄属植物

萨满依然是有关精神活性植物神奇效果之知识的守护者。这张照片摄于尼泊尔喜马拉雅海拔4000米的卡林乔克（Kalinchok）圣山。

又名"巫师之树"（Arbol de los Brujos）。研究已指出，安第斯山区的居民使用罕见的灌木"泰克"（Taique，即枸骨黄属[*Desfontainia*]）、不可思议的"山喜"（Shanshi）以及杜鹃花科南白珠属（*Pernettya*）的两种植物忧心草（Hierba Loca）和塔格利（Taglli）的果实。最近的报道指出，南美洲西北部的厄瓜多尔使用矮牵牛（*Petunia*）之类的植物作为致幻物。在奥里诺科与亚马孙部分地区，有一种强劲的鼻烟，称为"约波"（Yopo）或"尼奥波"（Niopo），它是利用一种豆科植物的豆子焙制而成的。阿根廷北部的印第安人吸的鼻烟，取自俗名为塞维尔豆（Cebíl）或比利卡树（Villca）的大果红心木种子，该树是俗名约波的黑金檀属植物大果柯拉豆的亲缘种。南美洲低地最重要的致幻植物或许是阿亚瓦斯卡、卡皮（Caapi）、纳特马（Natema）、平德（Pindé）和亚赫（Yajé）。在亚马孙西部与哥伦比亚及厄瓜多尔的太平洋沿岸地区，仪式用的致幻植物为金虎尾科（Malpighiaceae）的数种藤本植物。而茄科的鸳鸯茉莉属（*Brunfelsia*）是亚马孙最西端著名的致幻植物，当地人称为"奇里库斯皮"（Chiricaspi），广泛用于致幻。

新大陆（美洲、澳大利亚）比旧大陆（欧、亚、非洲）使用的致幻植物多。西半球使用的致幻植物近130种，而东半球的数目不过约50种。植物学家没有理由认定新大陆的植物区系中具有致幻性质的植物比旧大陆的多或少。

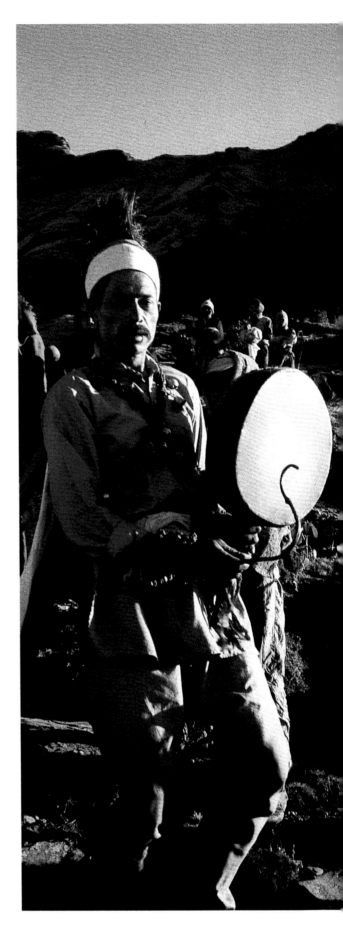

致幻植物图鉴

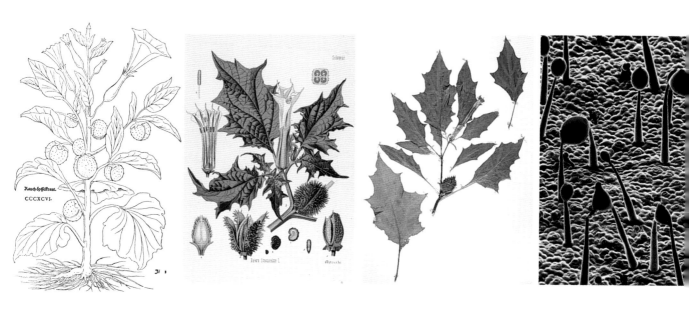

本植物图鉴收录97种已知具有致幻效果或精神活性的植物，介绍其基本资料与特性。

所选取的植物包括有文献可稽者、在野外为人所试用者或经实验证明确具精神活性者。此外，也包括若干据报道用作"麻醉剂"或"兴奋剂"的植物。

鉴于原住民的语言复杂，许多植物有多种俗名，所有植物依拉丁属名的英文字母顺序排列。如果某植物的俗名遗漏未列，亦可在第32—33页的"植物图鉴索引及要览"中寻得，或参照书末的索引。

本书是为一般读者写的，所以特意简化植物特性的描述，只强调植物明显的以及最易辨识的性状。若版面许可，会增加与植物相关的历史、民族学、植物化学资料，偶尔也会提到精神病药学方面的应用，但并不常出现。由此尽可能在这部分导论性的图鉴中展现跨学科的宽广视野。图鉴中的插图分两类：有些为水彩图，尽可能依据活体植物或标本绘制；大部分图片直接采用彩色照片。有些植物是首次绘制插图。

关于世界各地原住民眼中的神祇植物，可以从诸多领域广泛探讨。本图鉴的目的是以最显明的方式引导读者更便捷地了解一系列复杂的事实和传闻，这只是诸多认识中的一小部分。

过去数年来，对药用植物所做的植物学调查日益精准与繁复。1543年，最出色的本草绘图者为富克斯（Leonard Fuchs），**左图**为他精确描绘的曼陀罗，又称刺苹果（Thorn Apple）。其后过了约300年，科勒（Köhler）在他的《药用植物》（*Medizinal Pflanzen*）一书中更详尽地描述了这种重要的药用植物（**左起第二幅图**）的药学属性。在林奈建立植物标本馆与双名分类法125年后，通过收集全球干燥植物标本，我们的植物标本馆已颇有规模，有助于人类了解植物外观的多种多样。**第三幅图**是典型的曼陀罗标本，为有效的植物鉴定资料。现代科技（如电子扫描显微镜）能提供细微的植物形态，诸如曼陀罗叶表面的茸毛，使得植物鉴定更为精确（**最右图**）。

植物图鉴索引及要览

97种致幻植物的图解及描述见后面（第34—60页）。依照英文字母的先后顺序。图鉴中的每一物种简介包含下列信息：

- 属名、命名者，括号中为该属植物已知的物种数。
- 拉丁学名。已知含致幻成分或用作致幻剂的物种，可参见按俗名编排的"植物利用综览"（第65—79页）。这一章的内容包括植物的学名、历史、民族志、使用场合、利用目的与备制方法及其化学成分与作用。
- 科名。
- 对应编号。
- 该属植物的地理分布。

以下为植物俗名，数字对应每种植物在图鉴中的编号。

图中这位南美印第安人采收的这种"众神的植物"，叫作"血红天使之喇叭"，学名为红曼陀罗木（*Brugmansia sanguinea*）。此种含高浓度生物碱的植物，数百年（甚至数千年）来为人类所栽培，用于精神活性之用途。印第安人告诫人勿轻率使用此植物，否则会引起强烈的迷幻反应与轻度兴奋，唯有经验老到的巫医才能用它来占卜与治病。

ACACIA Mill （750—800）	*ACORUS* L. （2）	*AMANITA* L. （50—60）	*ANADENANTHERA* Speg. （2）
相思树属	**菖蒲属**	**鹅膏属**	**黑金檀属（柯拉豆属）**
Acacia maidenii F. von Muell. 梅氏相思树 Maiden's Acacia 梅氏相思树	*Acorus calamus* L. 菖蒲 Sweet Flag 甜蒲	*Amanita muscaria* (L. ex Fr.) Pers. 毒蝇鹅膏 Fly Agaric 毒蝇伞	*Anadenanthera colubruna* (Vellozo) Brennan 大果红心木 Cebil, Villca 塞维尔豆、比利卡
Leguminosae 豆科	Araceae 天南星科	Amanitaceae 鹅膏科	Leguminosae 豆科
1 分布于澳大利亚	**2** 分布于南北两个半球的温带和暖温带地区	**3** 分布于欧洲、非洲、亚洲、美洲	**4** 分布于南美洲阿根廷西北部

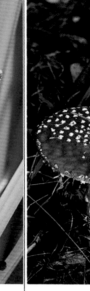

相思树属遍布于全球的热带与亚热带地区。此属植物囊括具有羽状复叶（有时叶缘光滑）中型乔木中的大部分物种。花聚集成丛，果实豆荚状。许多相思树属植物是传统精神活性产品（蒟酱、啤酒、巴尔切、皮图里茄、龙舌兰酒）的添加物。相思树属的若干物种适于配制致幻剂。澳大利亚的很多相思树属植物，如梅氏相思树、显脉相思树（*A. phlebophylla*）、单叶相思树（*A. simplicifolia*）等的树干与叶片内，含有较高浓度的二甲基色胺（dimethyltryptamine）。

澳大利亚梅氏相思树是一种银光闪闪的直立乔木，内含数种不同的色胺类。树皮含 0.36% 的二甲基色胺。树叶用作类似致幻物的二甲基色胺药引成分。这类植物容易在温带气候地区（如美国加利福尼亚州与南欧）栽培。

若干薄弱与间接的证据显示，加拿大西北的克里（Cree）印第安人有时会嚼菖蒲的根茎（地下茎），以追求精神活性效果。

菖蒲为半水生草本植物，长长的横走根状茎具芳香，茎部直立，叶修长剑形，长可达 2 米。微小花朵着生于一结实、侧生、绿黄的肉穗花序上。根茎内含一种精油，此植物因而具有药用价值。

菖蒲的有效成分是 α-细辛脑（α-asarone）与 β-细辛脑（β-asarone）。细辛脑与仙人球毒碱（mescaline）的化学结构有一处相似，两者皆含有具有精神活性的生物碱。然而，尚无证据显示细辛脑会导致精神异常的举动。

毒蝇鹅膏是一种外形艳丽的蘑菇，生长在空旷的林木（通常是桦树、冷杉、幼松）下。高可达 20—23 厘米。菌伞冠略黏糊、杯状、半球形，到了最后成熟阶段几乎是平顶，菌盖直径 8—20 厘米宽。此菇有三变种：分布在旧大陆与北美洲西北部的是猩红色菌盖，带有白色突瘤；分布在北美洲东部与中部者属于黄色或橙色类；白色变种则分布于美国的爱达荷州。菌柄为圆柱形，具有球状基部，柄为白色，约 1—3 厘米宽，柄外有明显的乳白色环，环上覆盖着鳞片。白色的菌托附着在菌柄基部。菌褶的颜色可为白色到乳白色，甚至为柠檬黄。

毒蝇鹅膏可能是人类使用最早的致幻植物，在古印度称为苏麻。

此乔木高 3—18 米，几近黑色的树皮上常有长刺。叶为细小的腔叶状，长可达 30 厘米。花黄白色，革质的黑褐色荚果长 35 厘米，内有 1—2 厘米宽的扁平红棕色种子，尖端呈直角。

南美洲安第斯山脉南部地区的印第安人，约在 4500 年前即以此种子为致幻物。种子制成鼻烟粉或供吸食，或作为啤酒的添加物，主要由巫师使用。

种子含色胺类生物碱，尤其含蟾毒色胺（bufotenine）。

ANADENANTHERA Speg. （2）

黑金檀属

Anadenanthera peregrina (L.)
Speg. 大果柯拉豆
Yopo 约波

Leguminosae 豆科

5 分布于南美洲的热带地区、西印度群岛

ARGYREIA Lour. （90）

银背藤属

Argyreia nervosa (Bruman f.) Bojer.
美丽银背藤
Hawaiian Wood Rose 夏威夷木玫瑰

Convovulaceae 旋花科

6 分布于印度、东南亚、夏威夷

ARIOCARPUS Scheidw. （6）

岩牡丹属

Ariocarpus retusus Scheidw. 岩牡丹
False Peyote 假佩约特

Cactaceae 仙人掌科

7 分布于墨西哥、美国得克萨斯州

此植株是一种状若含羞草的乔木，主要生长在开旷草地上，高可达20米，树干直径有60厘米。黑色树皮粗糙，长有突出的短尖刺瘤。叶为羽状复叶，小叶有15—30对，很多极细小的茸毛状裂片。球形头状花序上着生许多小白花，长在叶的末端或叶腋处。表面粗糙的木质荚果内有扁薄、光滑的黑色种子，约3—10粒。

奥里诺科河盆地的印第安人采集此种子，制成威力强劲的致幻鼻烟，名为"约波"。据传早在公元1496年，西印度群岛的巫医曾将此种子用于医疗及宗教仪式中，称之为"科奥巴"（Cohoba）。不幸的是，这类植物早因原住民的滥采而绝迹。

南美洲的圭亚那大森林的林缘有些原生种，至今仍为许多不同的部族所使用；尤其是亚诺马诺族（Yanomano）与瓦伊卡族（Waiká），用它来制备"埃佩纳"（Epená）。巫医的鼻烟粉取自栽培的树，再加上其他物质与植物的灰烬。种子的主要成分为N, N–二甲基色胺及5–甲氧基–二甲基色胺，还有其他色胺类。奥里诺科地区雨林部族的巫医所栽培的大果柯拉豆，实非该地区的原生种，他们靠人工栽培来保证鼻烟的货源不缺。

这种银背藤生长旺盛，靠卷须攀缘，可攀爬约10米高，藤含乳胶汁。此植物有茎状的心型叶，其上布满茸毛，由于幼茎与叶背有白色细毛，看起来像是银色的植株。紫色或薰衣草般的淡紫色漏斗状花长在叶腋上。圆形果实呈浆果状，内含平滑的棕色种子。每个蒴果内有1—4粒种子。

该植物原产于印度，在当地自古以来便使用作药物。传统用作宗教致幻物（entheogen），但并未获得证实。拜植物化学研究之赐，已知其含有强烈的致幻成分。种子含0.3%的麦角碱与麦角二乙胺类（lysergic-acid-amides）。许多服用者形容服用4—8粒种子后，会产生服用麦角二乙胺（LSD）的效果。

这种植物较小，是一种灰绿色到紫灰色或褐色的仙人掌，直径约10—15厘米。植株很少露出地面，常被称为"活岩石"，生长在砾石沙漠地带，很容易被人误认为岩石。该属的特征为具有角状或肉质状、覆瓦形的三角小突起物。小突起物的间隙长满茸毛。花色多变，从白色至粉红色乃至紫色皆有，盛开时可达6厘米长，4厘米宽。

墨西哥中部与北部的印第安人将此属的两种仙人掌龟甲牡丹（*A. fissuratus*）与岩牡丹视为"假佩约特"。

这些仙人掌植物与喜爱生长在烈日沙漠或砾石大沙漠的乌羽玉有亲缘关系。

已从龟甲牡丹与岩牡丹中分离出多类具有精神活性的苯基乙胺（phenylethylamine）生物碱。

ATROPA L.　　　　　（4）

颠茄属

Atropa belladonna L. 颠茄
Deadly Nightshade 死茄

Solanaceae 茄科

8　分布于欧洲、北非、亚洲

BANISTERIOPSIS　（20—30）
C. B. Robinson et Small 通灵藤属

Banisteriopsis caapi (Spruce ex Griseb.)
　Morton 卡皮藤
Ayahuasca 阿亚瓦斯卡

Malpighiaceae 金虎尾科

9　分布于南美洲北方的热带
地区、西印度群岛

BOLETUS Dill. ex Fr.　（225）

牛肝菌属

Boletus manicus Heim 疯牛肝菌
Kuma Mushroom 库马蘑菇

Boletaceae 牛肝菌科

10　全球性分布

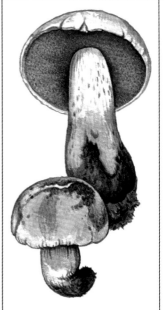

这种多分枝的多年生草本植物可长到90厘米高，全株光滑无毛或有柔毛及腺体。卵圆形的叶片长可达20厘米。棕紫色花单生，呈下垂的钟形，长约3厘米，结出亮黑色的浆果，直径约3—4厘米。全株皆含强劲的生物碱，多生长在石灰质土壤的灌丛或小树林中，尤其适合生长在老建筑和围篱附近。

一般认为颠茄是古代女巫调制饮料的重要原料。理所当然的，有许多意外或蓄意的中毒事件与致命的颠茄有关。

约在公元1035年，邓肯一世（Duncan I）率领的苏格兰部队对抗挪威斯伟恩·克努特大帝（Sven Canute）时，颠茄扮演着重要的角色。苏格兰人击溃北欧大军，就是通过派人送去掺入了"安眠颠茄"的粮食与啤酒。

颠茄的主要精神活性成分是颠茄碱（atropine），以及较少

量的东莨菪碱（scopolamine）和微量的托烷（tropane）。叶的生物碱总含量为0.4%，根为0.5%，种子为0.8%。

除了常见的颠茄外，尚有罕见的黄花变种（var. *lutea*），以及更少为人知的近缘种。印度颠茄（*Atropa acuminate* Royle ex Lindl.）被作为药用植物栽培，是因为它含有高浓度的莨菪碱。高加索颠茄（*Atropa caucasia* Kreyer）与土库曼颠茄（*Atropa komarovii* Blin. et Shal）分布在亚洲，目前仍大量栽培以提取颠茄碱来制药。

这种森林内的巨大攀缘植物是一种重要的致幻饮料之基本原料，用于亚马孙山谷西半坡与哥伦比亚与厄瓜多尔安第斯山脉偏远部族的仪式中。卡皮藤与毒藤（*B. inebrians*）这两种植物的树皮泡浸冷水或久煮后，即可单独使用，不过往往还掺入其他各种植物，尤其是鳞毛蕨（*Diplopterys cabrerana*），即原住民称的"奥科–亚赫"（Oco-Yajé）与绿九节（*Psychotria viridis*）的叶子，以改变迷幻饮料的效果。

上述两种通灵藤属植物为攀缘植物，树皮平滑，呈棕色，叶片墨绿色，薄如纸张，呈卵圆至狭长形，长度可达18厘米，宽5—8厘米。花序上有许多花。小花为粉红或玫瑰红色，果为翅果（翼果），果翅长3.5厘米。毒藤与卡皮藤不同之处是前者叶片为较厚的卵圆形且渐窄，翅果形状亦有别于后者。已知此种攀缘植物含有单胺氧化酶（MAO）。

新几内亚的库马族（Kuma）有数种牛肝菌属的菌菇，皆会导致令人不解的"蘑菇疯狂症"。其中*Boletus reayi*的特征为半球形，深褐红色，但边缘是乳黄的菌盖，直径约2—4厘米。新鲜的菌盖为柠檬色。菌柄颜色变化多端，顶部为橙色，柄中央为大理石灰绿色至灰玫瑰色，柄基为绿色。孢子长椭圆状，外有黄色薄膜，内为橄榄色。

疯牛肝菌是有名的蘑菇，其拉丁学名的种加词"mania"，即精神错乱的意思。疯牛肝菌具有毒性，然其致幻性质尚未获得证实。

曼陀罗木属

Brugmansia aurea Lagerh. 金曼陀罗木
Golden Angel's Trumpet 金天使之喇叭

Solanaceae 茄科

11 分布于南美洲

曼陀罗木属

Brugmansia sanguinea (Ruíz et Pavón)
D. Don 红曼陀罗木
Blood-Red Angel's Trumpet
血红天使之喇叭
Solanaceae 茄科

12 分布于南美洲，从哥伦比亚到智利

鸳鸯茉莉属

Brunfelsia grandiflora D. Don
大花鸳鸯茉莉
Brunfelsia 鸳鸯茉莉

Solanaceae 茄科

13 分布于南美洲北部之热带地区、西印度群岛

曼陀罗木属与曼陀罗属（*Datura*）有近亲关系，唯曼陀罗木为乔木，一般不能肯定其在分类学上的来源，尚未发现野生种。曼陀罗木的生物学属性异常复杂，该属的所有种在数千年来均用作致幻物。其中两种曼陀罗木，即香曼陀罗木（*B. suaveolens*）与奇曼陀罗木（*B. insignis*），皆分布在南美洲较暖和地区，尤其是亚马孙西部地区。该地区或单独使用此植物或掺入其他植物使用，往往称之为"托埃"（Toé）。然而，大部分曼陀罗木生性喜好海拔1830米以上较凉的潮湿高地。其中安第斯山脉最普遍的自生种是金曼陀罗木，有黄花及白花两个品种，其中白花较常见。但在园艺记载中，它往往被误认为另一种并不常见的植物 *Brugmansia*（或 *Datura*）*arborea*。

金曼陀罗木是一种灌木或小乔木，高可及9米，叶为矩形

至椭圆形，并长有细茸毛。叶片长10—40厘米，宽5—16厘米，叶柄可长达13厘米。花略下垂，但非垂悬，一般18—23厘米长，芬芳馥郁，入夜尤浓。花冠为白色或金黄色，开口处呈喇叭形展开，至基部花萼处缩小或完全合瓣。花缘呈锯齿状，裂深4—6厘米，并往外翻。果实呈矩形至卵圆形，表面光滑、绿色，大小多样，保持新鲜状，不会变硬或长茸毛。种子为棱形，色黑或深，相当大，约12×19毫米。除了作致幻物外，该属所有物种是医治各类疾病的重要药物，尤其可治风湿痛。含有具强烈致幻作用的生物碱。

此为多年生植物，分枝极多，可高达2—5米，具有坚硬的木质茎。叶子毛茸茸，叶缘有大锯齿。红曼陀罗木入夜无香味。花的基部多为绿色，中间黄色，花瓣上部有红色边缘，亦有绿至红、纯黄、黄至红等色，几乎包含红色的全部变化。果实中间为球状，两端尖，一般都有干花萼保护。在哥伦布以前的时代，哥伦比亚人将这种药力强劲的巫医植物用于膜拜太阳的仪式中。厄瓜多尔与秘鲁的"库兰德罗斯"（Curanderos）部族及巫医至今仍以此植物作为致幻物。

此植物整株皆含生物碱托烷。花主要含颠茄碱及微量东莨菪碱。种子含总生物碱0.17%，其中有78%为东莨菪碱。

分布于哥伦比亚、厄瓜多尔与秘鲁的亚马孙流域，以及圭亚那，数种鸳鸯茉莉属植物皆含有药用与精神活性的功能。鸳鸯茉莉内含东莨菪内酯（Scopoletine），但不知是否具有精神活性。

其中奇里鸳鸯茉莉（*B. chiricaspi*）与大花鸳鸯茉莉（*B. grandiflora*）为灌木或乔木，高可达3米。叶片为椭圆形或披针形，长6—30厘米，散生于小枝条上。花为管状花冠，比钟形的花萼长些，花直径约10—12厘米，呈蓝到紫色，随时间褪成白色。奇里鸳鸯茉莉与大花鸳鸯茉莉之不同处为前者叶片较大，叶柄较长，花序的花朵较少，花瓣向下弯曲。奇里鸳鸯茉莉分布在哥伦比亚、厄瓜多尔与秘鲁的亚马孙西部流域，大花鸳鸯茉莉遍布于委内瑞拉到玻利维亚的南美洲。本属植物用作致幻物之添加物。

CACALIA L. （50）	CAESALPINIA L. （100）	CALEA L. （95）	CANNABIS L. （3）
蟹甲草属	**云实属**	**苦菊属**	**大麻属**
Cacalia cordifolia L. fil. 心叶蟹甲草 Matwú 马特武	*Caesalpinia sepiaria* Roxb. 云实 Yün-shih 云实	*Calea zacatechichi* Schlecht. 肖美菊 Dog Grass 犬菊	*Cannabis sativa* L. 大麻 Hemp 大麻
Compositae 菊科	Leguminosae 豆科	Compositae 菊科	Cannabaceae 大麻科
14 分布于东亚、北美、墨西哥	**15** 分布于南北半球的热带与温带地区	**16** 分布于南美洲北部的热带地区、墨西哥	**17** 分布于全球暖温带地区

心叶蟹甲草为一种灌丛状爬藤，具有长满短茸毛的六角形茎。叶薄、卵圆形，基部为心脏形，长4—9厘米。头状花柄短或具花梗，长约1厘米。

包括心叶蟹甲草在内的数种蟹甲草属植物，一直为墨西哥北部地区以利用佩约特的方式来使用，可能曾经用作致幻物。在墨西哥，一般认为心叶蟹甲草具有催情作用，能治疗不孕症。科学家曾自该植物分离出一种生物碱，但没有证据指出它含具有精神活性的化学成分。

此缺乏研究之植物很容易被误认为肖美菊。

云实是灌木藤本，有后弯的钩刺，在中国以含致幻物而著称。它的根、花与种子也具有民间草药的价值。中国最早期的草药书《神农本草经》提到："主见鬼精物，多食令人狂走。"久服则轻身"通神明"。

云实是一种随处攀爬的植物，具羽状复叶，长23—38厘米，子叶呈窄椭圆状，有8—12对。艳丽非凡的总状花序长53厘米，上面有淡黄色花朵。果实平滑呈长卵形，种子有棕褐色与黑色的杂色斑斑。报告指出，云实含有一种生物碱，但其化学结构不详。

这种植物被墨西哥人叫作"萨卡特奇奇"（意即苦草），是一种不起眼的灌木，分布于墨西哥到哥斯达黎加，它一直是重要的民间草药，并具有杀虫的价值。

最近的报告指出，瓦哈卡（Oaxaca）的琼塔尔（Chontal）印第安人饮用捣碎的干叶泡的茶，作为致幻物。琼塔尔的巫医坚信喝这种茶能在梦中看见异象，他们认为"萨卡特奇奇"可让意识清醒，称此植物为"特莱–佩拉卡诺"，即"神仙之叶"。

肖美菊是一种枝条茂盛的灌木，叶片为三角至椭圆形，带大锯齿，长2—6.5厘米。花序上密聚着花朵（一般约12朵）。

迄今尚未从肖美菊中分离出致幻成分，但它确有不可思议的精神活性效果。

大麻已成为多型性的植物，生长容易，健壮，直立，是疏散分枝的一年生草本植物，有时高达5.4米，通常雌雄异株，雄花柔弱，花粉飞散后便枯萎，雌花较强韧，花瓣繁多。叶片膜质，指状，具有3—15枚（一般7—9枚）宽6—10厘米的线状披针形锯齿裂片。花着生在侧枝或顶枝，为深绿、黄绿或棕紫色。果实卵形，两面扁平，深灰色瘦果由宿存萼片所包，表面具细网纹；果实坚固地附着在茎上，无明显的连接处。种子为卵圆形，约4×2毫米。

印度大麻（*Cannabis indica*[1]）为尖塔或圆锥形植物，高度不到120—150厘米。

小大麻（*Cannabis ruderalis*）植株较小，无栽培记录。

---

1 名称已修订，正名为 *Cannabis sativa*，此处所说的印度大麻（*Cannabis sativa* subsp. *indica*）为大麻的亚种。
　　——简体中译版编者注

CARNEGIEA Britt. et Rose （1）	*CESTRIUM* L. （160）	*CLAVICEPS* Tulasne （6）	*COLEUS* Lour. （150）
巨人柱属	夜香树属	麦角菌属	鞘蕊花属
Carnegiea gigantea (Engelm.) Britt. et Rose 巨人柱 Saguaro 萨瓜罗	*Cestrum parqui* L' Hérit 帕基夜香树 Lady of the Night 夜之淑女	*Claviceps purpurea* (Fr.) 麦角菌 Tulasne 图拉斯内 Ergot 麦角菌	*Coleus scutellarioides* 五彩苏 Painted Nettle 彩叶荨麻
Cactaceae 仙人掌科	Solanaceae 茄科	Clavicipitaceae 麦角菌科	Labiatae 唇形花科
18 分布于北美洲西南部、墨西哥北部	**19** 分布于智利	**20** 分布于欧洲、北非、亚洲、北美的温带地区	**21** 分布于欧洲、非洲与亚洲的热带与温带地区

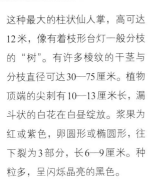

这种最大的柱状仙人掌，高可达12米，像有着枝形台灯一般分枝的"树"。有许多棱纹的干茎与分枝直径可达30—75厘米。植物顶端的尖刺有10—13厘米长，漏斗状的白花在白昼绽放。浆果为红或紫色，卵圆形或椭圆形，往下裂为3部分，长6—9厘米。种粒多，呈闪烁晶亮的黑色。

虽然未出现巨人柱用作致幻物的报告，但已知它确实含有具药理学活性的生物碱，有精神活性功能。不过自巨人柱内亦分离出仙人掌碱（carnegine）、5-氢基仙人掌碱（5-hydroxycarnegine）、去甲仙人掌碱（norcarnegine），加上微量的3-甲氧基酰胺（3-methoxytyramine）与阿利桑碱（arizonine，是一种四氢喹啉类）等生物碱。

原住民压榨浆果酿成酒。

帕基夜香树自前哥伦布时代起，就是智利南部马普切族（Mapuche）萨满教治病用药与仪式用植物。它具有抗拒巫术或妖术攻击之能力，叶子经干燥后吸食。

此树可长成1.5米高的灌木，具有细小披针状、冰铜色的绿叶。花为黄色、钟形，有五片尖型花瓣，自枝条成簇悬垂。在智利从10月到11月开花，有浓郁醉人的香气。卵型的小浆果具有闪亮的黑色。

帕基夜香树含茄羟基苷（solasonine），这是一种糖苷（glycoside）类固醇的生物碱，还含有茄啶（solasonidine）以及苦味生物碱（帕基氏的化学式为$C_{21}H_{39}NO_8$），其作用与马钱子碱（strychnine）及颠茄碱相似。

麦角病是若干禾草与莎草（主要是黑麦）得的一种真菌病。麦角意思是"靴刺"，乃是子囊菌的子实体。靴刺为紫色或黑色，曲棒状，长约1—6厘米，占据了麦粒中胚乳的位置，是一种寄生物。麦角菌会产生具有精神活性与毒性的生物碱。

麦角菌的生命周期分为差异明显的两段：活跃期与休眠期。麦角病或靴刺代表休眠期。当靴刺落地时，麦角萌芽成球状菌盖，称为子囊果，其上长出子囊，每个子囊上有一条丝状子囊孢子，当子囊破裂时，孢子便飞散出来。

在欧洲中世纪或更早，尤其是用黑麦焙制面包的年代，当感染麦角菌的黑麦被磨成面粉时，全地区的食用者往往因此中毒。

鞘蕊花属中，有两种是墨西哥重要的致幻植物。其中小五彩苏（*C. pumilus*[1]）被称为"男子"（El Macho），"女人"（La Hembra）则指占卜鼠尾草；另一种为五彩苏，有两种形态，俗称为"小孩"（El Nene）与"受洗的教子"（El Ahijado）。五彩苏高可达1米，叶缘有锯齿，长可达15厘米；叶背有茸毛，叶面有深红色大花斑。蓝或紫色花近乎钟形，长约1厘米，散生并轮生于总状花序上，花序可长达30厘米。

最近发现该植物含有类似鼠尾草素（salvinorine）的二萜（diterpene）成分，而其化学结构还有待鉴定。通过烘干或焚烧，其化学结构会转化，成强劲的物质。这种植物的化学与药理学研究有待进一步展开。

---

1 名称已修订，正名为 *C. scutellarioides* var. *crispipilus*。——简体中译版编者注

CONOCYBE （40）	*CORIARIA* L. （15）	*CORYPHANTHA* (Engelm.) Lem. （64）	*CYMBOPOGON* Sprengel （60）
锥盖伞属	马桑属	凤梨球属	香茅属
Conocybe siligineoides Heim 锥盖伞 Conocybe 锥盖伞	*Coriaria thymifolia* HBK ex Willd. 百里香叶马桑 Shanshi 山喜	*Coryphantha compacta* (Engelm.) Britt. et Rose 高丽丸（千头仙人球） Pincushion Cactus 针垫仙人掌	*Cymbopogon densiflorus* Stapf 密花香茅 Lemongrass 柠檬香草
Agaricaceae (Bolbitaceae) 粪伞科	Coriariaceae 马桑科	Cartaceae 仙人掌科	Gramineae 禾本科
22 全球性分布	**23** 分布于南欧、北非、亚洲； 新西兰；墨西哥到智利	**24** 分布于北美洲西南部、墨 西哥、古巴	**25** 分布于亚、非洲的温带地区

据报道锥盖伞是墨西哥神圣的兴奋类蘑菇，虽未自此菇分离出脱磷裸盖菇素，但是已发现美国种的蓝锥盖伞（*Conocybe cyanopus*）含有具精神活性的生物碱。

　　锥盖伞长相优美，高可达8厘米，长在腐木上，菌盖直径可达2.5厘米，呈淡黄褐色带橙红色，中央为深橙色。菌褶橙黄色或褐橙色，担孢子略带铬黄色。

　　锥盖伞属的许多种含有脱磷裸盖菇素，故具有精神活性，被用于仪式。最近发现崇拜锥盖伞的一些原始教派，他们称它为"塔穆"（Tamu），意即"知识之菇"。

　　事实上，我们对锥盖伞的了解有限，自首次被记载以来，尚未进行化学成分分析。

从安第斯山最高处的哥伦比亚到智利的高速公路旁，遍布蕨叶状的百里香叶马桑。安第斯山诸国担心这种植物会危害吃草的动物。一般认为人类吃了此种植物的果实会中毒丧命。不过，厄瓜多尔的报道指出，这种被称为"山喜"（shanshi）的果实，服用后会引起精神亢奋，有腾云驾雾的感觉。

　　百里香叶马桑为灌木，高可达1.8米。叶呈长椭圆到卵形，长1—2厘米，长在纤细、弯曲的侧枝上。深紫色小花密布在长长的下垂总状花序上。圆圆的紫黑色果实出5—8个扁长形的多肉部分（心皮）构成。整株植物酷似蕨类植物。

　　迄今尚未分离出精神活性成分。

高丽丸是一种扁圆球状、长刺的小仙人掌，直径可达8厘米，分布在干旱的丘陵与山区地带。长在沙质土上的高丽丸相当隐秘，不易被人发现。小球上面有向四周辐射的白刺（长约1—2厘米），中央往往无刺。密生的小球通常排成13列。球冠中央长出一朵或一对黄色花，长可达2.5厘米。墨西哥的塔拉乌马拉族（Tarahumara）视高丽丸为"佩约特"的一种，称作"巴卡纳"。萨满将此植物用于仪式中，并且对它敬畏万分。

　　墨西哥的报道指出一种叫"帕氏凤梨球"（*Coryphantha palmerii*）的仙人掌亦具致幻功能。从凤梨球属的数个种中，分离出多种生物碱，包括具有精神活性的苯乙胺类（phenylethyamines），如大麦芽碱（hordenine）、仙人掌类生物碱（calipamine）与大仙人球碱（macromerine）等。

非洲坦桑尼亚的原住民巫医吸食密花香茅之花或与烟草混吸，引起幻觉。他们相信如此可以预言未来。密花香茅的叶与茎含有香喷喷的柠檬味，有"柠檬香草"之称，当地人用于提神与止血。

　　密花香茅为多年生之强韧直秆植物，叶线形到线状披针形，叶基宽且圆，叶梢渐尖。叶宽1—2.5厘米，长30厘米。穗状花序细长，呈橄榄色到褐色，分布于非洲的加彭、刚果与马拉维等地。

　　此植物之精神活性属性不详。香茅属植物含有丰富的精油，有些种含有生物碱。

CYTISUS L. 　　　　（30）	*DATURA* L. 　　　　（14—16）	*DATURA* L. 　　　　（14—16）	*DATURA* L. 　　　　（14—16）
金雀儿属	**曼陀罗属**	**曼陀罗属**	**曼陀罗属**
Cytisus canariensis (L.) O. Kuntze 加那利金雀儿	*Datura inoxia* Mill. (D. meteloides) 毛曼陀罗（风茄花、串筋花）	*Datura metel* L. 洋金花（白曼陀罗）	*Datura stramonium* L. 曼陀罗（醉心花）
Genista 金雀儿	Toloache 托洛阿切	Datura 曼陀罗	Thorn Apple 刺苹果
Leguminosae 豆科	Solanaceae 茄科	Solanaceae 茄科	Solanaceae 茄科
26 分布于南欧、北非、西亚；加那利群岛、墨西哥	**27** 分布于南北半球的热带与温带地区	**28** 分布于亚洲和非洲的热带与温带地区	**29** 分布于南北半球的热带与温带地区

美洲原住民社会的仪式很少采用外来植物。金雀儿原产于非洲西北海域的加那利群岛，自旧大陆引进到墨西哥，它在旧大陆并无用作致幻物之记录。很明显金雀儿在北墨西哥亚基族（Yaquí）印第安社会中有神奇的用途，巫医使用此植物的种子作为致幻物。

金雀儿是粗粝、多分枝的常绿植物，高可达1.8米。叶呈倒卵形至椭圆形，小叶有茸毛，长0.5—1厘米。芬芳、鲜艳的黄花聚集在总状花序顶端，长约1厘米。荚果多茸毛，长1—2厘米。

金雀儿的豆荚含大量的金雀儿碱（cytisine），此特性常见于豆科植物。金雀儿碱的性质类似尼古丁。因此，含金雀儿碱的植物常可作为烟草的替代品。

使用曼陀罗最多的地区集中在墨西哥与西南美洲，其中最重要且具有精神活性的物种为毛曼陀罗。此物种即为墨西哥人所称的"托洛阿切"，是阿兹特克与其他印第安部落的神祇植物之一。墨西哥的塔拉乌马拉人把毛曼陀罗的根、种子与叶加入以玉米备制的仪式饮料中，称之为"特斯基诺"（tesquino）。墨西哥的印第安人认为，托洛阿切与以仙人掌备制的佩约特不同，里面有恶灵居住。

毛曼陀罗是多年生草本植物，高可达1米，由于叶上有茸毛，故全株呈灰色。叶呈不对称的卵圆形，有波状叶缘或近全缘，长可达5厘米。白花直立向上，有香味，长14—23厘米，花冠上有10个小尖。悬垂的果实接近球形，直径约5厘米，多锐刺。

旧大陆文化中最重要的药用与致幻用曼陀罗属植物是洋金花（白曼陀罗）。

洋金花原产地可能是巴基斯坦或阿富汗以西的山区，是匍匐状植物，有的亦成灌丛，高1—2米。三角形的卵圆形叶有波状缘及深裂的锯齿，长14—22厘米，宽约8—11厘米。花单生，有紫、黄或白色，呈长筒、漏斗或喇叭状，绽放时接近圆形，长可达17厘米。悬垂的球状果实直径可达6厘米。许多果实表面有醒目的尖突或刺，内有扁平的淡褐色种子。花主要为紫色，朝天或斜生。

曼陀罗属所有的植物均含有具致幻作用的生物碱，如东莨菪碱、莨菪碱及颠茄碱。

曼陀罗为一年生草本，高可达1.2米，多歧分枝，茎多歧，茎上无叶。叶深绿色，有深裂锯齿状叶缘。花漏斗状，直立，开口朝天，每朵花有5个朝上的细尖。常见的曼陀罗开白花，长6—9厘米，为曼陀罗属中花最小的；另一变种为"tatula"，开更小的紫花。绿色的卵形果实外有直刺，肾脏形的扁平种子为黑色。

曼陀罗为致幻性强的植物，原产地不明，其生物学史亦备受争议。若干学者认为曼陀罗是古老的物种，源自里海地区。另一些人认为墨西哥或北美洲才是原产地。现在该物种广泛分布于中南美洲、北非、欧洲中南部、近东和喜马拉雅地区。

DESFONTAINIA R. et P. （1—3）	*DUBOISIA* R. Br. （3）	*ECHINOCEREUS* Engelm. （75）	*EPITHELANTHA* Weber ex （3）
枸骨黄属	**软木茄属**	**鹿角柱属**	Britt. et Rose **清影球属**
Desfontainia spinosa R. et P. 枸骨黄 Taique 泰克	*Duboisia hopwoodii* F. v. Muell. 皮图里茄	*Echinocereus triglochidiatus* Engelm. 三钩鹿角柱	*Epithelantha micromeris* (Engelm.) Weber ex Britt. et Rose 月世界
Desfontainiaceae 枸骨黄科，现更名为弯药树科（Columelliaceae）	Pituri Bush 皮图里丛 Solanaceae 茄科	Pitallito Cactus 皮塔利托仙人掌 Cactaceae 仙人掌科	Hikuli Mulato 伊库利穆拉托 Cactaceae 仙人掌科
30 分布于中美洲与南美洲的高地	**31** 分布于澳大利亚中部	**32** 分布于北美西南部、墨西哥	**33** 分布于北美西南部、墨西哥

枸骨黄是安第斯山鲜为人知的植物，有时被归为马钱科（Loganiaceae）或灰莉科（Potaliaceae）。植物学家对于枸骨黄属到底包括几种并无共识。

枸骨黄是一种美丽的灌木，高30厘米—1.8米，叶子亮绿，似圣诞节的冬青叶。红花长筒状，花冠尖端呈黄色。浆果白色或绿黄色，球形，内含许多有光泽的种子。智利与哥伦比亚南部把枸骨黄当作致幻植物，智利称它为"泰克"，哥伦比亚称之"博尔拉切罗"，即致幻植物。

哥伦比亚卡姆萨族（Kamsá）的萨满喝下这种叶子沏的茶，用以诊断病情或"入梦"。若干巫医宣称其有令人疯狂的效用。迄今尚不知其化学组成。

智利南部的萨满用枸骨黄达到类似柔花拉图阿（*Latua pubiflora*）的效用。

这种分枝多的常绿灌木有木质茎，高可达2.5—3米。木质为黄色，带有独特的香草味。绿叶披针形，叶缘往叶柄处逐渐变窄，长12—15厘米。花白色带红斑，呈钟形（长可达7毫米），簇生在枝条尖端。果为浆果，种子多且小。

具有精神活性的皮图里茄，自从澳大利亚有原住民定居后，便一直被使用在享乐与仪式典礼上。原住民在植物开花时采下叶子，挂起晾干或以火烤干。使用时可直接咀嚼，或加入石灰质卷成烟来吸。

皮图里茄含有多种强烈且具刺激性的有毒生物碱，如皮图里碱（piturine）、迪布瓦碱（dubosine）、D-去甲烟碱（D-nor-nicotine）及烟碱（nicotine）。在其根部已经发现了具有致幻作用的生物碱，如莨菪碱、东莨菪碱。

奇瓦瓦（Chihuahua）的塔拉乌马拉印第安人将这个属的两种植物视为"假佩约特"山区的"伊库里"（Hikuri）。其强度不如岩牡丹属、凤梨球属、清影球属、乳突球属或乌羽玉属等。橘红鹿角柱（*E. salmdyckianus*）是一种低矮、簇生的仙人掌，有匍匐状黄绿色茎（直径2—4厘米）。球肋有7—9条，辐射刺为黄色，中央的一条刺比辐射刺长。花橘红色（8厘米长），花被裂片倒披针形至匙形。此种为墨西哥的奇瓦瓦与杜兰戈（Durango）地区的原生植物。三钩鹿角柱的不同之处在于具有深绿色球茎，辐射刺较少且会随时间变成灰色，猩红色花朵长5—7厘米。

据报道，三钩鹿角柱含色胺，即3-羟-4-甲氧基苯二胺（3-hydroxy-4-methoxyphenethylamine）。

月世界是一种多刺的仙人掌，也是奇瓦瓦的塔拉乌马拉印第安人所说的假佩约特之一。果实可食，但味酸，当地人称之为"奇利托"（Chilito）。巫医用它来明目，亦能让自己与术士沟通。赛跑者以它为提神剂与"佑护剂"，当地的印第安人则相信它是延年益寿的圣品。据传，此仙人掌能驱使有罪的人神志不清，或从高崖下摔落。

据报道，月世界含有多种生物碱与三萜类（triterpenes）。这种迷你型的球形仙人掌可长到直径6厘米，小块茎（约2毫米长）呈螺旋状排列。白色刺极密，几乎遮盖了小块茎。仙人掌球近基部的刺长约2毫米，顶部的刺长约1厘米。毛茸茸的顶端中央着生白色到粉红色的小花朵，宽5毫米。棍棒状果实（长9—13毫米），内有不小的乌亮种子（直径2毫米）。

ERYTHRINA L. 　（110）	*GALBULIMIMA* F. M Bailey 　（3）	*HEIMIA* Link et Otto 　（3）	*HELICHRYSUM* Mill. 　（500）
刺桐属	**瓣蕊花属**	**黄薇属**	**拟蜡菊属**
Erythrina americana Mill. 美洲刺桐 Coral Tree 珊瑚树	*Galbulimima belgraveana* (F. v. Muell.) Sprague 瓣蕊花 Agara 阿加拉	*Heimia salicifolia* (H. B. K.) Link et Otto 柳叶黄薇 Sinicuichi 西尼库伊奇	*Helichrysum* (L.) Moench. 拟蜡菊属 Straw Flower 蜡菊
Leguminosae 豆科	Himantandraceae 瓣蕊花科	Lythraceae 千屈菜科	Compositae 菊科
34 分布于南北半球的热带与温带地区	**35** 分布于澳大利亚东北部、马来西亚	**36** 分布于北美南部到阿根廷、西印度群岛	**37** 分布于欧洲、非洲、亚洲、澳大利亚

阿兹特克人的"特索姆潘瓜维特尔"（Tzompanquahuitl）可能是刺桐属的几种植物，他们相信这些植物的种子可用作药物与致幻物。在危地马拉美洲刺桐的种子（豆卜）被用于占卜。

扇形刺桐（*Erythrina flabelliformis*）的豆子是塔拉乌马拉印第安人的药用植物，用途众多，也可能用作致幻物。

扇形刺桐为一种灌木或小乔木，枝条带刺。小叶长3—6厘米，一般宽度大于长度。总状花序上密生红色小花，长约3—6厘米。豆荚有时长达30厘米，种子间微缢缩，豆子黑红色，2到数枚。此刺桐多分布在墨西哥北部与中部及西南美洲的干热地区。

巴布亚原住民取下瓣蕊花的树皮与叶，与一种千年健属（*Homalomena*）植物煮成茶水，饮用后可引起麻醉感，进入深度睡眠，其间还会出现幻觉。

这种树分布于澳大利亚东北部、巴布亚与摩鹿加，不具有板根，树高可达27米。树皮极香，呈灰褐色、鳞片状，厚1厘米。叶椭圆形、全缘，正面有金属光泽，背面褐色，叶长多为11—15厘米，宽7厘米。花无萼片、花瓣，但是雄蕊花丝明显，花浅黄色或褐中带黄，有赭褐色花萼。红浆果椭圆状或球状，多纤维，直径2厘米。

科学家已自瓣蕊花分离出28种生物碱，但是尚未发现精神活性成分。

黄薇属有三个近似种，皆为重要的民间草药。巴西地区俗称为"启日者"（Abre-o-sol）与"生命之草"（Herva da Vida），顾名思义，为精神活性剂。

柳叶黄薇高60厘米—1.8米，叶长披形（长2—9厘米）。黄花单生于叶腋，宿存的钟形花萼形成长长的号角一样的附属物。柳叶黄薇丛分布于潮湿地带及高地的溪流边。

在墨西哥高地地区，当地人将略为脱水、凋萎的柳叶黄薇叶片捣碎，加水，放置静待发酵，制成兴奋饮料。虽然一般认为过度服用柳叶黄薇有害身体，但是通常并无不良后果。这种植物含有喹诺里西丁（quinolizidine）生物碱，例如千屈菜碱（lythrine）、冰苷元（cryogenine）、利佛灵碱（lyfoline）与零零克碱（nesidine）。

南非纳塔尔省东北部祖鲁兰（Zululand）的巫医使用拟蜡菊属的两种植物，让人吸食后进入催眠状态。

臭拟蜡菊（Helichrysum foetidum）是高25—30厘米、直立、多分枝的草本植物。接近基部略木质化，气味浓郁。叶片呈披针形或披针至卵形，叶基有裂片、全缘，长9厘米，宽2厘米，叶紧贴在茎上，叶背有灰色茸毛，叶面有腺体。头状花序有柄，顶生，多个簇生成疏伞房状；花序直径2—4厘米，外覆乳白色或金黄色的苞片。拟蜡菊属的若干种植物，在英国称为"永久花"（Everlasting）。

已知拟蜡菊属含有香豆素（coumarine）与二萜类（diterpenes），但尚未分离出具有致幻性质的成分。

43

HELICOSTYLIS Trécul （12）	*HOMALOMENA* Schott （142）	*HYOSCYAMUS* L. （10—20）	*HYOSCYAMUS* L. （20）
金珠桑属	**千年健属**	**天仙子属**	**天仙子属**
Helicostylis pedunculata 长梗金珠桑 Benoist 贝诺伊 Takini 塔基尼	*Homalomena lauterbachii* Engl. 劳氏千年健 Ereriba 埃雷里瓦	*Hyocyamus albus* L. 白花天仙子 Yellow Henbane 黄天仙子	*Hyoscyamus niger* L. 天仙子 Black Henbane 黑天仙子
Moracoae 桑科	Araceae 天南星科	Solanaceae 茄科	Solanaceae 茄科
38 分布于中美、南美洲热带地区	**39** 分布于南美洲、亚洲热带地区	**40** 分布于地中海、近东	**41** 分布于欧洲、北非、亚洲南部与中部

长梗金珠桑是圭亚那的圣树。树皮中的红色树液可调制成一种中等毒性的兴奋饮料。从金珠桑属两种植物的内层树皮萃取的成分，有镇静中枢神经的作用，类似大麻的功能。这两种植物是长梗金珠桑与茸毛金珠桑（*H. tomentosa*）。

它们有多处性状相似，均为树干通直或有小板根的森林大乔木（高23米），树皮呈灰褐色，树汁乳胶为淡黄色或乳白色。草质的叶长披针形至椭圆形，可达18厘米长，8厘米宽。肉质的雌花为球状，茎生。

相关资料极为缺乏，研究也不多。其致幻成分理论上可能类似于南美洲的桑科蛇桑属（*Brosimum*，或 *Piratinera*）。根据对这两种植物内层树皮的医药化学研究，其萃取液具有舒缓情绪及放松心情的功能，作用类似大麻。

据说巴布亚新几内亚的原住民将一种千年健属植物的叶片与瓣蕊花的叶和树皮同食，会有剧烈反应，终至沉睡，过程中还会产生幻觉。千年健的根茎在民族医药中具有多种用途，尤其用于治疗皮肤病。在马来西亚，一种千年健属植物的特定部分被用作箭毒的原料。

千年健属的植物为小型或大型的草本植物，根茎香味十足，叶长披针形或心脏形，着生在极短的茎上，茎很少长于15厘米。佛焰苞宿存。肉穗花序（佛焰花序）的雌雄两部分紧邻，小小的浆果内有少数或多数种子。

本属植物的化学成分中尚未发现致幻物质。

白花天仙子有直立的茎，不过常呈现为灌丛状，高约40—50厘米。淡绿色的茎、叶缘带锯齿的叶片和漏斗状花和果皆有茸毛。花期1—7月，花瓣淡黄色，中央深紫色。种子白或土黄色，偶见灰色。

白花天仙子是使用最广的致幻与药用植物。其致幻成分自古即用作催眠剂，往往为神谕者与通灵女巫所服用。此植物在古代"大地之母"（Gaia）的神谕中，被称为"龙之草"。希腊神话中的赫卡忒魔女（Hecate）是许多女巫心中的女神，她在传递科尔赫（Kolch）神谕时使用此植物制造"疯狂之药"。古代末期宙斯－阿蒙以及古罗马神祇丘比特的神谕赐给我们"宙斯之豆"（Zeus's Beans），即白花天仙子的种子。在预言之神阿波罗的德尔菲神谕中，这种植物被称为"阿波罗的植物"。

全株含有莨菪碱与东莨菪碱等生物碱。

天仙子属多为一年生或两年生草本植物，多汁、多茸毛、气味浓，高可达76厘米。叶为全缘或偶有少数大锯齿，卵形（长15—20厘米），贴近茎基部的叶子呈椭圆形，较小。黄色或绿黄色花瓣上有紫色脉络，花长达4厘米，沿两行排成伞形花序。果实为蒴果，种子多枚，包裹在5个三角形尖端变硬的宿存花萼内。种子受到挤压时会有强烈浓郁而独特的气味。

在古代及中古世纪的欧洲，天仙子是巫师备制药汤与药膏的重要材料，此药不但能减低疼痛，也可以导致失忆。

这种茄科天仙子属植物的有效成分为托烷生物碱，尤其是东莨菪碱，为有效的致幻物。

IOCHROMA Benth. (20)	IPOMOEA L. (500)	JUSTICIA L. (350)

紫玲花属

Iochroma fuchsioides (Benth.) Miers
紫玲花

Paguando 帕关多

Solanaceae 茄科

42 分布于南美洲热带与亚热带地区

虎掌藤属

Ipomoea violacea L. 管花薯
Morning Glory 牵牛花

Convolvulaceae 旋花科

43 分布于墨西哥到南美洲

爵床属

Justicia pectoralis Jacq. var. *stenophylla* Leonard 窄叶爵床
Mashihiri 马西伊里

Acanthaceae 爵床科

44 分布于中南美洲的热带或温带地区

在哥伦比亚安第斯山的卡姆萨印第安人社会,萨满用紫玲花治疗疑难杂症。

其毒性的后遗作用可达数天,服用者会有身体不适之感。此种灌丛在医疗上用途颇多,对治疗消化不良与便秘有效,亦可在妇女难产时起到辅助作用。

紫玲花是一种灌木或小乔木(高约3—4.5米),有时能长得更高,分布在哥伦比亚与厄瓜多尔的安第斯山脉约海拔2200米高的地区。枝条呈褐色,叶子为倒卵形至椭圆形,长10—15厘米。管状或钟形花,红色,簇生,长2.5—4厘米。红色浆果为卵形或梨形,直径约2厘米,部分包裹在宿存花萼内。

此植物含类固醇内脂。

墨西哥南部的瓦哈卡州对管花薯的种子评价甚高,使用于占卜与神秘宗教,为神医仪式中重要的致幻物。墨西哥的奇南特克族(Chinantec)与马萨特克族称

这种种子为"皮乌莱"(Piule),萨波特克族(Zapotecs)称其为"黑巴多"(Badoh Negro)。阿兹特克在未被征服以前,称之为"特利利尔特辛"(Tlililtzin),用法与另一种牵牛花,即伞房盘蛇藤(*Turbina corymbosa*)的种子"奥洛留基"相同。

管花薯又名红番薯(*I. rubro-caerulea*),为一年生藤本,叶全缘,心状卵形,长6—10厘米,宽2—8厘米。花序由3—4朵小花构成。花色多变,从白到红、紫、蓝或紫罗兰色皆有,喇叭状花冠开口处宽5—7厘米,花冠筒长5—7厘米。卵圆形果实长约1厘米,内含细长的棱角状种子。

番薯属植物种别繁多,分布于墨西哥西部与南部、危地马拉与西印度群岛,也可见于热带美洲,是重要的园艺作物。

窄叶爵床为分布广泛的爵床(*J. pectoralia*)的一个变种,其特殊之处为植株较矮,叶片较狭长,花序较短。草本,全株可达30厘米高,茎直生或向上斜伸,接近地面的茎节上有时会长根。节间短,常不到2厘米长。叶繁多,长2—5厘米,宽1—2厘米。花序密生,上覆腺毛,长可达10厘米,但是通常较短。小花不显眼,约5毫米长,呈白红或紫色,常有紫色细斑。果实长5毫米,内含扁平的红棕色种子。

爵床的化学成分尚无定论。初步分析显示,窄叶爵床含有色胺类(tryptamines),然而有待进一步确认。干燥的植株含有香豆素。

KAEMPFERIA L. （70）	*LAGOCHILUS* Bunge （35）	*LATUA* Phil. （1）	*LEONOTIS* (pers.) R. Br. （3—4）
山柰属	兔唇花属	拉图阿属	狮耳花属
Kaempferia galanga L. 山柰（俗名沙姜、番郁金、埔姜花） Galanga 加兰加	*Lagochilus inebrians* Bunge 毒兔唇花 Turkestan Mint 土耳其薄荷	*Latua pubiflora* (Griseb.) Baill 柔花拉图阿 Latúe 拉图埃	*Leonotis leonurus* (L.) R. Br. 狮耳花 Lion's Tail 狮尾
Zingiberaceae 姜科	Labiatae 唇形科	Solanaceae（茄科）	Labiatae 唇形科
45 分布于非洲热带地区、东南亚	**46** 分布于中亚	**47** 分布于智利	**48** 分布于南非

山柰为新几内亚的致幻植物。山柰根茎香味浓郁，在其分布地区，人们将其视为制作风味米饭的香料，在民间医药中也用于祛痰、祛风寒及催情。叶泡茶用于治喉头炎、盗汗、风湿、眼疾。在马来西亚，人们也将这种植物加入以见血封喉（*Antiaris toxicaria*）备制的箭毒中。

这种茎秆短小的草本植物具有扁平开展的叶片，叶绿色，全缘，宽8—15厘米。花白色（唇瓣有紫斑），易凋谢，单生于植株中央部位，宽可达2.5厘米。

除了已知根茎含有高浓度的精油外，其他部分的化学成分不详。生理活性作用可能来自精油的成分。

世居土耳其干旱高原的塔吉克、鞑靼、土库曼与乌兹别克等部族，将毒兔唇花的叶子烘烤后沏茶，作为麻醉剂。通常加入茎、果枝与花朵，有时也加入蜂蜜与糖，以消除茶的浓涩苦味。

在俄罗斯，科学家曾从药学角度详加研究，并称这种植物具有凝血与止血效果，可降低血管的渗透性，有助于血液的凝结。医学界亦认为此植物有助于治疗过敏与皮肤病，并具镇静性质。

植物化学研究揭露，毒兔唇花含有一种叫作兔唇花灵（lagochiline）的结晶化合物，这是一种胶草类的二萜类物质。此化合物并无致幻功能。

拉图阿属高2—9米，是具有单一或多主干的茄科植物。树干为红色至灰棕色。枝条多刺且坚硬，长约2.5厘米，着生于叶腋。叶为狭椭圆形，叶面为深绿到浅绿色，叶背色较浅，叶全缘或带锯齿状，长3.5—4.5厘米，宽1.5—4厘米。花宿存，钟形，花萼为绿色到紫色，花冠较大，呈洋红色到红紫色，花冠长壶形，长3.5—4厘米，花开口处1厘米。果实为球状浆果，直径约2.5厘米，内含许多肾状种子。

柔花拉图阿的叶片与果实皆含0.18%的莨菪碱与颠茄碱及0.08%的东莨菪碱。

狮耳花为草本植物，有橘色花朵，已知具有致幻性，在非洲的俗名众多，如达查（Dacha）、达格阿（Daggha）或野生达格加（Wild Dagga），意为"野大麻"。南非霍屯督人与布须人吸食其叶与芽作为致幻物。此植物可能是所谓的致幻植物"坎纳"（参见松叶菊 [*Sceletium tortuosum*]）。含树脂的叶片或从叶片中萃取的树脂可单独吸食，或与烟草混合吸食，目前尚无相关的化学成分研究。

此种植物在美国加利福尼亚州试种，相关试验显示用其叶片制成的烟带有苦味，也具有少量类似大麻与曼陀罗的生理活性效果。在南非东部，另一种同属的卵叶狮耳花（*Leonotis ovata*）据称也有这种用途。

LEONURUS L. （5—6）	*LOBELIA* L. （250）	*LOPHOPHORA* Coult. （2）
益母草属	**半边莲属（山梗菜属）**	**乌羽玉属**
Leonurus japonicus L. 益母草 Siberian Motherwort 西伯利亚益母草	*Lobelia tupa* L. 山梗菜 Tabaco del Diablo 恶魔之烟草	*Lophophora williamsii* (Lem.) Coult. 乌羽玉（冠毛仙人球、蕈仙人掌） Peyote 佩约特
Labiatae 唇形科	Campanulaceae（桔梗科）	Cactaceae 仙人掌科
49 分布于西伯利亚到东亚、中南美洲（归化物种）	**50** 分布于热带与温带地区	**51** 分布于北美墨西哥、美国得克萨斯州

益母草为草本植物，茎直立向上生长，高可超过2米，常单生不分枝。有上颌状枝条，叶细裂、深绿色。紫色花着生于茎秆顶端，花序可延伸极长，美丽异常。

益母草在古代的《诗经》（约公元前1000—500年）中已有记载，当时称为"萑"，后来偶尔作为草药出现于中国古草本书。

花期采收的叶子干燥后，可代替大麻吸食，此行为盛行于中南美洲（每条烟约含干叶1—2克）。

目前已确定益母草含有0.1%的黄酮配糖体卢丁（flavonoid glycoside rutin），与生理活性尤其有关的是新发现的3种二萜类，即精油中的益母草碱（leosibiricine）、益母草素（leosibirine）及同分异构物的异益母草碱（isoleosibiricine）。

山梗菜开美丽的红色或红紫色花，全株高2—3米，形态多变，在南秘鲁与北智利的安第斯山地是有名的有毒植物，当地人称之为"恶魔之烟草"。山梗菜适于生长在干燥土壤中，茎与根含白色乳汁，会刺激皮肤。

叶繁茂，几乎覆满全株。叶片呈灰绿色、椭圆形，其上多有茸毛，叶长10—23厘米，宽3—8厘米。花长4厘米，密生于36厘米长的茎上。花冠向下弯，有时又向内反折，花冠裂片顶端相连。

山梗菜的叶片含有哌啶（piperidine）生物碱洛贝林（lobeline），这是一种呼吸兴奋剂，此外亦含二酮（diketo-）与二羟基（dihydroxy-）衍生物山梗烷定（lobedamidine）与去甲山梗烷定（nor-lobedamidine）。目前并不清楚这些成分的致幻性质，但吸食其叶片确实会起到精神活性作用。

乌羽玉属有两种仙人掌，外形与化学成分皆不相同。

此两种均为无刺的灰绿色或蓝色小型球状仙人掌。含有叶绿素的肉茎直径可达8厘米，由5—13条钝棱分开。每个小块茎上都长有一个小而平的刺座，刺座顶端着生一簇约2厘米长的刺毛。花为白色或粉红色，呈钟形，多单生，长1.5—2.5厘米，着生在球冠中央下陷部位。

印第安人割下球冠，待其干燥后作为一种致幻物服用。此干燥的碟状球冠称为"乌羽玉扣"（Mescal Button）或"佩约特扣"（Peyote Button）。

乌羽玉多为蓝灰色，其上有5—13条棱，多呈纵沟状。其中含有30多种生物碱，以仙人球毒碱为主，还含有其他具生理活性的苯乙胺（phenylethylamines）与异喹啉类（isoquinolines）。另一种铺散乌羽玉（*L.*

diffusa）具有灰绿色花冠，有时为黄绿色，其上有许多棱与弯曲的深沟，花通常较大，化学成分更为简单。

上述两种乌羽玉皆生长在干旱、多砾石的沙漠地区，土质多为钙质土。球冠被割下后还会长出新球冠，所以多球冠的乌羽玉十分常见。乌羽玉的致幻效果强，会产生千变万化、色彩丰富的幻视，其他感官（听觉、触觉、味觉）也会受影响。据称致幻分两个阶段。第一阶段产生心满意足之感，感觉敏锐。第二阶段心情宁静，肌肉松弛，意识由接受外界刺激转为自省及冥想。

LYCOPERDON L.　　（50—100）

马勃属

Lycoperdon mixtecorum Heim
米克斯特克马勃
Lycoperdon marginatum Vitt. 棱边马勃
Bovista 博维斯塔

Lycoperdaceae 马勃科

52 分布于墨西哥温带地区

MAMMILLARIA Haw.（150—200）

乳突球属

Mammillaria spp. 乳突球属
Pincushion Cactus 针垫仙人掌

Cactaceae 仙人掌科

53 分布于北美洲西南部、中美洲

MANDRAGORA L.　　（6）

茄参属

Mandragora officinarum L. 风茄
Mandrake 风茄

Solanaceae 茄科

54 分布于南欧、北非、西亚到喜马拉雅

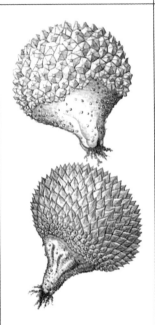

风茄的历史是传奇植物中的传奇。风茄是一种具有致幻功能的魔法植物，它在欧洲民间传说中的地位非其他地方可比。风茄以其毒性真真假假的药用价值而闻名，在欧洲中世纪及更早以前，它一直令人们既敬重又畏惧。民间对风茄的使用和赋予它的特性都与所谓的"表征说"有关，因为它具有人形的根部。

茄参属包括6个种，其中欧洲与近东的风茄作为致幻物，在魔法与巫术活动中扮演重要的角色。风茄是一种无茎的多年生草本植物，高可达30厘米，根粗、多分枝。叶大，有柄，多皱，卵形，全缘或具锯齿，长可达28厘米。花钟形，为浅绿色、紫色或蓝色，长3厘米，聚生在基部。浆果黄色，呈球形或卵形，多汁，香气宜人。

根部的托烷生物碱总含量达0.4%。主要生物碱为莨菪碱与东莨菪碱，亦含颠茄碱、红古豆碱（cuscohygrine）、风茄碱（mandragorine）。

在墨西哥北部，奇瓦瓦（Chihuahua）的塔拉乌马拉部族使用一种马勃，即当地人称"卡拉莫托"（Kalamoto）的菌类，据传此种植物可让他们接近他人而不被察觉，或让他人生病。墨西哥南部瓦哈卡的米克斯特克人用两种马勃来让服用者进入半睡半醒的情境，据说此时仍可听到他人的谈话与回答。

米克斯特克马勃只见于瓦哈卡，是一种小型马勃（直径不超过3厘米）。近球状，略扁，底部急缩成肉质茎，长不过3厘米。外表面有密集的浅褐色棱角状突起，内部为草黄色。

孢子为球形，黄褐色，其上有紫色小尖刺，长可达10微米。此种马勃生长在疏林内或草原上。

其生理活性成分尚未分离出来。

在塔拉乌马拉印第安人心中最重要的"佩约特"中，有数种乳突球属的仙人掌，皆为圆球状，带硬刺。

科学家已自海氏乳突球（*M. heyderii*）分离出N-甲基-3,4-二甲氧基苯乙胺（N-methyl-3, 4-dimethoxyphenylethylamine），此植物与柯氏乳突球（*M. craigii*）近缘，许多乳突球属的仙人掌都含有大麦芽碱。

柯氏乳突球为球状，但顶端略扁，带有椎状、有棱的小疣，长约1厘米，腋部和刺座有白色绵毛。中央的尖刺长约5毫米。玫瑰红色的花长可达1.5厘米。而另一种格氏乳突球（*M. grahamii*）为球状或圆筒状，直径6厘米，具小疣，腋部无茸毛。中央的尖刺长不到2厘米。花长约2.5厘米，花冠裂片呈蓝紫色或紫色，有时边缘带白色。

MAQUIRA Aubl. （2）	MIMOSA L. （500）	MITRAGYNA Korth. （20—30）
轻箭毒木属（马奎桑属）	**含羞草属**	**帽蕊木属**
Maquira sclerophylla (Ducke) C. C. Berg 硬叶马奎桑	*Mimosa hostilis* (Mart.) Benth. (*Mimosa tenuiflora*) 细花含羞草	*Mitragyna speciosa* Korthals 美丽帽蕊木
Rapé dos Indios 印第安鼻烟	Jurema Tree 胡雷马树	Kratom 克拉通
Moraceae 桑科	Leguminosae 豆科	Rubiaceae 茜草科
55 分布于南美洲热带地区	**56** 分布于墨西哥与巴西	**57** 分布于东南亚（泰国、马来半岛北部到婆罗洲、新几内亚）

巴西亚马孙帕里亚纳（Pariana）地区的印第安人，过去曾制造一种效力强劲的致幻鼻烟，称为"印第安鼻烟"，但如今已不复见。一般认为这种鼻烟是由一种巨树硬叶马奎桑（亦作 *Olmedioperebea sclerophylla*）的果实制成。

硬叶马奎桑高可达23—30米，分泌白色乳汁。叶片极厚且硬，卵形或长卵形，叶缘内卷，长20—30厘米，宽8—16厘米。雄花成球状头状花序，直径可达1厘米；雌花花序着生于叶腋，一般只有1朵，很少会有2朵。核果浅红褐色，具香味，球状，直径2—2.5厘米。此植物含有强心糖苷类（cardiac glycosides）。

在巴西东部干旱的卡汀珈（caa-tingas），到处都是此类杂乱、疏生小刺的灌木。刺长约3毫米，基部膨大。细裂羽状叶长3—5厘米。花为疏散的圆柱形穗状花序，白色，芳香。豆荚长2.5—3厘米，分隔成4—6节。根部可分离出一种叫作"nigerine"的生物碱，后来发现其化学成分为N，N–二甲基色胺。

在巴西东部，数种含羞草属植物被称作"胡雷马树"。如黑含羞草（*M. hostilis*）称为"黑胡雷马树"（Jurema Prêta），与墨西哥当地人称细花含羞草（*M. tenuiflora*）为"特佩斯科维特"类似。另一种同属的白含羞草（*M. Verrucosa*），其树皮可提炼出一种麻醉剂，一般称之为"白胡雷马树"（Jurema Branca）。

帽蕊木为热带小乔木或灌木，生长在湿地，高3—4米，很少超过12—16米。全株有直立主干，枝条斜出上扬且分杈多，叶片为绿色、卵形、宽大（8—12厘米），但在叶尖变窄。花为深黄色，呈球状丛生。种子有翅。

干叶可吸食、咀嚼，或提炼出"克拉通"或"马姆博格"（Mambog）。

美丽帽蕊木的精神活性尚无定论。不论是私人研究、文字记录，以及药理学特性研究都指出，美丽帽蕊木同时具有像古柯碱那样的刺激作用，以及吗啡那样的镇静作用。这些效应在生嚼叶子5—10分钟之内发生。

早在19世纪，美丽帽蕊木就被当作鸦片的代用品，并用于医治鸦片毒瘾。此种植物含有多种吲哚生物碱类（indole alkaloids），主要成分为帽蕊木碱（mitragynine），效应温和，即使在高剂量下，毒性也低。

MUCUNA Adans. （120）	*MYRISTICA* Gronov. （120）	*NYMPHAEA* L. （50）	*ONCIDIUM* Sw. （350）
油麻藤属（黧豆属）	**肉豆蔻属**	**睡莲属**	**文心兰属（瘤瓣兰）**
Mucuna pruriens (L.) DC. 刺毛黧豆 Cowhage 倒钩毛黧豆	*Myristica fragrans* Houtt. 肉豆蔻 Nutmeg 肉豆蔻	*Nymphaea ampla* (Salisb.) DC. 大白睡莲 Water Lily 睡莲	*Oncidium cebolleta* (Jacq.) Sw. 小葱文心兰 Hikuri Orchid 伊库里兰
Leguminosae 豆科	Myristicaceae 肉豆蔻科	Nymphaeaceae 睡莲科	Orchidaceae 兰科
58 分布于南北半球热带与温带地区	**59** 分布于欧洲、亚洲、非洲的热带与温带地区	**60** 分布于南北半球的暖温带地区	**61** 分布于中美洲、南美洲、美国佛罗里达州

刺毛黧豆尚未被列为致幻植物，但是化学分析显示其具有高浓度的精神活性成分（二甲基色胺与5-甲氧基-二甲基色胺）。

刺毛黧豆是粗壮结实的草本植物，叶片由3小叶组成。小叶为椭圆形或卵形，叶背和叶面均密生茸毛。花为深紫或蓝色，长2—3厘米，形成悬垂的短总状花序。豆荚长且硬，具有刺毛，长约4—9厘米，厚1厘米。

根据服用者的致幻行为推测，此植物应含有吲哚生物碱类成分。服用者会出现明显的行为改变，类似于致幻状态下的活动。印第安人可能发现了刺毛黧豆的某些精神活性特性并加以利用。印度人认为其荚果磨成粉有催情功效。种子含二甲基色胺，如今用作阿亚瓦斯卡的替代品。

肉豆蔻及豆蔻香料，大量服用可引发中毒症状，服用者会产生时空错置感，觉得自己与现实脱离，产生幻视与幻听，往往还有其他不良反应，如头痛欲裂、头昏眼花、恶心作呕、心跳加速。肉豆蔻的中毒症状多变。

肉豆蔻树形优美，尚未见到真正野生状态的个体，但广泛栽培用来收集种子及红色假种皮作为香料。这两种香料因所含精油成分浓度有别而有不同的味道。肉豆蔻种子精油的香气源于烯类（terpene）和芳香醚类（aromatic ethers）的九种成分。其中主要成分为肉豆蔻醚（myristicine），这是一种烯，但应具有精神刺激性。

一般认为，肉豆蔻的生理活性作用，主要源自芳香醚类（肉豆蔻醚及其他化学成分）。

旧大陆与新大陆可能皆使用睡莲属植物作为致幻物。从大白睡莲中分离出来的精神活性成分"阿扑吗啡"（apomorphine），为这种猜测提供了化学证据。从中亦曾分离出荷叶碱（nuciferine）与去甲荷叶碱（nornuciferine）。

大白睡莲具有厚厚的齿状叶片，叶背紫色，宽14—28厘米。花白色，美丽动人，具有30—190枚黄色雄蕊，花盛开时直径7—13厘米。埃及原生种蓝睡莲（*N. caerulea*）叶片为卵圆形、盾状及不规则齿状（宽12—15厘米），叶背有绿紫色斑点。花呈淡蓝色，中心灰白，于上午10点左右开花，花期3天；花朵直径7.5—15厘米；花瓣披针形，顶端尖，有14—20片，雄蕊50枚或更多。

小葱文心兰是一种附生兰，生长在墨西哥塔拉乌马拉印第安地区峻峭的石崖与乔木上。小葱文心兰被用作乌羽玉的临时替代品。然而，关于小葱文心兰的使用，资料极少。

这种热带兰广泛分布于美洲大陆。假鳞茎极小，像一块疣瘩一样出现在肉质、直立的圆形叶片基部，呈灰绿色，常有紫斑。穗状花序多呈弯弓状下垂，花茎为绿色，茎上有紫色或紫褐色斑点。萼片呈褐黄色，花瓣上有深褐色斑点。三裂唇瓣长2厘米，中间的裂片宽3厘米，呈鲜黄色，带有红棕色斑点。

已知小葱文心兰含有一种生物碱。

PACHYCEREUS (A. Berger) Britt. et Rose 摩天柱属　　　（5）	*PANAEOLUS* (Fr.) Quélet（20—60）斑褶菇属	*PANAEOLUS*（Fr.）　　（20—60）斑褶菇属
Pachycereus pecten-aboriginum (Engelm.) Britt. et Rose 土人之栉柱 Cawe 卡维	*Panaeolus cyanescens* Berk. et Br. 蓝变斑褶菇 Blue Meanies 蓝恶棍	*Panaeolus sphinctrinus* (Fr.) Quélet 褶环斑褶菇 Hoop-petticoat 裙环花褶伞
Cactaceae 仙人掌科	Coprinaceae 鬼伞科	Coprinaceae 鬼伞科
62 分布于墨西哥	**63** 分布于南北半球的温带地区	**64** 全球性分布

土人之栉柱是印第安社群中用途很广的植物。这种高大得像乔木的柱状仙人掌从1.8米的柱上长出，高可达10.5米。短刺有明显的灰色，尖端黑色。花朵直径5—8厘米，最外围花瓣为紫色，内部花瓣呈白色。果实卵形，直径6—8厘米，密布黄茸毛及黄色长刺毛。

塔拉乌马拉族称土人之栉柱为"卡维"（Cawe）和"维乔瓦卡"（Wichowaka，即"精神错乱"），从幼嫩枝条中榨取汁液，用作致幻物，服用后会引起头昏与幻视。这种仙人掌有很多纯粹的医学作用。最近的研究曾从中分离出4-羟-3-甲氧基苯乙胺（4-hydroxy-3-metho-xyphenylethylamine）与4-四氢异喹啉（4-tetrahydroisoquino-line）。

蓝变斑褶菇是一种小型的肉质或接近膜质的钟形蘑菇。纤细的菌柄易折断，菌褶色彩多变，两侧有尖锐的彩色结晶囊状体。孢子为黑色。子实体成熟或破损后会出现蓝色。

巴厘岛人从牛粪堆上收集蓝变斑褶菇，在欢庆会上或追求创作灵感时服用。此菇亦作为致幻品售给异乡旅客。

虽然此蓝变斑褶菇主要分布在热带地区，然而最初发现含有裸盖菇素的植株，却采自法国一个庭园。此菇所含之脱磷裸盖菇素可达1.2%，裸盖菇素可达0.6%。

斑褶菇属种类不多，其中一种被墨西哥东北部瓦哈卡地区的马萨特克与奇南特克印第安人用于占卜与各类魔法仪式。马萨特克人称它为"特阿纳萨"（T-hana-sa）、"塞托"（She-to，即草地蘑菇）与"托斯卡"（To-shka，即醉蘑菇）。不像裸盖菇属（Psilocybe）与球盖菇属（Stropharia）那么重要，褶环斑褶菇仅偶尔为某些萨满所用。据报道，本种及同属的另一种含有致幻性生物碱裸盖菇素。

生长在树林、空地与路旁牛粪中的褶环斑褶菇是一种纤巧的黄褐色蘑菇，高可达10厘米。其菌盖为卵形钟状，顶端钝尖，棕褐色，直径可达3厘米。菌柄深灰色，深黑褐色的菌褶上有黑色柠檬状孢子，孢子大小多样，长12—15微米，宽7.5—8.3微米。

肉质细，颜色类似菌盖，几乎无气味。许多调查者认为此菇并非瓦哈卡印第安人所使用的致幻蘑菇，但这种观点与诸多证据相悖。瓦哈卡印第安人将其与许多其他蘑菇一同使用，说明许多萨满使用的蘑菇种类多得惊人，并因季节、天候及特定用途而变。调查者认为，目前墨西哥印第安人使用的蘑菇种类，不为人知者远多于已知者。

在欧洲，并未在褶环斑褶菇中发现裸盖菇素，人体药物学试验也并未出现精神活性反应。所以可能存在具有不同化学成分的类型。

PANAEOLUS (Fr.) Quélet（20—60）	*PANCRATIUM* L.（15）	*PANDANUS* L. fil.（600）	*PEGANUM* L.（6）
斑褶菇属	**全能花属**	**露兜树属**	**骆驼蓬属**
Panaeolus subbalteatus Berk. et Broome 暗缘斑褶菇 Dark-rimmed Mottlegill 暗缘林菇	*Pancratium trianthum* Herbert 全能花 Kwashi 克瓦西	*Pandanus* sp. 露兜树类 Screw pine 林投	*Peganum harmala* L. 骆驼蓬 Syrian Rue 叙利亚芸香
Coprinaceae 鬼伞科	Amaryllidaceae 石蒜科	Pandanaceae 露兜树科	Zygophyllaceae 蒺藜科
65 分布于欧亚大陆、北美洲与中美洲	**66** 分布于非洲与亚洲的热带与温带地区	**67** 分布于欧洲、非洲、亚洲的热带与温带地区	**68** 分布于亚洲西部到印度北部；蒙古、中国东北

暗缘斑褶菇广泛分布于欧洲，主要生长在有粪堆的禾草地上，尤其是牧马草场和马粪边上。菌盖直径2—6厘米，近平展。此种蘑菇扩散快速。菌盖前期为潮湿的褐色，生长到中期才变干，此时盖缘往往明显变黑。红棕色的菌褶弯曲，最终因孢子成熟而变成黑色。

暗缘斑褶菇的传统使用方法不详，它有可能是德国蜂蜜酒或麦芽啤酒的一种原料。但是无论怎么说，此蘑菇与马具有共生关系，而马在德国是"狂欢之神"沃坦（Wodan）的神兽。

暗缘斑褶菇的子实体含有0.7%的裸盖菇素和0.46%的光盖伞丁（baeocystine），可观的血清素，以及5-羟-色胺酸（5-hydroxy-tryptophane），但无脱磷裸盖菇素。服用1.5克剂量的干蘑菇即起作用，服用2.7克的剂量会产生幻视。

全能花属的15种植物有多种对心脏有剧毒，其他一些作为催吐剂；有一种会引起中枢神经系统麻痹而致命。一般认为全能花是全能花属中最毒的一种。

全能花的用法不详。在东非波札那的多贝（Dobe）地区，布须曼族视其为致幻物，用法为将球茎切片，在头皮上的切口处摩擦。在西非热带地区，全能花似乎具有宗教意义。

全能花属植物具有鳞茎和线形叶，几乎与花同时出现。花呈白色或淡绿色，伞状花序着生于直立且结实的花茎上，花被漏斗状，花筒长，花被裂片狭长。雄蕊着生在花被的喉部，基部联合成杯状。种子棱角状，黑色。

已经检测到全能花的球茎中含有石蒜碱（lycorine）与大麦芽碱（hordenine）。

新几内亚原住民用一种露兜树属植物的果实作为致幻物，但是用法不详。

从露兜树的核果中已经分离出二甲基色胺。露兜树属是欧洲热带地区的一个大属。这类植物雌雄异株，呈乔木状，有些为攀缘植物，有板根或支持根。露兜树属有些植物的叶片长达4.5米，常用来编织草席；叶片常又长又硬，剑形，边缘和中脉有钩刺。巨大的头状花序无花被，包在佛焰苞状的苞片中。果为聚合果，形大而重，质硬，呈球状或球果状，由有棱角的心皮聚合而成，易分离。大多数种类的露兜树分布在沿海地区或盐沼内，东南亚地区原住民食用若干种露兜树的果实。

骆驼蓬为草本植物，原产于沙漠地区。全株呈灌丛状，高可达1米。叶裂片狭长线形；花小，白色，着生于枝条腋间。果实圆球形，深裂呈卵形，内含多粒扁平、带棱角的种子。种子褐色味苦，气味有麻醉作用。骆驼蓬的精神活性成分，包括β-咔啉（β-carboline）生物碱类，例如骆驼蓬碱（harmine）、骆驼蓬灵碱（harmaline）、四氢骆驼蓬碱（tetrahydroharmine），以及已知至少出现在8个科的高等植物中的相关碱基。这些成分可见于骆驼蓬的种子。

民间医药界极为重视骆驼蓬，这种植物出现在哪里，可能就表明当地宗教或巫术活动中曾以它为半神圣的致幻物。最近有人推测骆驼蓬可能是古波斯人与古印度人的苏摩或休麻（Huoma）的来源。

PELECYPHORA Ehrenb. （2）	*PERNETTYA* Gaud.-Beaup （20）	*PETUNIA* Juss. （40）	*PEUCEDANUM* L. （125）
斧突球属	**南白珠属**	**矮牵牛属**	**前胡属**
Pelecyphora aselliformis Ehrenb. 精巧球 Peyotillo 佩约蒂略	*Pernettya furens* (Hook.ex DC.) Klotzch 癫南白珠 Hierba Loca 忧心草	*Petunia violacea* Lindl. 紫花矮牵牛 Shanin 桑因	*Peucedanum japonicum* Thunb. 滨海前胡 Fang-K'uei 防葵
Cactaceae 仙人掌科	Ericaceae 杜鹃花科	Solanaceae 茄科	Umbellifere 伞形科
69 分布于墨西哥	**70** 分布于墨西哥至安第斯山脉；加拉帕戈斯群岛与马尔维纳斯群岛、新西兰	**71** 分布于南美洲和北美洲的温带地区	**72** 分布于欧洲、南非与亚洲的温带地区

有人怀疑精巧球被墨西哥人视为"假佩约特"。当地人称之为佩约特与佩约蒂略。

精巧球是一种美丽的仙人掌，球体单生，灰绿色，簇状，长圆锥形，直径为2.5—6.5厘米，偶尔可达10厘米。疣突侧面扁平，呈螺旋排列，而非沿棱肋分布，其上有细小的鳞片似的栉状小刺。顶生钟形花直径可达3厘米，外围裂片白色，内层裂片紫红色。

最近有研究指出，精巧球含有生物碱，如仙人球毒碱等。服用后会产生与佩约特类似的效果。

许多报告指出，南白珠属植物有毒性。智利原住民称癫南白珠的果实为"乌埃德乌埃德"（Huedhued）或"忧心草"，即"导致疯狂的植物"，食用后会引起精神错乱，神志不清，甚至永久失常。据说中毒效果类似曼陀罗引起的症状。小叶南白珠（*P. parvifolia*）的果实有毒，当地人称为"塔格利"，吞食后会有致幻效果，并导致其他精神与行动方面的异常。

资料表明原住民使用南白珠属植物作为巫术宗教活动中的致幻物。

上述两种南白珠属植物均为小型、蔓生或半直立的灌木，枝叶繁多。花为白色到淡玫瑰色，浆果为白色到紫色。

最近一项来自厄瓜多尔高地的报告指出，矮牵牛属的一个种可作为致幻物，在厄瓜多尔叫"桑因"。至于是哪个种，为哪个部族的印第安人所使用，如何服用，皆不得而知。据传服用此植物后会有升空的感觉或飘飘欲仙，这是多种致幻性麻醉物的一种典型特征。

矮牵牛栽培种多为紫花矮牵牛与白花矮牵牛（*Petunia axillaris*）的杂交品种。它们皆为南美洲南部的原生种。

矮牵牛属具有重要的栽培价值，但目前仍缺乏植物化学方面的研究，从它与烟草均为茄科植物且有亲缘关系来看，它可能含有生物活性成分。

滨海前胡是一种粗壮的多年生草本植物，植株蓝绿色，有粗大的根部和短小的地下茎。茎坚韧，富含纤维，高可达0.5—1米。叶厚，长20—61厘米，为二出或三出叶，小叶呈倒卵状楔形，长3—6厘米。花伞状簇生，辐10—20，长2—3厘米，果实椭圆形，带细毛，长3.5—5厘米。这种植物多分布在近海岸的沙地上。

滨海前胡的根为中草药防葵，主要有消炎、利尿、治咳和镇静功效，虽然带有毒性，但久服有滋补强身之效。

已知前胡属含有生物碱成分，例如香豆素（coumarin）与糠香豆素（furocoumarin）广泛存在于前胡属中，也见于滨海前胡。

PHALARIS L. (10)	PHRAGMITES Adans. (1)	PHYTOLACCA L. (36)	PSILOCYBE (Fr.) Quélet (180)
虉草属	芦苇属	商陆属	裸盖菇属
Phalaris arundinacea L. 虉草 Red Canary Grass 红雀草	Phragmites australis (Cav.) Trin. ex Steud. 芦苇 Common Reed 芦苇	Phytolacca acinosa Roxb. 商陆 Pokeberry 商陆	Psilocybe cubensis (Earle) Sing. 古巴裸盖菇 San Isidro 圣伊西德罗
Graminaea 禾本科	Graminaea 禾本科	Phytolaccaceae 商陆科	Strophariaceae 球盖菇科
73 全球性分布	**74** 全球性分布	**75** 分布于南北半球的热带与温带地区	**76** 几乎遍布热带地区

虉草为多年生禾草，具有绿色茎，高达2米，可纵向撕开。叶长且宽，叶缘粗糙。圆锥花序为浅绿色或红紫色。花萼上只有1朵花。

虉草在古代即已为人所知，但到目前为止，并未听说有用作精神活性剂的传统。

虉草的精神活性成分首次受到注意，是在出于农业目的研究禾草的植物化学之时。很可能过去数年有低阶萨满尝试将虉草放在阿亚瓦斯卡类似品与二甲基色胺的萃取物中，起到精神活性作用。

虉草全株皆含吲哚类生物碱，但因其种类、生长的位置和采收时期而有很大的差异。大部分植株含有二甲基色胺、美沙酮（MMT）与5-甲氧基-二甲基色胺。虉草亦含有剧毒的生物碱芦竹碱（gramine）。

芦苇是中欧最大的禾草植物，多生长在港湾。芦苇有粗壮、多分杈的地下茎。秆高1—3米，叶缘硬，长可达40—50厘米，宽1—2厘米。圆锥花序极长（15—40厘米），其上开许多紫色花。花期7—9月，种子冬季成熟，此时叶落，花序变白。

在古埃及，芦苇有多种用途，尤其作为纤维质材料。传统上用作致幻物的方法见于文献中，但只用作啤酒般饮料的发酵配料。

芦苇根茎含二甲基色胺、5-甲氧基-二甲基色胺、蟾毒色胺及芦竹碱。关于其精神活性的报道主要来自阿亚瓦斯卡类似品做的试验，这种物质是以芦苇根茎的萃取物，混入柠檬汁、骆驼蓬种子制成的一种饮料，据记载有恶心、呕吐与腹泻等副作用。

商陆为光滑无毛的多年生粗壮草本植物，高可达90厘米。叶椭圆形，约长12厘米。花白色（直径约1厘米），形成密生的总状花序（长10厘米）。浆果紫黑色，内含细小的黑色肾状种子（长3毫米）。

商陆是中国有名的药用植物，有两种：一种具有白花与白根，一种具有红花与紫根。通常认为红花商陆性剧毒，而白花商陆多栽培食用。商陆之花（别名"荡花"）入药，可治中风。根部剧毒，通常仅外用。

已知商陆含大量皂角苷类，肉质叶片中的汁液据报道具有抗病原体的特性。

古巴裸盖菇就是瓦哈卡印第安人所谓的"圣伊西德罗"（Hongo de San Isidro），是重要的致幻物。然而值得注意的是，并非所有的萨满都使用这种致幻物。马萨特克人称它为"迪-西-特霍-莱尔拉-哈"（Di-shi-tjo-lerra-ja），即"粪肥之神菇"。

古巴裸盖菇可长到4—8厘米高，极少数达15厘米。菌盖直径多不超过2—5厘米，为锥状钟形，早期盖上有小突起物，其后逐渐变平，菌盖呈金黄色，近盖缘逐渐呈淡棕色到白色。晚期或受伤后，菌盖可能变成深蓝色。菌柄中空，菌基常丰厚，色白、黄化或逐渐变成暗红色，柄硬直。菌褶色多样，从白色到深灰紫色或紫棕色皆有。椭圆体的孢子为紫棕色。

古巴裸盖菇的有效成分为裸盖菇素。

PSILOCYBE (Fr.) Quélet 　（180）

裸盖菇属

Psilocybe cyanescens Wakefield emend. Kriegelsteiner 蓝变裸盖菇
Wavy Cap 波浪帽

Strophariaceae 球盖菇科

77　分布于北美与中欧

PSILOCYBE (Fr.) Quélet 　（180）

裸盖菇属

Psilocybe mexicana Heim 墨西哥裸盖菇
Teonanácatl 特奥纳纳卡特尔

Strophariaceae 球盖菇科

78　几乎全球性分布

PSILOCYBE (Fr.) Quélet 　（180）

裸盖菇属

Psilocybe semilanceata (Fr.) Quélet 半裸盖菇
Liberty Cap 自由帽

Strophariaceae 球盖菇科

79　分布于墨西哥以外全球各地

PSYCHOTRIA L. 　（1200—1400）

九节属

Psychotria viridis Ruiz et Pavon 绿九节
Chacruna 查克鲁纳

Rubiaceae 茜草科

80　分布于南美洲亚马孙流域，从哥伦比亚到玻利维亚

蓝变裸盖菇有波浪状褐色盖缘（宽2—4厘米），故容易辨识。该菇不长在肥粪上，而长在腐木、针叶树腐质层及富含有机质的土壤上。在旧时的菌菇指南上，学名多为 *Hyphaloma cyanescens*。此菇与另一种裸盖菇 *Psilocybe azurescens* 及波西米裸盖菇（*Psilocybe bohemica*）近缘，此两种皆为强烈的致幻性蘑菇。

关于这种菌类的传统用法或萨满教的使用方法，未见于文献记载。

如今蓝变裸盖菇被用于欧洲与北美若干特定团体的仪式中。此外，已有人工培养含高浓度裸盖菇素的食用蘑菇。达到幻视约需1克干蘑菇。此蘑菇约含1%的色胺（裸盖菇素、脱磷裸盖菇素与光盖伞丁）。

裸盖菇属的许多蘑菇是墨西哥南部的神圣蘑菇，其中墨西哥裸盖菇是使用最广的蘑菇之一。

墨西哥裸盖菇分布在海拔1375—1675米，尤其是石灰岩地区，单生或散生苔藓小径、湿草地与旷野，也见于栎树与松树林。有一种最小型的致幻性蘑菇仅高2.5—10厘米，有锥钟形或多为半球形的菌盖（直径1—3厘米），生长期为淡草黄色或深草黄色（有时甚至为褐红色），干燥时为绿色或深黄色。菌盖有褐色条纹，菌顶小突多为红色。菌盖肉质受伤后会变成蓝色，中空的菌柄呈黄色到黄粉红色，柄基为红褐色。孢子为深褐色到深紫褐色。

半裸盖菇是裸盖菇属中分布最广的，喜生长在有旧堆肥的农地、草地、肥沃的草甸。菌盖（宽1—2.5厘米）呈锥形，多有尖顶，显得黏湿。盖膜容易剥落。细小菌褶为橄榄色至红褐色；孢子为深褐色或紫褐色。

半裸盖菇含高浓度（约0.97%—1.34%）的裸盖菇素、若干脱磷裸盖菇素、少量（约0.33%）的光盖伞丁。半裸盖菇是裸盖菇属中致幻性最强的蘑菇之一。

中世纪末期，在西班牙有一些妇女被指控为女巫，她们用的致幻物就是半裸盖菇。据说阿尔卑斯山的牧民称半裸盖菇为"梦菇"，传统上用作精神活性物质。今日，此菇被若干特定团体用于仪式中。

绿九节为常绿灌木，但亦可长成有木质干的小乔木，高度大多不超过2—3米。轮生叶狭长，叶色自淡绿到深绿，叶面光亮。花绿白色，花梗长。浆果红色，内含无数长卵形小种子，长约4毫米。

叶片必须在早晨采收，不论新鲜或干燥，皆可配制成阿亚瓦斯卡。今日亦用于配制阿亚瓦斯卡的类似品。

绿九节含0.1%—0.61%的二甲基色胺及微量的类似生物碱，如美沙酮与2-甲机四氢-β-咔啉（MTHC）。大部分叶片约含0.3%的二甲基色胺。

RHYNCHOSIA Lour. （300）	*SALVIA* L. （700）	*SCELETIUM* （1000）	*SCIRPUS* L. （300）
鹿藿属	**鼠尾草属**	**辣千里光属**	**蔍草属**
Rhynchosia phaseoloides DC. 豆鹿藿 Piule 皮乌莱	*Salvia divinorum* Epl. et Játiva-M. 占卜鼠尾草 Diviner's Sage 占卜者之草	*Sceletium tortuosum* L. 松叶菊 Kougued 科格德	*Scirpus atrovirens* Willd. 深绿蔍草 Bakana 巴卡纳
Leguminosae 豆科	Labiatae 唇形科	Aizoaceae 番杏科	Cyperaceae 莎草科
81 分布于南北半球热带与温带地区	**82** 分布于墨西哥的瓦哈卡地区	**83** 分布于非洲南部	**84** 全球性分布

古墨西哥人用多种鹿藿属植物漂亮的红色和黑色豆子作为致幻物。公元300—400年的墨西哥特潘蒂特拉（Tepantitla）壁画上就绘有鹿藿的种子，说明这种植物为当时的神祇植物。

长序鹿藿（*R. longeracemosa*）与塔鹿藿（*R. pyramidalis*）这两种鹿藿属植物极相似，皆为缠绕性且具长总状花序。长序鹿藿的花为黄色，种子有浅褐色与深褐色斑纹；塔鹿藿花为绿色，种子半红半黑，异常美观。

鹿藿属植物的化学研究才起步，尚无肯定结论。已知含有一种作用类似箭毒的生物碱。根据豆鹿藿萃取物的初期药学试验，此萃取物会让蛙类产生半麻醉反应。

墨西哥瓦哈卡地区的马萨特克印第安人栽培占卜鼠尾草，采收其叶，以石钵捣碎，用水冲淡后在占卜仪式中饮用，或咀嚼新鲜叶，利用其致幻性。占卜鼠尾草又称"牧人之草"或"处女之草"，栽培在远离住家与道路的偏僻树林内。

占卜鼠尾草是一种多年生草本植物，高达1米，叶卵形（长可达15厘米），叶缘有细锯齿。花蓝色，长15毫米，形成圆锥花序，长可达41厘米。

据称古阿兹特克人的麻醉剂"皮皮尔特辛特辛特利"便取自占卜鼠尾草，但目前似乎仅有马萨特克人使用这种植物。植株中含有强效的"鼠尾草碱A"（salvinorin A）。

两百多年以前，荷兰探险家称南非的霍屯督人咀嚼一种叫作"坎纳"或"昌纳"（Channa）的植物根部，作为幻视剂。如今这个名字被用来指称辣千里光属的数种植物，它们皆含有生物碱，如日中花碱（mesembrine）与日中花宁（mesembrenine），具有镇静作用，类似古柯碱的作用，可引起全身慵懒的感觉。

同属的展叶菊（*Sceletium expansum*）是一种高可达30厘米高的灌木，茎多肉、光滑，枝条匍匐伸展。叶片长椭圆披针形，全缘，不对称，长4厘米，宽1厘米，淡绿色，表面平滑有光泽。花为黄色（宽4—5厘米），1—5朵一簇，单生于枝条上。果实多棱角。

展叶菊与松叶菊先前都归在日中花属（*Mesembryanthemum*）。

在墨西哥的塔拉乌马拉族中最有影响力的草本植物是一种蔍草属植物。塔拉乌马拉印第安人担心栽培蔍草会让他们精神失常。有些巫医用巴卡纳来止痛。当地人认为蔍草的地下块茎能治精神失常，整株植物可保护那些患精神疾病的人。蔍草引发的致幻反应能让一些印第安人长途跋涉，四处游走，与过世的先祖交谈，目睹灿烂缤纷的幻景。

已知蔍草属植物及其近缘属莎草属（*Cyperus*）都含有生物碱。

蔍草属植物为一年生或多年生草本植物，多似禾草，穗状花序单生或簇生；小花少数到多数。瘦果有三棱角，前端具喙或无喙。可生长于各种环境，尤其喜爱潮湿土壤或泥沼地。

SCOPOLIA Jacq. Corr. Link（3—5）	*SIDA* L.（200）	*SOLANDRA* Sw.（10—12）	*SOPHORA* L.（50）
欧莨菪属	**黄花棯属**	**金盏藤属**	**苦参属**
Scopolia carniolica Jacques 赛莨菪（名称已修订，正名为 *Anisodus carniolicoides*）Scopolia 赛莨菪	*Sida acuta* Burm. 黄花棯 Axocatzín 阿克斯奥卡特辛	*Solandra grandiflora* Sw. 大花金盏藤 Chalice Vine 酒杯藤	*Sophora secundiflora* (Ort.) Lag.ex DC. 侧花槐 Mescal Bean 侧花槐
Solanaceae 茄科	Malvaceae 锦葵科	Solanaceae 茄科	Leguminosae 豆科
85 分布于阿尔卑斯山脉、喀尔巴阡山脉、高加索山脉；立陶宛、拉脱维亚、乌克兰	**86** 分布于南北半球的温带地区	**87** 分布于南美洲的热带地区、墨西哥	**88** 分布于北美洲的西南部、墨西哥

这种一年生草本植物通常高30—80厘米，暗绿色的叶片长又尖，有少量茸毛。肉质根呈锥形。花细小，钟形，紫色到淡黄色，花俯垂而花梗直立，与白花天仙子相似。花期为4—6月。果为蒴果，双隔膜，内含多粒小种子。

在斯洛维尼亚，赛莨菪可能是女巫用来调制药饮奴役他人的魔幻植物。在普鲁士东部地区，赛莨菪的根过去用作本土麻醉品、啤酒添加物及春药。传说妇人用它来勾引小伙子成为入幕之宾。

赛莨菪全株含有香豆素类（coumarins），诸如异东莨菪醇（scopoline）与东莨菪内酯，此外还有其他生物碱，如莨菪碱、东莨菪碱与绿原酸（chlorogenic acid）。目前工业栽培赛莨菪，用以提取L-莨菪碱及颠茄碱。

黄花棯与白背黄花棯（*S. rhombifolia*）均为草本植物或灌木（高可达2.7米），分布在气候炎热的低地。坚硬的枝条可用来制作粗扫帚。叶片披针形或倒卵形，宽约2.5厘米，长可达10厘米。叶片置于水中捣碎，会产生一种轻柔的泡沫，有使肌肤细嫩之效。花黄色到白色不一。

据说墨西哥湾沿岸地区吸食这两种植物，当作兴奋剂和大麻的替代品。黄花棯属植物根部含有麻黄碱。干燥的植株气味酷似香豆素。

金盏藤属植物是茂盛的藤本灌木类，类似曼陀罗木属的植物。在墨西哥，金盏藤是珍贵的致幻植物。用短萼金盏藤（*S. brevicalyx*）与格雷罗金盏藤（*S. guerrerensis*）枝条中的汁液制成茶饮有强烈的致幻效果。西班牙植物学家埃尔南德（Dr. Francisco Hernández）指出，在墨西哥格雷罗（Guerrero）地区，格雷罗金盏藤用作致幻物，也就是阿兹特克人的"特科马克斯奥奇特尔"（Tecomaxochitl）或"乌埃帕特尔"（Hueipatl）。

这两种植物为艳丽的直立或攀缘性灌木。叶片厚，呈椭圆形，长可达18厘米。花朵大，奶油色或黄色，芳香，呈漏斗状，长可达25厘米，成熟时展开。

金盏藤属与曼陀罗属近缘，因此可以预料到，其中也含托烷生物碱，如莨菪碱、东莨菪碱、降莨菪醇、莨菪醇（tropine）、红古豆碱及其他生物碱类。

这种灌木艳丽的红豆在北美洲曾被用作幻物。

侧花槐的种子含有剧毒的金雀儿碱，从药理学上来说，与烟碱属于同一类。可引起呕吐、抽搐，若剂量过高，会因呼吸困难而丧命。金雀儿碱的致幻作用不详，但其强烈的毒性有可能让人精神错乱，导致视觉迷幻。

侧花槐是一种灌木或小乔木，高可达10.5米。叶片常绿，有7—11片平滑光泽的小叶。花香，绿黄色，着生于垂悬的总状花序（长约10厘米）上，长3厘米。荚果坚硬呈木质，种子间缢缩，每个荚果内有2—8粒鲜红的豆子。

TABERNAEMONTANA L. （120）	*TABERNANTHE* Baill. （2–7）	*TAGETES* L. （50）
山辣椒属	夜灵木属	万寿菊属
Tabernaemontana spp. 某种山辣椒属植物 Sanango 萨南戈	*Tabernanthe iboga* Baill. 鹅花树 Iboga 伊博格	*Tagetes lucida* Cav. 香万寿菊 Yauhtli 姚特利
Apocynaceae 夹竹桃科	Apocynaceae 夹竹桃科	Compositae 菊科
89 分布于南北半球的热带地区	**90** 分布于西非热带地区	**91** 分布于美洲大陆温带地区，尤其是墨西哥

山辣椒属的植物大多为丛生灌木、攀缘类或小乔木。叶常绿，披针形，背面多为革质。花具五片尖瓣，大部分簇生于花萼处。两个果实对称分开，中间有明显的分隔纹，因此酷似哺乳动物的睾丸。

在亚马孙人眼中，山辣椒是万灵丹。其叶、根和富含乳汁的树皮均为民间药草。树高可达5米。叶片用作阿亚瓦斯卡的精神活性添加物，亦可与油脂楠属植物相混，作为口服致幻剂。在亚马孙，山辣椒也被视为一种"记忆植物"。阿亚瓦斯卡中加入山辣椒，更容易引起幻视。

最近已有关于山辣椒属植物的化学研究，已知其主要成分是吲哚生物碱类，有些物种甚至已确认含有伊博格碱（ibogaine）与伏康京碱（voacangine）。因此，此类新的精神活性植物的发掘备

受重视。目前已发现咖啡狗牙花（*Tabernaemontana coffeoides* Bojer ex DC.）与厚质狗牙花（*Tabernaemontana crassa* Benth.）等几种山辣椒属植物的精神活性及其用法。

鹅花树是一种灌木（高1—1.5米），可见于热带雨林的林下植被，亦常为原住民庭院栽培。此灌木有丰沛的、具恶臭的白色乳汁。叶片卵圆形，通常长9—10厘米，宽3厘米（偶有长22厘米，宽7厘米）。花细小，黄色或粉红色，有白色与粉红色斑点，5—12朵聚生，具漏斗状花冠（花筒细长，开口处急速平翻），花瓣裂片曲扭长1厘米。果实橙黄色，卵圆形，有尖突，成对着生，成熟后大如橄榄。

化学研究已发现，鹅花树至少含有十多种吲哚生物碱，其中活性最强的成分为伊博格碱，若服用中毒剂量，会引发极端的幻视；若服用过量，会导致瘫痪与死亡。

墨西哥的维乔尔人吸食黄花烟草（*Nicotiana rustica*）与香万寿菊的混合物来引发幻觉。他们时常饮用由玉米酿制的发酵啤酒，并吸食上述植物，以取得突发的幻视，偶尔也会只吸食香万寿菊。

香万寿菊味道浓烈，为多年生草本植物（高可达46厘米）。叶对生，卵状披针形，叶缘上点状分布脂腺。头状花密集顶生（直径1厘米），多为黄色到黄橘色。香万寿菊原产于墨西哥，在纳亚里特州（Nayarit）与哈洛斯科州（Jalisco）四处可见。虽然并未从香万寿菊中分离出生物碱，但此植物的精油量与噻吩（thiophene）衍生物含量丰富。已知此植物含有左旋-肌醇（l-inositol）、皂角苷类、单宁类（tannins）、香豆素衍生物、生氰配糖醛类（cyanogenicglycosides）等化学物质。

TANAECIUM Sw.　　　　　（7）	*TETRAPTERYS* Cav.　　　（80）	*TRICHOCEREUS* (A. Berger) Riccob
香藤属	四翅果属	毛花柱属
Tanaecium nocturnum (Barb.-Rodr.) Bur. et K. Schum. 夜香藤 Koribo 科里沃	*Tetrapterys methystica* R. E. Schult. 四翅果藤 Caapi-Pinima 卡皮－皮尼马	*Trichocereus pachanoi* Britt. et Rose 多闻柱 San Pedro Cactus 圣佩德罗仙人掌
Bignoniaceae 紫葳科	Malpighiaceae 金虎尾科	Cactaceae 仙人掌科
92 分布于中美洲与南美洲的热带地区、西印度群岛	**93** 分布于南美洲热带地区、墨西哥、西印度群岛	**94** 分布于南美洲温带地区

夜香藤为多分枝的攀缘植物，叶椭圆形（长13.5厘米，宽10厘米）。花白色（长16.5厘米），筒状，5—8朵簇生成8厘米长的总状花序，花序从茎上生出。藤茎切开会散发出杏仁味。

居住在普尔西斯河（Rio Purus）的保马里族（Paumari）利用夜香藤叶，发明了一种仪式用鼻烟，称为"科里沃－纳富尼"（Koribo-nafuni）。萨满在排解一些难题（如自病患身上驱赶妖魔）时，会吸食此鼻烟。他们也在保护儿童的仪式中使用此鼻烟，在此过程中他们会神志恍惚。此鼻烟只有男人能吸食。据传此植物被哥伦比亚的乔科族（Chocó）当作春药。

夜香藤含皂角苷类与单宁类生物碱。叶片含氢氰酸与氰基糖苷类（cyanoglycosides），这些成分在烘焙时会分解。

夜香藤的精神活性是否源于有毒之副产物，尚不得而知。迄今亦不知其叶片或植株的其他部分是否含有其他有效成分。此植物可能含有某些化学结构与药理效用未知的物质。

巴西亚马孙州（Amazonas）最西北端的蒂克耶（Tikié）地区的游牧民马库族（Makú）印第安人，用四翅果藤的皮调制一种致幻饮料，也就是阿亚瓦斯卡或卡皮一类。从此药饮的相关报告推测，应含有β－咔啉。

四翅果藤（或称短尖翅果藤 *T. mucronata*）是一种具黑茎皮的攀缘藤本植物。叶片薄如纸，卵形（长6—8.5厘米，宽2.5—5厘米），叶面亮绿色，叶背灰绿色。花序上花朵稀疏，长度短于叶片。花瓣厚，无茸毛，为卵状披针形，其上有8颗黑色卵形腺点。花瓣外展，膜质，黄色，中央有红色或褐色斑点，呈长圆形（长1厘米，宽2毫米）。翅果卵圆形（长4毫米，宽4毫米，高2毫米），有褐色翼翅（长10厘米，宽2毫米）。

多闻柱多分枝，多半无刺，柱高2.75—6米。枝上有6—8条棱，幼嫩时为蓝绿色，成熟后呈黑绿色。尖尖的花苞夜间绽放。花大（19—24厘米），漏斗状，香馥，花瓣内部白色，外部褐红色，雄蕊花丝碧绿、细长。果实及花筒上的鳞片均覆有长茸毛。

多闻柱含有大量的仙人球毒碱：干燥时含2%，新鲜时含0.12%。亦含其他生物碱，如3,4-二甲氧基-苯基乙胺（3,4-dimethoxyphenylethylamine）与3-二甲氧基色胺（3-methoxy-tyramine）及微量的其他生物碱类。

多闻柱（异名为 *Echinopsis pachanoi*）分布于安第斯山脉中段海拔1830—2750米处，尤其是厄瓜多尔与北秘鲁地区。

TURBINA Raf.　　　（10）

盘蛇藤属

Turbina corymbosa (L.) Raf. 伞房盘蛇藤
Ololiuqui 奥洛留基

Convolvulaceae 旋花科

95 分布于美洲热带地区，尤其是墨西哥与古巴

VIROLA Aubl.　　　（60）

油脂楠属

Virola theiodora (Spr.) Warb. 神油脂楠
Cumala Tree 库马拉树

Myristicaceae 肉豆蔻科

96 分布于中美洲与南美洲的热带地区

VOACANGA　　　（10—20）

马铃果属

Voacanga spp. 马铃果植物
Voacanga 马铃果

Apocynaceae 夹竹桃科

97 分布于非洲热带地区

伞房盘蛇藤的种子，更有名的名称是喇叭花籽（*Rivea corymbosa*），在墨西哥南部是众多印第安部落的主要神圣致幻物。此方面的利用可追溯到古代。此植物即所谓的"奥洛留基"，在阿兹特克人的宗教仪式中扮演重要角色，用作麻醉剂，据传有止痛效果。

伞房盘蛇藤是大型木质藤本，叶心形（长5—9厘米，宽2.5—4.5厘米）。许多小花形成聚伞花序。钟形花冠长2—4厘米，白色，带绿条纹。果实成熟变干燥，不开裂，呈椭球形，萼片大且宿存。种子一枚，质硬，球形，褐色，多茸毛。种子含麦角酸胺碱（lysergic acidamide），类似麦角酸二乙胺。

旋花科盘蛇藤属一直很难分类。过去在不同时期曾归为许多属，如旋花属（*Convolvulaceae*）、虎掌藤属（*Ipomoea*）、圣诞藤属（*Legendrea*）、里韦亚属（*Rivea*）及盘蛇藤属。在此属的化学与民族植物学研究中，大多采用喇叭花籽之名，但最近的深入评估指出，最佳的学名为盘蛇藤（*Turbina corymbosa*）。

绝大部分油脂楠属植物的内层树皮都具有大量的红色"树脂"。油脂楠属的数种植物是调制致幻性鼻烟或小药丸的原料，其中最重要的可能就是神油脂楠。这种纤细乔木高7.5—23米，是亚马孙盆地西部雨林中的原生种。其圆柱状树干直径46厘米，光滑的树皮上有褐斑，并带有灰块。叶呈椭圆形或宽卵形，长9—33厘米，宽4—11厘米，干燥后散发茶香。雄花序上聚生许多小花，多呈褐色或有金茸毛，花序比叶片短；花细小，单生或2—10朵聚生，芳香浓烈。果实近球形，长1—2厘米，宽0.5—1.5厘米。种子一半外覆薄膜状的橘红色假种皮。

油脂楠属植物的树脂含有二甲基色胺与5-甲氧基-二甲基色胺。

有关马铃果属植物的研究极少。属内各种相似，皆为枝条分杈多的长绿灌木或小乔木。花多为黄色或白色，5枚花瓣联合，有对称互生的双果。树皮含乳汁。

非洲马铃果（*Voacanga africana* Stapf.）含伊博格类的吲哚生物碱，浓度可达10%。伊博格类的主要生物碱为伊博格碱，其中以马铃果胺（voacamine）为主，有刺激与致幻的作用。在西非，此植物的树皮用作狩猎用毒药、兴奋剂和有效的壮阳剂。非洲巫师则利用其种子来产生幻视。

大花马铃果（*Voacanga grandiflora* [Miq.] Rolfe）的种子，也被西非的巫师用来产生幻视。遗憾的是，由于巫师的知识向来保密，真实情况也不得而知。

毒蝇鹅膏是世界各地用来达到通灵目的的致幻物，它甚至与古代印度的苏麻有关。

谁使用致幻植物？

本页图：16世纪早期阿兹特克的石雕，称为"克斯奥奇皮利"（Xochipilli），即"狂欢的百花王子"，出土于"特拉马纳尔科"（Tlamanalco）的"波波卡特佩特尔"（Popocatepetl）火山山坡。石雕上有传统风格的纹饰，雕的是各种致幻植物。自左往右依序是蘑菇菌盖、牵牛花卷须、烟草花、牵牛花、细叶黄薇之芽等。台座上为阿兹特克裸盖菇的菌盖。

尽管现代西方社会使用的精神活性植物数量大幅增加，但本书强调的几乎限于原住民为了魔法、医术或宗教目的而使用的迷幻物。身处西方文化的我们，与处于前工业社会的原住民，在致幻物的使用上差异之大，完完全全在于使用目的与信仰起源两方面的差异。原住民社会认为，这类植物即便不是神祇本身，也是神赐的礼物。即使到了今天，这种看法仍然历久不衰。西方文化很明显不是这样看待致幻植物的。

视植物是神圣的，甚至以它为神祇来敬拜的例子很多，下面章节将介绍更多这样的例子。印度古代的致幻物之神"苏麻"，便是一个好例子。大部分的致幻物是人类与超自然之间的神圣媒介，而苏麻却被奉若神明。苏麻

地位神圣崇高，有人认为就连神的观念都是来自苏麻带来的超自然体验。这类神圣的墨西哥蘑菇在历史上有很长一段时间与萨满和宗教紧密相连。中美洲的阿兹特克人称它为"特奥纳纳卡特尔"，意思是"神之肉"。3000多年之前中美洲北端危地马拉高地的玛雅文明，显然已在宗教仪式中吸食菇类。新大陆使用的神圣致幻物，最有名的是佩约特，墨西哥的维乔尔人认为佩约特与鹿（神圣的动物）及玉米（神圣的主食）地位相同。人们首次采集佩约特时，由真正的萨满"塔德瓦里"（Tatewari）带领，以后每年的采集之旅，是去祖先最初的乐园圣地"维里库塔"（Wirikuta），由朝圣者带领。在南美洲，"阿亚瓦斯卡"可以让人看见真实的世界，而让日常生活成为一种幻觉。在

塞克瓦族（Kechwa），阿亚瓦斯卡是指"灵魂之蔓"，这是因为当人进入醉幻期经常会感觉到灵魂脱离身体，与先人及精灵世界沟通。饮用"卡皮"是回到"母亲的子宫与万物之源之本"。服用者会看到"所有族人的神祇、宇宙的创造、第一批人类与动物，甚至看到社会秩序的建立"（赖希黑尔·多尔马多夫[Reichel Dolmatoff，田野人类学家，以研究热带地区的文化闻名]）。

这些神圣植物的管理者并非一定是萨满或巫师，一

上图： 维乔尔人神话里的一些符号，栩栩如生地表现在他们常见的神圣艺术作品上。许多美丽的花样，都是以仪式上使用佩约特为基础的。此幅抽纱画，有如一部阿兹特克法典，是一部创世的编年史。众神从地下钻出，来到大地母亲这里。这件事是可能的，因为"鹿大哥"考予马里（Kauyumari）找到了"涅里卡"（nierika），即"通道"。涅里卡（中上位置）连接万物和一切的灵。所有的生命要通过此路才能存在。

在考予马里的通道下方，圣母之鹰（正中央）低头倾听右下方坐在石头上的考予马里祈愿。考予马里的言语经过一条线传到祈祷钵里，转化成生命能量（以一朵白花表示）。

考予马里上方，"雨水之灵"（一条蛇）将生命献给神祇。"塔特瓦里"（Tatewari）是第一位萨满与"火之灵"（上方中间偏右），

他弯下身朝着考予马里，倾听考予马里之圣歌。两者都与一个药篮（中右）连接，药篮把他们结合成萨满联盟。我们的太阳父亲（左边与塔特瓦里相对）与"黎明之灵"（下方的橘色形象）连接。太阳与黎明之灵皆出现在维里库塔，那是佩约特的神圣大地。此外，考予马里之通道与鹿尾大哥（Elder Brother Deer Tail）之庙均位于维里库塔圣地。下方这片黑色区域就是那座庙。鹿尾有红色的鹿角，其上有他的人像显影。鹿尾后面是我们的海洋母亲。一只鹤带了一个祈祷葫芦给她，葫芦内有考予马里的话语。蓝鹿（左中）赋予所有神圣贡品生机。它身上有一道能量之河，流到海洋母亲的祈祷葫芦里；蓝鹿也把鲜血献给它底下萌发的生命：生长的玉米。蓝鹿之上是第一个人类，他发明了农业，这个人面前是一只祭品羊。

般人（多为成熟男性）通常也可以享用致幻物。但在这种情形下，致幻物的使用通常受到各种戒律的严格管控。无论在旧大陆还是新大陆，致幻物都仅限成年男性使用。但是，亦有明显的例外，如西伯利亚科里亚克族（Koryak），男女皆可服用毒蝇鹅膏。在墨西哥南部，男男女女皆可使用这种神圣蘑菇。事实上，萨满往往是女性。同样，旧大陆不分男女，只要是成年人皆可服用鹅花树。据说，不让女性服用迷幻物有其根本理由：许多致幻物的毒性可能足以导致流产。原住民社会的女性在育龄期间往往有孕在身，不让女性使用致幻物，最根本的理由可能只是防止流产——虽然这项理由已被人遗忘。

有些社会允许小孩服用致幻物。例如希瓦罗族让小男孩服下曼陀罗木，在迷醉期间接受先人的教诲。一般而言，第一次使用致幻物是在成年礼时。

原住民文化中几乎至少会有一种精神活性植物，即使烟草与古柯叶，若大量服用，也可能引发幻视。例如委内瑞拉的瓦佬族（Warao），他们吸烟草进入恍惚状态，随之达到幻视的目的。

虽然新大陆比起旧大陆，有更多种类的植物可作为致幻物，但南北半球都有一些区域连一种致幻植物都没用过。就我们所知，因纽特人只有一种精神活性植物；波利尼西亚岛民有"卡瓦-卡瓦"胡椒（*Piper methysticum*），但他们似乎没把它当作致幻物来用：卡瓦-卡瓦属于一种安眠与催眠药剂。

关于非洲致幻植物的研究不多，或许非洲拥有的致幻植物并未为科学界所知。或许可以这么说，非洲大陆的若干区域未使用任何一种致幻植物，或者过去一段时间没有使用过致幻植物。

至于面积广大的亚洲，主要的致幻植物种类虽然不多，但是从文化角度而言，致幻植物的使用普遍，重要性也极高。欧洲古代描述致幻植物与其他含毒植物用法的资料相当多。许多研究者从精神活性植物或致幻植物的使用来考察文化、萨满教等宗教的根源。

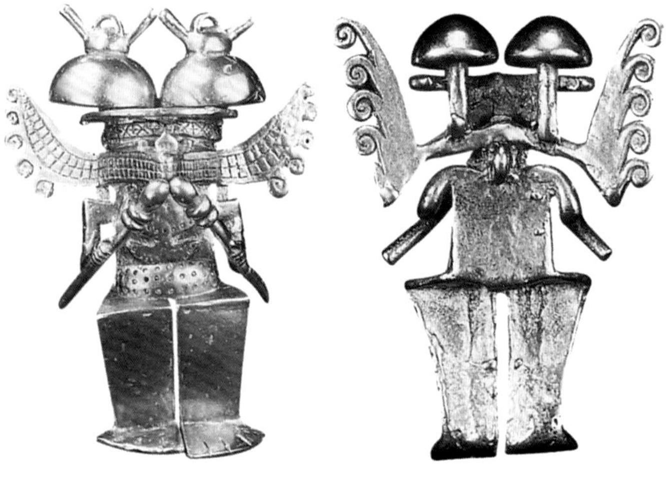

不论萨满独处，

或与通灵者相处，

或只有通灵者一人，

多会服用冬青茶、曼陀罗茶、烟草……

佩约特仙人掌、奥洛留基种子，蘑菇、

致幻的薄荷叶或阿亚瓦斯卡……

民族习俗的本源是相同的。

这些植物有神灵的力量。

——韦斯顿·拉巴尔（Weston La Barre）

植物利用综览

本章概要整理了其他章节详述的资料，有两个明显的意义：第一，这些资料来源都是交叉领域的；第二，许多项目的知识不足或有欠精确，提醒我们可以作更深入的研究。

未来之研究进展，很明显必须要整合诸多学科，如人类学、植物学、化学、史学、医学、神话学、药学、哲学、宗教学等。要处理与使用这些庞大的资料，需要耐心与渊博的知识。朝此方向进行的第一步，便是将如此多样的植物资料以简便概要的形式呈现，这也是本章的目的。

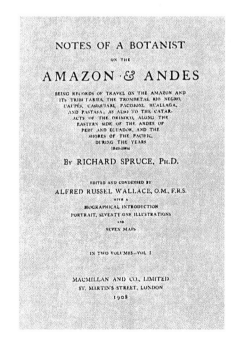

NOTES OF A BOTANIST
ON THE
AMAZON · & ANDES

BEING RECORDS OF TRAVEL ON THE AMAZON AND
ITS TRIBUTARIES, THE TROMBETAS, RIO NEGRO,
UAUPÉS, CASIQUIARI, PACIMONI, HUALLAGA,
AND PASTASA, AS ALSO TO THE CATAR-
ACTS OF THE ORINOCO, ALONG THE
EASTERN SIDE OF THE ANDES OF
PERÚ AND ECUADOR, AND THE
SHORES OF THE PACIFIC,
DURING THE YEARS
1849-1864

BY RICHARD SPRUCE, PH.D.

EDITED AND CONDENSED BY
ALFRED RUSSEL WALLACE, O.M., F.R.S.
WITH A
BIOGRAPHICAL INTRODUCTION
PORTRAIT, SEVENTY ONE ILLUSTRATIONS
AND
SEVEN MAPS

IN TWO VOLUMES—VOL I

MACMILLAN AND CO., LIMITED
ST. MARTIN'S STREET, LONDON
1908

人类生活在历史悠久的社会，早已熟悉周遭的植物，进而发现与利用其中一些致幻植物。文明冷酷地快速推进，远及最偏僻与隐蔽的人群。文化传播无可避免地产生了摧毁原始知识的噩运，造成过去所累积的知识消失。因此，我们要赶在已诞生的文化知识永远沉沦埋葬之前，确立研究步骤。

要确切了解致幻物，基本条件在于精确地鉴定植物来源，但这方面知识尚嫌不足。理想上，鉴定一种产品的植物成分，必须基于可靠的样本，只有这样才能确保无误。在许多情况下，我们不得不根据当地的一个俗名或一项描述来鉴别物种，此时往往产生疑虑。同样重要的是，化学研究亦得根据完全可靠的材料。许多卓越的植物化学研究工作，因为不能保证原始植物的确定性而前功尽弃。

同样的，我们对有关致幻物及其用法的其他方面内容了解不够，也阻碍了我们的认知。我们忽视了改变"脑"的植物在文化上的重要性。但近年来，人类学家开始较广泛地了解致幻物在原住民社会的历史、神话及哲学上无与伦比的角色。考虑到这些因素后，人类学在诠释人类文化的许多基本要素时才会有进步。

本书集中在对材料进行细节描述，但偶尔也会具有发散性。我们意识到偶尔需要快速查阅，所以尽可能综合了一些重要的事实，以大纲的方式呈现在这份"植物利用综览"中。

"植物利用综览"中代表植物类型的关键符号

 旱生植物与多肉植物

 藤本植物

 攀缘（缠绕）植物

 禾草与莎草

 草本植物

 似百合的植物

 真菌

 兰花

 灌木

 乔木

水生植物

左图： 1800年代英国植物学家理查德·史普鲁斯在南美洲花了14个年头进行野外研究。他是一位不辞劳苦的植物发现者，被誉为热带美洲的民族植物学者。他的研究为约波与卡皮致幻物的研究奠定了基础，此研究迄今未曾中断。

第64页图： 哥伦比亚的"西努"（Sinú）文化（公元1200—1600年）打造出许多有蘑菇状图案的黄金胸饰。这些胸饰可能暗示当时存在一种对当地产的毒蘑菇的膜拜。许多胸饰具有类似翅膀的结构，可能象征魔法飞翔的意义，飞翔是致幻物中毒的常见特征。

植物编号	俗名	类型	学名	用法:历史和民族志
35	Agara		*Galbulimima belgraceana* (F. Muell.) Sprague	为巴布亚原住民所使用。
11 12	Angel's Trumpets Floripondio Borrachero Huacacachu Huanto Maicoa Toé Tonga （见第140—143页）		*Brugmansia arborea* (L.) Lagerh.; *B. aurea* Lagerh.; *B. × insignis* (Barb. -Rodr) Lockwood ex R. E. Schult.; *B. sanguinea* (R. et P.) Don; *B. suaveolens* (H. et B. ex Willd.) Bercht. et Presl.; *B. versicolor* Lagerh.; *B. vulcanicola* (A. S. Barclay) R. E. Schult.	此曼陀罗木为生活于较暖和气候区的南美洲人所使用，尤其是西亚马孙的原住民，他们称之为"托埃"。 此属植物亦为智利的马普切族印第安人与哥伦比亚的奇夫查印第安人所使用。秘鲁的印第安人称之为"瓦卡卡丘"。
9	Ayahuasca Caapi Yajé （见第124—139页）		*Banisteriopsis caapi* (Spruce ex Griseb.) Morton; *B. inebrians* Morton; *B. rusbyana* (Ndz.) Morton; *Diplopterys cabrerana* (Cuatr.) B. Gates	使用者包括亚马孙河谷西半部、哥伦比亚安第斯山脉，以及厄瓜多尔安第斯山脉太平洋斜坡上的偏远部落。
43	Bodoh Negro Piule Tlilitzin （见第170—175页）		*Ipomoea violacea* L.	用于墨西哥南部的瓦哈卡地区。 阿兹特克族叫作"特利利尔特辛"，用法与奥洛留基同。奇南特克族与马萨特克族称之为"皮乌莱"，萨波特克族称之为"黑巴多"。
24	Bakana Hikuli Wichuri		*Coryphantha compacta* (Engelm.) Britt. et Rose; *C.* Spp.	墨西哥的塔拉乌马拉族印第安人认为高丽丸（当地人称维丘里或巴卡纳、巴卡纳瓦），是一种佩约特或乌库利（见佩约特）。
84	Bakana		*Scirpus* sp.	蔍草属的一个种显然是墨西哥的塔拉乌马拉印第安人心目中最有影响力的草本植物。 印第安人害怕这种植物，因为它有可能让人发疯。
60	Blue Water Lily Ninfa Quetzalaxochiacatl		*Nymphaea ampla* (Solisb.) DC.; *N. caerulea* Sav.	睡莲在米诺斯神话艺术、古埃及文化以及印度、中国及从中古时代到墨西哥时代中，均享有异常特殊的地位。 在新大陆和旧大陆都极为相似的是大白睡莲与蟾蜍的关系，而且这种植物本身和致幻物有关，也都牵涉到死亡。
93	Caapi-Pinima Caapi （见 Ayahuasca ）		*Tetrapteris methystica* R. E. Schul.; *T. mucronata* Cav.	卡皮－皮尼马为巴西亚马孙西北区蒂克耶河的游牧部落马库族印第安人所使用。他们将此植物和通灵藤属都称为"卡皮"。有数位作者曾提及，在巴西及邻近哥伦比亚的鲍佩斯河（ Rio Vaupés ）地区，有"不止一种"卡皮。
62	Cawe Wichowaka		*Pachycereus pecten-aboriginum* (Engelm.) Britt. et Rose	为墨西哥的塔拉乌马拉印第安人所服用，当地称为"维乔瓦卡"，意为"精神失常"。
4 5	Cebíl Villca Yopo （见第116—119页）		*Anadenanthera colubrina* (Vell.) Brenan; *A. colubrina* (Vell.) Brenan var. *Cebil* (Griseb.) Altschul; *A. peregrina* (L.) Speg., *A. peregrina* (L.) Speg. var. *falcata* (Benth.) Altschul	大果柯拉豆（ *A. peregrina* ）现今为奥里诺科河流域（约波）的部落所用，最早的报告见于1946年。西印度群岛已不再使用大果柯拉豆。 阿根廷和秘鲁在殖民时代前已在使用大果红心木，阿根廷印第安人称之为"比利卡"（ Villca ）或"维尔卡"（ Huilca ），秘鲁称之为"塞维尔豆"。
61	Cebolleta		*Oncidium cebolleta* (Jacq.) Sw.	墨西哥的塔拉乌马拉印第安人可能使用此种兰花。
80	Chacruna Chacruna Bush Cahua		*Psychotria viridis* Ruíz et Pavón	绿九节在亚马孙地区使用历史悠久，是调制"阿亚瓦斯卡"的重要材料。

用法: 使用场合和目的	制备	化学成分 和作用
致幻性麻醉。	将树皮及叶片与千年健属的一个种沏成茶饮用。	虽然分离出28种生物碱,但没有一种有致幻成分。服用后会产生看到有人与动物被杀害的幻觉。
西温多伊(Sibundoy)印第安的巫医将此植物用于医疗,马普切印第安人用作治疗刁钻顽童的草药。 过去奇夫查印第安人在酋长或主人过世后,会用发酵的奇夫查叶片混合曼陀罗木种子,给酋长的遗孀与奴隶饮用,待其昏迷后活埋在逝者墓旁。 秘鲁的印第安人仍然相信曼陀罗木可让他们与祖先交谈,也相信曼陀罗木能让他们看见墓中的宝藏。	一般将种子磨成粉状,加进发酵过的饮料服用,或者取其叶片冲泡饮用。	曼陀罗木属的所有种类化学成分相似,主要的精神活性成分为东莨菪碱。其他含量较低的生物碱成分也类似。 曼陀罗木是危险的致幻物,毒性非常强烈,故在服用者进入深度麻醉前,必须先控制其肢体,在这期间服用者会体验到幻视。
通常在宗教仪式中使用。 闻名的哥伦比亚图卡诺(Tukanoan)尤鲁帕里(Yuruparí)仪式,是为少年举行的成年礼。希瓦罗人(Jívaro)相信,阿亚瓦斯卡可促成与祖先的沟通。药力发作时,人的灵魂可能出窍,四处游荡。	树皮以冷水或开水调制,可单独使用或掺入添加物,尤其是一种曼陀罗木(B. rusbyana,很容易与鳞毛蕨混淆)和绿九节的叶子,可改变药效。 树皮亦可嚼食。最近来自亚马孙西北地区的证据显示,这类植物亦可制成鼻烟使用。	致幻作用主要来自骆驼碱,它是该植物的主要吲哚生物碱。 服下这种苦涩与恶心的饮料后,反应可从舒适、无宿醉感的麻醉,到有后遗症的剧烈中毒。通常会有彩色幻视。中毒后最终会进入深度睡眠并做梦。
在墨西哥南部地区,此藤极受重视,是占卜、巫术膜拜与治疗仪式中使用的主要致幻物。	只取用极少量碾碎的种子调制饮料。	生物碱含量是伞房盘蛇藤的5倍,所以原住民用的种子之量较少。这类生物碱亦可见于其他种的牵牛花中,但只在墨西哥地区用于致幻(见奥洛留基)。
作为医药使用。 萨满以之为特效药,极受印第安人畏惧与珍视。	新鲜或干燥的地上部分(仙人掌的"肉")可供食用,称作特乌伊莱(Teuile)。8—12个仙人掌"球"为适当分量。	从凤梨球属中已经分离出多种生物碱,包括苯乙胺。此属植物值得持续研究。
蔗草属植物是重要的民间草药,也是一种致幻物;对待它必须抱着无比崇敬的态度。	块根往往采自偏远之地。	已知自蔗草属和相关莎草中分离出生物碱。塔拉乌马拉印第安人相信,他们可远赴他处,与祖先交谈,并体验到彩色的幻视。
不论在旧大陆还是新大陆,睡莲属植物在萨满仪式中具有类似的重要性,表明睡莲一直被用作麻醉剂,可能是一种致幻物。 最近的报告指出,墨西哥用大白睡莲作为消遣性毒品,可得到"强烈的致幻效果"。	大白睡莲的花与芽可供吸食。其地下茎可生食或熟食。蓝睡莲的芽可沏茶。	从大白睡莲中分离出的阿扑吗啡、荷叶碱、去甲荷叶碱可能是精神活性的原因所在。
致幻性麻醉剂。	卡皮藤(T. methystica)的皮加冷水调制成饮料,呈黄色,与用曼陀罗木调制的褐色饮料不同。	迄今尚无法对卡皮藤进行化学检验,但根据药性效应报告,其生物碱可能与曼陀罗木的β-咔啉生物碱相同或近似。
此种仙人掌有数种纯粹的医学用途。	由土人之栉柱的幼嫩枝条调配成一种致幻饮料。	自此仙人掌已分离出1种"4-羟-3-甲氧基-苯乙胺"(4-hydroxy-3-methoxyphenylethyla-mine)与4种四氢异喹啉。此种植物会令人昏沉欲睡并引发幻视。
目前为阿根廷北部的印第安人所吸食,作为致幻性麻醉剂。	豆子多先润湿、搓成软膏状后烤干制成鼻烟。 当研磨成灰绿色粉末时,可与一种碱性植物灰或螺壳石灰混合。	含有色胺衍生物与β-咔啉类。 服用者先是感觉肌肉痉挛、略带惊厥、肌肉协调失常,接着恶心、幻视、睡眠紊乱。有视物显大症。
已知小葱文心兰用作致幻物,为佩约特之暂代品。	未知。	已有报告指出,小葱文心兰含有某种生物碱。
绿九节灌丛极具文化重要性,因为二甲基色胺是制作致幻的"阿亚瓦斯卡"之要素。阿亚瓦斯卡在亚马孙的萨满传统中占据核心地位。	新叶或干叶与曼陀罗木的藤或外皮混合,经过烹煮,制成阿亚瓦斯卡(即卡皮、亚赫[Yagé])饮用。	绿九节的叶片含0.1%到0.61%的N,N-二甲基色胺,也含有极少量的生物碱。

植物编号	俗名	类型	学名	用法：历史和民族志
13	Chiricaspi Chiric-Sanango Manaka		*Brunfelsia chiricaspi* Plowman; *B. grandiflora* D. Don; *B. grandiflora* D. Don subsp. *schultesli* Plowman	鸳鸯茉莉属被哥伦比亚印第安人称为"博尔拉切罗"，意为毒药；亚马孙最西端的哥伦比亚、厄瓜多尔与秘鲁则称之为"奇里卡斯皮"（Chiricaspi），意即"冷树"。
34	Colorines Chilicote Tzompanquahuitl		*Erythrina americana* Mill.; *E. coralloides* Moc. et Sesse ex DC.; *E. flabelliformis* Dearney	在墨西哥的市集里，各种刺桐豆往往会与侧花槐的豆子同时贩售，用于避邪或护身。
74	Common Reed		*Phragmites australis* (Cav.) Trinius ex Steudel	自古用于医疗。作为精神活性剂使用为晚近的现象。
63	Copelandia Jambur		*Panaeolus cyanescens* Berk. et Br.; *Copelandia cyanescens* (Berk. et Br.) Singer	此菇在巴厘岛用黄牛粪与水牛粪培养。
58	Cowhage		*Mucuna pruriens* (L.) DC.	在印度用于阿育吠陀医药。其种子普遍用作护身或避邪。
19	Dama da Noite (Lady of the Night) Palqui Maconha		*Cestrum laevigatum* Schlecht; *Cestrum parqui* L'Herit.	用于巴西南部的临海地区与智利南部。
28	Datura Dutra （见第106—111页）		*Datura metel* L.	白曼陀罗又称洋金花，作为一种致幻物在印度与中国早期文献中已有记载。在11世纪已为阿拉伯医生阿维森纳（Avicenna, 980—1037）认定是一种毒品。目前仍然有许多地区使用白曼陀罗，尤其是印度、巴基斯坦、阿富汗等。刺曼陀罗（*D. ferox*）为旧大陆物种，作为致幻物的功能较差。
8	Deadly Nightshade Bellodonna （见第86—91页）		*Atropa belladonna* L.	用于欧洲、近东。 颠茄向来被视为中世纪女巫汤的重要成分。颠茄属在大部分欧洲神话中具有显著的地位。
21	El Nene El Ahijado El Macho		*Coleus scutellarioides* Benth.; *C. pumilus* Blanco	原产于菲律宾群岛，这两种植物在墨西哥南部的马萨特克族印第安人心目中，重要性可比拟鼠尾草属植物。
96	Epená Nyakwana Yakee （见第176—181页）		*Virola calophylla* Warb.; *V. calophylloidea* Markgr.; *V. elongata* (Spr. ex Benth.) Warb.; *V. theiodora* (Spr.) Warb.	产于巴西、哥伦比亚、委内瑞拉、秘鲁等地，当地人使用数种油脂楠，其中最重要的是"神油脂楠"。 以此植物制成的致幻鼻烟名称极多，依地区或部族而异，其中最常见的是巴西的"帕里卡"、埃佩纳与尼亚克瓦纳，以及哥伦比亚的亚基与亚托。
39	Ereriba		*Homalomena* sp.	已知巴布亚原住民使用千年健属植物。
20	Ergot （见第102—105页）		*Claviceps purpurea* (Fr.) Tulasne	一般相信麦角菌在古希腊的"厄琉西斯秘仪"中扮演一定的角色。 在中世纪，若意外将黑麦与麦角菌（主要是黑麦上的病菌）一起磨成面粉，会导致整个地区患上麦角菌病（ergotism）。此集体中毒现象就是有名的"圣安东尼之火"。

用法：使用场合和目的	制备	化学成分和作用
在亚马孙的民间草药中，鸳鸯茉莉在巫术宗教上扮演重要的角色。 　　可作为亚赫致幻饮料的添加剂。	哥伦比亚与厄瓜多尔的科凡族（Kofán）与厄瓜多尔的希瓦罗族，把鸳鸯茉莉加到主要由曼陀罗木（见阿亚瓦卡）调配的亚赫内，可增强致幻效果。	已知鸳鸯茉莉内含有东莨菪内酯，但并未在此化合物中发现精神活性成分。 　　服用后会有寒凉的感觉，故有"奇里卡斯皮"（"冷树"）之名。
刺桐过去曾为塔拉乌马拉族印第安人使用，当地以刺桐豆为卓药。	刺桐的红豆往往与相似的侧花槐豆子混在一起。	刺桐属的若干种含有刺桐类的生物碱，与箭毒或金花雀儿碱（cytisine）的效果类似。
如今作为二甲基色胺递送剂，用来调制阿亚瓦斯卡类似物。	以20—50克芦苇根与3克骆蓬种子共煮，调配成饮料。	根部含有致幻或幻视性生物碱，如N,N-二甲基色胺、5-甲氧基-二甲基色胺、蟾毒色胺与毒芦竹碱。
在巴厘岛上用于原住民庆典，有报告指出此菇普作为致幻物售予游客。	此菇可趁新鲜时或干燥后食用。	已知蓝变斑褶菇含有1.2%的脱磷裸盖菇素与0.6%的裸盖菇素。此菇为致幻性蘑菇中含此二种致幻物最多者。
印第安人可能利用其精神活性。他们认为鳖豆有催情功效。	种子粉末可用作调配阿亚瓦斯卡类似品的原料。	虽然未见鳖豆作为致幻物的相关报告，但已知其含有大量具有精神活性的生物碱，如二甲基色胺，可引起行为异常，有如致幻行为。
智利南部的马普切族印第安人吸食"帕尔基"。	叶片可代替大麻叶吸食。	未成熟的果实、叶片和花朵含有皂角苷类，尚未发现有致幻作用。
在东印度群岛用作催情剂，也是珍贵的毒品，用于膜拜仪式的麻醉品，并供作消遣娱乐之用。	种子可磨成粉末掺到酒中。 　　种子可放到酒精饮料、大麻烟或香烟里，偶尔也与槟榔混在一起嚼食。	见"托洛阿切"。
用于调制女巫汤；使用于女巫及术士的午夜聚会。 　　如今颠茄是药剂的重要来源。	全株植物含有精神活性成分。	颠茄含有生物碱，可致幻。主要的精神活性成分为莨菪碱，但亦含少量东莨菪碱与极微量的托烷生物碱。
鞘蕊花在巫术宗教上具有重要意义，作为占卜用植物。	新鲜叶片嚼食；植株研碎后用水冲服，当饮料。	鞘蕊花属已知的150个种中皆尚未发现致幻成分。
埃佩纳或恩亚克瓦纳鼻烟可在仪式中任由成年男性吸食，有时即使无膜拜仪式也可吸食。巫医使用此鼻烟诊断与治疗疾病。 　　亚基或帕里卡只限萨满使用。	有些印第安人会刮下树皮的内层，把刮下的碎片用火烤干，磨碎，此时可加入爵床（Justica）的叶末、阿马西塔（Amasita）植物灰，也可加入伊丽莎白豆（Elizabetha princeps）的树皮。 　　还有一些印第安人砍倒树，收集树脂，熬成稠浆，在日头下晒干，研碎后过筛。此时亦可加入多种树皮与爵床的叶末。 　　另外一种方式是利用刚剥下的树皮，取下内层碎片，不断捏揉，挤出树脂，熬成浆，曝晒后，加灰调制成鼻烟。 　　哥伦比亚鲍佩斯地区的某些马库族印第安人，直接服用自树皮采集的未经处理的树脂。	能起致幻作用的主要成分为色胺、β-咔啉生物碱、5-甲氧基-二甲基色胺与二甲基色胺。致幻毒性效果因人而异。一般而言，第一次吸入鼻内到发作兴奋期需数分钟。继之四肢麻木、脸部肌肉扭曲、肌肉活动不听使唤、反胃、产生幻视，最后昏沉入睡，却睡不安稳。
传统草药，可导入梦幻之境。	叶片与瓣蕊花（Galbulimima belgraveana）的叶片及树皮共用。	千年健属植物的化学成分仍然所知甚少。 　　服用后精神错乱，继而昏沉欲眠，产生幻觉。
麦角菌在中世纪欧洲并未刻意用于致幻用途。中世纪时期，接生婆常用麦角菌作为难产时的药物。麦角菌会引起不随意肌的收缩，是一种强效的血管收缩剂。	用作精神活性剂。用冷水泡制服下。用量不易掌握，有危险性。	麦角灵生物碱类主要是麦角酸的衍生物，是麦角菌的医药活性成分。麦角菌生物碱及其衍生物是现代妇产科、内科、精神病科的重要药物之基础。麦角酸二乙胺这种最强劲的致幻物，是麦角菌的人工合成衍生物。

植物编号	俗名	类型	学名	用法：历史和民族志
25	Esakuna		*Cymbopogon densiflorus* Stapf	坦桑尼亚的巫师用作草药。
76	Fang-K'uei		*Peucedanum japrnicum* Thunb.	使用于中国。
3	Fly Agaric（见第82—85页）		*Amanita muscaria* (L. ex Fr.) Pers.	为西伯利亚东部与西部芬兰的乌戈尔人（Finno-Ugrian）所使用。北美洲阿塔巴斯坎人（Athabaskan）的若干部族也使用毒蝇鹅膏。此植物极可能就是3500年前，被亚利安人取得的古印度神秘致幻物苏麻。
45	Galanga Maraba		*Kaempferia galanga* L.	据传在新几内亚，山柰用作致幻物。
26	Genista		*Cytisus canariensis* (L.) O. Kuntze	加那利金雀儿虽是加那利群岛的特有种，却为美洲原住民所用，显然在墨西哥的亚基印第安人社会占有重要地位。
52	Gi'-i-Wa Gi'-i-Sa-Wa		*Lycoperdon marginatum* Vitt.; *L. mixtecorum* Heim	墨西哥南部瓦哈卡地区的米克斯特克人使用这两种马勃，进入半睡半醒的状态，其使用似乎与仪式无关。 墨西哥北部奇瓦瓦地区的塔拉乌马拉人，服用称为"卡拉莫塔"的马勃。
40 41	Henbane（见第86—91页）		*Hyoscyamus niger* L.; *H. albus* L.	在中世纪，天仙子是女巫调制药汤与油膏的原料。 在古希腊罗马时代，有关"魔水"的记载揭露，魔水是以天仙子为原料调配成的饮料。据传德尔斐（Delphi）神庙的女祭司很可能是因为饮了天仙子，才产生预言。
82	Hierba de la Pastora Hierba de la Virgen Pipiltzintzintli		*Salvia divinorum* Epl. et Jative-M.	有"先知"之称的占卜鼠尾草，为墨西哥的马萨特克族印第安人用来替代具有精神刺激作用的蘑菇，它又叫作"牧羊女之药草"。一般认为它就是阿兹特克印第安人的致幻物"皮皮尔特辛特辛利"。
33	Hikuli Mulato Hikuli Rosapara		*Epithelantha micromeris* (Engelm.) Weber ex Britt. et Rose	为墨西哥北部奇瓦瓦地区的塔拉乌马拉印第安人与维乔尔印第安人的"假佩约特"之一。
7	Hikuli Sunamé Chautle Peyote Cimarrón Tsuwiri		*Ariocarpus fissuratus* Schumann; *A. retusus* Scheidw.	墨西哥北部与中部的塔拉乌马拉印第安人坚信，仙人掌龟甲牡丹比"佩约特"（乌羽玉）还有效。 为墨西哥的维乔尔印第安人所使用。
90	Iboga（见第112—115页）		*Tabernanthe iboga* Baill.	在加彭与刚果，以俗称"伊博格"的鹅花树为中心的膜拜仪式，给予当地原住民最强大的单一力量，用以抗拒基督教与伊斯兰教在当地的扩张。
56	Jurema Ajuca Tepescohuite		*Mimosa hostilis* (Mart.) Benth.; *M. verrucosa* Benth. = *Mimosa tenuiflora* (Willd.) Poir.	为巴西东部人所珍视，在"佩尔纳姆布科"（Pernambuco）地区数个部落的仪式中用到这种植物，当地几个如今已灭绝的部落也曾使用过。
83	Kanna		*Mesembryanthermum expansum* L.; *M. tortuosum* L. = *Sceletium tortuosum* (L.) N.E.Br.	两个多世纪前，荷兰探险家的报告指出，南非霍屯督人服用一种叫作"昌纳"（或"坎纳"）的植物根部。

用法： 使用场合和目的	制备	化学成分 和作用
为了入梦寻求预言而服用。	单独吸食其花，或与烟草混吸。	此植物的哪一种成分引起传闻中的致幻作用尚且未知未明。
民间草药。	滨海前胡的根部为中草药防葵。	前胡属的植物含生物碱成分，但尚不知是否含有致幻类生物碱。该属植物多含有香豆素与呋喃并香豆素（furocoumarins），滨海前胡则两者都有。
用于萨满迷醉仪式。 　　具有宗教意义，用于医疗、宗教仪式。	将一个或数个蘑菇晒干或慢火烘焙。也可浸在水中或驯鹿奶中，或与一种越橘（Vaccinium oliginorum）或柳兰（Epilobium angustifolium）的汁同饮。在西伯利亚也有饮用中毒者尿液的仪式。	含有鹅膏菇氨酸（ibotenic acid）、蝇蕈醇（Muscimole）、蛤蟆蕈氨酸（Muscazone）。 　　服用后会产生兴奋、彩色幻视、视物显大症；有时会出现宗教狂热与沉睡的情形。
会引起致幻性中毒（未确认），为民间草药、春药。	香气浓郁的地下茎是珍贵的香料。民间医药中用其叶片泡茶。	除了知道此姜科植物的地下茎有丰富的精油（可能有致幻作用）外，其他化学成分尚不详。
为美洲原住民部落的仪式用植物，尤其是巫医在巫术仪式中用作致幻物。	种子为亚基巫医所珍视。	金雀儿含有丰富的羽扇豆生物碱类——金雀儿碱。金雀儿虽未被证实含有致幻作用，但已知有毒。
为追求幻听的致幻物。 　　巫师用来让自己在不被发觉的情况下接近人，并且让对方生病。	此菇可食。	尚无化学依据解释这种植物的精神活性效果。
女巫汤；巫术之茶。 　　可引发千里眼的通灵状态。	干燥的天仙子可当卷烟吸食，或在烟室内吸食。种子主要作吸食之用。种子可替代啤酒花（蛇麻）制造啤酒。用量因人而异。	此茄属植物的有效成分是托烷生物碱，尤其是莨菪碱与东莨菪碱，东莨菪碱是引起致幻效果的主要成分。
墨西哥的瓦哈卡地区之马萨特克印第安人栽培占卜鼠尾草，于占卜仪式中利用其致幻特性。 　　当"特奥纳纳卡特尔"或"奥洛留基"难以获取时，占卜鼠尾草就成为替代品。	叶片可生嚼，或磨碎后泡水，过滤后饮用。	此茄属植物的主要有效成分为鼠尾草碱A，吸入250—500微克时，可引起极为强烈的幻觉。
巫医服用"伊库利穆拉托"让视觉清晰，以便与巫师沟通。 　　长跑者把它当作振奋剂服用，并用于"护身"。印第安人相信它可延年益寿。	肉质部分可生吃，或干燥后使用。	已知含有生物碱与三萜类。据传此仙人掌可把坏人逼疯，跳下峭壁。
此仙人掌为巫师的珍品，塔拉乌马拉族印第安人相信它能召来卫兵守护，让偷窃者无法采走。 　　维乔尔人认为岩牡丹是邪恶的，并坚持认为它会带来永久性的精神伤害。	可生吃或在水中弄碎食用。	从这种仙人掌中曾分离出数种苯乙胺生物碱。
"伊博格"在巫术宗教，尤其是布维蒂教的仪式中用作致幻物，帮助寻找祖先与灵界的信息，进而"与死亡达成协议"。当使用于成年礼时，使用者会出现过度兴奋的情形。 　　鹅花树也以强效刺激及具催情功效著称。	新鲜或干燥的根可单独食用，或加到棕榈酒内。大约10克的干根粉末可引发幻觉。	鹅花树根部至少含有一打的吲哚生物碱，其中伊博格碱是最重要的成分。伊博格碱是一种强劲的精神促进剂，用量高时可产生致幻效果。
过去在仪式中用细花含羞草作为致幻物，但今日几乎已消失了。其使用与战斗有关。	已知细花含羞草的根部含有效的生物碱，是当地人称为"阿胡卡"、"胡雷马之温奥"的"奇迹饮料"的原料。	一种和致幻成分N, N-二甲基色胺近似的生物碱已被分离出来。
过去可能用作诱导幻视的致幻物。	根部与叶片在南非内陆地区仍然为人所吸食。有时人们将叶片发酵后再干燥，当作麻醉剂咀嚼。	如今这个俗名用来指称辣千里光属与日中花属的数种植物，这些植物均含有日中花宁与日中花碱，具有让反应迟钝的镇静作用。坎纳有剧毒。

植物编号	俗名	类型	学名	用法: 历史和民族志
87	Kieli/Kieri Hueipatl Tecomaxochitl		*Solandra brevicalyx* Standl.; *S. guerrerensis* Martinez	埃尔南德斯提到,阿兹特克印第安人称之为"特科马克斯奥奇特尔"与"乌埃帕特尔"。 在墨西哥维乔尔等族的神话象征中,金盏藤属的好几种植物都非常重要。
92	Koribo		*Tanaecium nocturnum* (Barb. -Rodr.) Bur. et K. Schum.	巴西境内亚马孙的马德拉河(Rio Madeira)流域"卡里蒂亚纳"(Karitiana)印第安人使用。
57	Kratom Biak-Biak		*Mitragyna speciosa* Korthals	在19世纪的泰国与马来西亚,此植物曾被代替鸦片使用。
66	Kwashi		*Pancratium trianthum* Herbert	"克瓦西"为波札那的多贝之布须曼人所使用。
47	Latúe Arbol de los Brujos		*Latua pubiflora* (Griseb.) Baill.	此植物过去曾为智利的瓦尔迪维亚(Valdivia)之马普切印第安萨满所用。
79	Liberty Cap		*Psilocybe semilanceata* (Fries) Quélet	此蘑菇在中欧可能已使用了12,000年之久。早期为阿尔彭(Alpen)游牧民族作致幻约,在欧洲用于巫术。
48	Lion's'Tail Wild Dagga Cacha		*Leonitis leonurus* (L.) R. Br.	此草本植物在南非自古以来即被当作麻醉品使用。
1	Maiden's Acacia		*Acacia maidenii* F. von Muell.; *A. phlebophylla* F. von Muell.; *A. simplicifolia* Druce	许多种相思树被用作传统草药。含二甲基色胺的相思树成为精神活性剂,为晚近之事,尤其是在澳大利亚与美国加利福尼亚州发展出来的。
86	Malva Colorada Chichibe Axocatzín		*Sida acuta* Burm.; *S. rhombifolia* L.	据传黄花棯与白背黄花棯为墨西哥湾沿岸居民所使用。
54	Mandrake (见第86—91页)		*Mandragora officinarum* L.	风茄在旧大陆具有复杂的历史。 风茄的根酷似人形,故被认为具有魔力。
17	Marijuana Bhang Charas Dagga Ganja Hashish Hemp Kif Ta Ma (见第92—101页)		*Cannabis sativa* L.; *C. indica* Lam.	在印度,大麻属植物具有宗教上的重要性。 在埃及考古遗址,有约4000年历史的大麻标本出土。 在古老的底比斯(Thebes),大麻可调配成饮料,具有类似鸦片的效果。 赛西亚人(Scythians,古希腊罗马时代俄罗斯草原的游牧民族)把大麻的种子与叶片放到蒸汽浴缸内,以产生麻醉性烟气,他们在3000年前即沿着伏尔加河栽植大麻。 中国人早在4800年前即已使用此植物。 印度公元前1000年的药典提到大麻的医疗用途。 希腊医师盖仑(Galen,约130—201年)在公元160年记述在糕品内放入大麻,可产生麻醉作用。 13世纪亚细亚的谋杀集团用印度大麻的花及叶制成的"大麻脂"(hashish)麻醉药犒赏成员,该组织以"大麻瘾者"(hashishins)著称,欧洲语系的"暗杀"(assassin)一词可能就是从这里来的。
44	Mashihiri		*Justicia pectoralis* Jacq. var. *stenophylla* Leonard	瓦伊卡人与奥里诺科最上游的印第安人,及巴西西北地区的印第安人都栽培爵床。

用法： 使用场合和目的	制备	化学成分 和作用
维乔尔人崇拜并敬畏金盏藤，称之为"基利"（Kieli），即"神之麻醉品"，能让巫术法力无边。维乔尔人深知金盏藤、曼陀罗与曼陀罗木关系密切，所以有时混合使用。他们把毛曼陀罗称为"谢利特萨"（Kielitsa），意即"坏基利"（Bad Kieli），而真正的"基利"才是金盏藤。墨西哥的格雷罗州使用格雷罗金盏藤作为麻醉品。	利用两种金盏藤茎的汁液沏成茶，作为麻醉品。	金盏藤属与曼陀罗属为近缘植物，含有莨菪碱、东莨菪碱、去甲莨菪醇、莨菪醇、东莨菪醇、红古豆碱及其他具有强劲致幻效果的托烷生物碱。
民间草药。 　　据说此植物为哥伦比亚的乔科人誉为一种催情物。	以此木藤之叶与另一种未经鉴定的植物叶片制成的茶，可治痢疾。	根据植物采集者的报告，夜香藤会产生具毒性的氰化物。从该植物中已分离出皂角苷与单宁类化学物质。
在东南亚，其叶片可咀嚼或吸食，用作兴奋剂或麻醉品。	新鲜叶片可生嚼。干叶可吸食或泡茶。叶片有时可与槟榔一起使用。	全株各部皆含生物碱，主要有效成分为帽蕊木碱。化学构造类似"育亨宾"（yohimbine）与裸盖菇素，为强劲的精神活性剂。
报告指出其可作为致幻物与民间草药。 　　在热带西非可能具有宗教意义。	将鳞茎剖成两半，擦在头皮切口上。此习俗最接近西方常用的药物注射。	全属的15个种多含有剧毒生物碱。毒性发作时可能产生致幻病征。
"拉图埃"（Latúe）具有毒性，会引发精神错乱、致幻，甚至永久性的精神病。	使用剂量被列为机密。最好使用新鲜的果实。	叶片与果实的致幻成分为0.15%的莨菪碱与0.08%的东莨菪碱。
在世界各地用作致幻物与幻视诱导物。	生吃或干燥后使用。30朵新鲜蘑菇或约3克干蘑菇的剂量，足够起到精神活性效果。	此蘑菇含高浓度的裸盖菇素，以及若干脱磷裸盖菇素与光盖伞丁，生物碱总含量约为干物量的1%。为强劲的致幻菌。
霍屯督人与布须曼人吸食此植物，用作麻醉品或大麻替代品。	干燥的芽与叶片可单独吸食，或与烟草混吸。	迄今尚无相关的化学研究。
澳大利亚原住民把相思树的树脂与"皮图里"合用。今日有多种相思树变种用作二甲基色胺的原料，亦用于调制阿亚瓦斯卡类似品，以达到迷幻作用。	取梅氏相思树的豆荚壳与叶片，单叶相思树的树皮或显脉相思树的叶片等材料之萃取物，与骆驼蓬的种子混合。	许多相思树变种含有致幻物二甲基色胺，梅氏相思树的树皮中0.36%，显脉相思树的叶片中含0.3%，单叶相思树的树皮中生物碱含量高达3.6%，其中约有1/3为二甲基色胺。
用作兴奋剂或大麻的替代品。	吸食。	麻黄碱会引起一种温和的兴奋效果，已知可自黄花稔属植物中萃取而得。
风茄用作万能药。在欧洲民间风俗传说中，风茄在诸多魔法植物与致幻物中占有极重要的地位，是女巫汤里有效致幻成分的来源，风茄可说是最强劲的混合物。	据说从土中拔出其根时，会发出神秘的尖叫声，令采集者发疯，故要采取各种预防措施。	除了含有东莨菪碱、颠茄碱、风茄碱及其他生物碱外，其主要为托烷生物碱与莨菪碱。根部托烷生物碱总含量为0.4%。
民间利用大麻为草药或精神活性物质的历史很悠久。 　　大麻也是植物纤维、果实、工业用油、药物、麻醉品等物的原料。 　　过去40年大麻广为全球各地所栽植，大麻之使用亦相当普遍。西方国家（尤其大都市）以大麻为麻醉品的情形越来越普遍，成为令欧洲与美国政府头痛的问题。普遍使用大麻是否有罪，对此有壁垒分明的不同意见，有的主张无条件镇压，有的主张它是无害之物，应该合法化。此话题引起热烈的辩论，但辩论者往往所知有限。	大麻的使用方法极多。新大陆称为"大麻烟"，巴西叫"马孔阿"：将大麻的干前头或干叶，与烟草或其他草本植物制成烟卷吸食。大麻脂取自雌株的树脂，可食用或用水烟管吸吞，为北非与西非数百万伊斯兰教徒所使用。阿富汗人与巴基斯坦人亦吸食。西印度群岛常用三种方法调制大麻：（1）"大麻醉丸"（Bhang）即大麻制的麻醉剂，采多种新鲜植物干燥后用水或奶制成饮料，或加糖与香料制成糖果，即马洪（Majun）；（2）"查拉斯"是纯大麻脂，通常吸食或与香料同食；（3）"甘哈"取自雌株富含树脂的干燥顶梢，多与烟草混合抽吸。	主要的精神活性成分为大麻碱类化合物，树脂分布最浓或最多处为雌蕊花序处。新鲜植物主要分泌大麻酚酸类（cannabidiolic acids），为四氢大麻酚类（tetrahydrocannabinols，THC）与相关成分的前身，例如大麻酚（cannabinol）与大麻二酚（cannabidiol）等。主要作用来自△1-3,4-反式-四氢大麻酚（△1-3,4-transtetrahydrocannabinol）。 　　最主要的作用是令人心情愉悦，报道称从轻微的舒适感到产生迷幻，从欢天喜地、内心喜悦到沮丧与忧愁都有。其次是摆脱中央神经系统的控制。服用者脉搏跳动加速，血压上升，身体颤抖，双眼眩晕，难以调节肌肉，触觉灵敏度提高，瞳孔放大。
原住民将爵床的叶片与用油脂楠（见"埃佩纳"）调制的鼻烟混合，制成"更好闻的鼻烟"。	叶片干燥后研磨成粉末。	据推测，可从爵床属的数种植物分离出色胺类。

植物编号	俗名	类型	学名	用法：历史和民族志
14	Matwú Huilca		*Cacalia cordifolia* L. fil.	使用于墨西哥。
88	Mescal Bean Coral Bean Colorines Frijoles Red Bean		*Sophora secundiflora* (Ort.) Lag. ex DC.	使用侧花槐种子的历史可追溯自史前世居格兰河（Rio Grande）流域的居民。当地人在膜拜仪式中使用此物至少已有九千年。 　　美国的阿拉帕霍（Arapaho）与伊奥瓦（Iowa）部族早在1820年就使用侧花槐种子。 　　墨西哥北部与美国南部得克萨斯州至少有一打的印第安部族有"幻觉追寻舞蹈"。
85	Nightshade		*Scopolia carniolica* Jacques	可能是女巫所使用的迷幻药或药膏的成分；在东欧用作风茄的替代品；也用作啤酒中的麻醉原料。
10	Nonda		*Boletus kumeus* Heim; *B. manicus* Heim; *B. nigroviolaceus* Heim; *B. reayi* Heim	使用于新几内亚。
59	Nutmeg Mace		*Myristica fragrans* Houtt.	为古印第安人使用的"麻醉果"。 　　埃及人偶尔用作大麻脂的代用品。 　　肉豆蔻在古希腊与罗马的使用情况不明，阿拉伯人用作药物，于公元1世纪传到欧洲。 　　在中世纪，肉豆蔻中毒现象相当寻常，19世纪的英国与美国亦然。
95	Ololiuqui Badoh Xtabentum （见第170—175页）		*Turbina corymbosa* (L.) Raf. [= *Rivea corymbosa*]	这种牵牛花的种子以前被称为喇叭花籽，被墨西哥南部许多印第安部落视为主要的神圣致幻物，使用历史相当久远，是阿兹特克仪式中重要的麻醉品，也是具止痛作用的神奇药剂。
42	Paguando Borrachero Totubjansush Artol de Campanilla		*Iochroma fuchsioides* Miers	为哥伦比亚南部的西温多伊山谷与哥伦比亚境内南安第斯山脉的卡姆萨印第安人所使用。
51	Peyote Hikuli Mescal Button （见第144—155页）		*Lophophora diffusa* (Croizat) Bravo; *L. williamsii* (Lem.) Coult.	西班牙的记录显示，佩约特为阿兹特克印第安人所使用。乌羽玉为塔拉乌马拉、维乔尔及其他墨西哥印第安人所珍视，美国与加拿大西部"美洲原住民教会"（the Native American Church）的信众也很重视此种仙人掌。
69	Peyotillo		*Pelecyphora aselliformis* Ehrenb.	此球形仙人掌可能在墨西哥被视为"假佩约特"。
32	Pitallito Hikuri		*Echinocereus salmdyckianus* Scheer; *E. triglochidiatus* Engelm.	奇瓦瓦地区的塔拉乌马拉印第安人把这两种仙人掌都视为"假佩约特"。
31	Pituri Pituri Bush Poison Bush		*Duboisia hopwoodii* F. con Muell.	皮图里的叶片出现在澳大利亚仪式中至少有40,000年的历史，用于医疗及娱乐目的。
81	Piule		*Rhynchosia longeracemosa* Mart. et Gal.; *R. phaseoloides*; *R. pyramidalis* (Lam.) Urb.	数种鹿藿属植物的红/黑色豆子可能是古代墨西哥的致幻物。
55	Rapé dos Indios		*Maquira sclerophylla* (Ducke) C. C. Berg	巴西亚马孙地区帕里亚纳印第安人过去使用硬叶马奎桑，但西方文明的入侵已终结这项习俗。

用法: 使用场合和目的	制备	化学成分 和作用
可能有催情与医治不孕症的功能。	此植物干燥后可供吸食。	已知含有一种生物碱。 　　未证明出具有致幻性质。
由于以乌羽玉为主的佩约特膜拜（Peyote cult, 仙人掌教）引进较安全的致幻物，原住民放弃了"红豆舞蹈"（红豆原为求神问卜与致幻的工具）。	侧花槐的红豆可调制饮料。	豆子含剧毒的金雀儿碱，在药理学上与烟碱归为同类。金雀儿碱的致幻作用虽然未明，但是所含剧毒可能会引起眩晕、幻觉。若剂量过高，呼吸会困难，亦可能丧命。
在立陶宛与拉脱维亚用作具有催情与精神活性作用的性爱服剂。	根部用于制造啤酒。干燥之赛莨菪可单独或与其他植物混合吸食。	全株植物皆含强劲的致幻性托烷生物碱，尤其是莨菪碱与东莨菪内酯。
已知库马族的"蘑菇疯"与几种牛肝菌有关。	干燥的蘑菇子实体可食。	有效成分不详。
肉豆蔻之使用在西方社会赫赫有名，尤其是在禁用药品的囚犯之间。	不论吞服或鼻吸，至少要1茶匙，才能达到麻醉的目的。若要全然麻醉，通常要增加剂量。肉豆蔻有时会加入槟榔咀嚼。	肉豆蔻精油的主要有效成分为肉豆蔻醚，另外还含有黄樟素（safrol）与丁子香酚（eugenol）。 　　高剂量带来异常的剧毒与危险，肉豆蔻精油的成分会让正常的身体功能出现问题，产生类似迷幻的精神错乱，通常伴随着严重头痛、昏眩与恶心等症状。
目前奇南特克族、马萨特克族、米克斯特克族、萨波特克族及其他印第安族，使用此细小圆粒的种子于占卜与巫术。最近的报告指出："时至今日，在几乎所有瓦哈卡地区的村落，此种子仍然是原住民遭逢困扰时求助的工具。"	种子必须由使用者本人采集，并由处女以磨臼研细，加入水，滤去渣后饮用。患者要在夜晚宁静的偏僻处饮下。	已知其精神活性成分为麦角灵生物碱类，而麦角酰胺（lysergic acid amide）与羟乙基麦角酰胺（lysergic acid hydroxyethylamide）为最重要的成分。其中麦角羟乙胺与强劲的LSD致幻物密切有关。
根据萨满的说法，此植物之后遗症强烈，所以只有在没有其他草药可用或遇到疑难杂症时才用于占卜、预言与诊断病情。	从茎部锉下一片新鲜的树皮，与等量的叶片一起煮沸。将泡制的茶水放冷后直接饮用。1—3杯浓熬之叶可维持3小时的药效。	虽然尚无人针对此属植物做化学研究，但由于其为茄科植物，一般认为具有致幻效果。 　　麻醉感并不好过，后遗症可达数天。
佩约特具有神话与宗教上的重要性，用于治病的仪式。 　　在美国，服用佩约特是一种结合基督教与原住民信仰及高道德标准的幻觉追求仪式。	此种仙人掌可生食、干燥后食用，或磨成仙人掌泥，或泡成茶使用。 　　仪式中要用4—30颗仙人掌球部。	包含多达30种苯乙胺与四氢异喹啉生物碱。起致幻作用的主要成分为三甲氧基苯乙胺（trimetho-xyphenylethylamine），即"仙人掌毒碱"。 　　致幻的特征为有彩色幻视。
墨西哥北部使用此仙人掌的方式同"佩约特"（即乌羽玉）。	可生食或干燥后食用。	最近的研究指出，此仙人掌含有生物碱。
塔拉乌马拉印第安人一面采集，一面歌唱，并说此仙人掌具有"高尚的内在气质"。	仙人掌肉可生食或干燥后食用。	从最近的调查得知，三钩鹿角柱含有色胺衍生物。
在澳大利亚原住民社会里，皮图里一直是很重要的植物，被视为社交享乐的工具、萨满魔药及贸易珍品。皮图里嚼起来会有麻醉感，是梦与幻视的促进剂，或者只是用来追求快感。	发酵的叶片混合碱性灰的植物、其他植物的树脂（如相思树脂），可嚼食。	叶片含有各种具精神活性的生物碱，如皮图里碱（piturine）、烟碱、去甲烟碱、新烟碱（anabasine）及其他生物碱。根部亦含去甲烟碱与东莨菪碱。咀嚼过的叶片会充当麻醉剂、兴奋剂或致幻剂。
致幻性麻醉（未确认）。	瓦哈卡地区印第安人口中的鹿藿之种子，与具有致幻性的伞房盘蛇藤的种子同名。	鹿藿属植物的化学研究尚无定论。一项研究指出，其含有类似箭毒（curare）的生物碱。根据药理学试验，豆鹿藿会在蛙类身上产生半麻醉的效果。
所制之鼻烟用于部落仪式。	用干燥的果实制备药物的方法，显然只有老一辈人记得了。	目前没有关于硬叶马奎桑的化学研究。

植物编号	俗名	类型	学名	用法：历史和民族志
73	Reed Grass		*Phalaris arundinacea* L.	虽然虉草自古就出现在典籍中，但用作精神活性剂却是晚近之事。
18	Saguaro		*Carnegiea gigantea* (Engelm.) Britt. et Rose	使用于美国西南部与墨西哥。虽然民族学报告未指明巨人柱是一种致幻物，不过此植物是印第安人重要的草药。
89	Sanango Tabernaemontana		*Tabernaemontana coffeoides* Bojer ex DC.; *T. crassa* Bentham; *T. dichotoma* Roxburgh; *T. pandacaqui* Poir. [= *Ervatamia pandacaqui* (Poir.) Pichon]	非洲与南美洲的山辣椒属植物有不少变种。尤其在非洲，有些变种似乎很早就被利用，是萨满使用的药草或传统的医药。
94	San Pedro Aguacolla Gigantón（见第166—169页）		*Trichocereus pachanoi* Britt. et Rose [= *Echinopsis pachanoi*]	为南美洲的原住民所使用，尤其是在秘鲁、厄瓜多尔与玻利维亚的安第斯山区。
67	Screw Pine		*Pandanus* sp.	使用于新几内亚。
75	Shang-la		*Phytolacca acinosa* Roxb.	使用于中国。
71	Shanin Petunia		*Petunia violacea* Lindl.	近期来自厄瓜多尔高地的报告指出，厄瓜多尔有一种矮牵牛属植物，被视为珍贵的致幻物。
23	Shanshi		*Coriaria thymifolia* HBK. ex Willd.	为厄瓜多尔的农夫所用。
49	Siberian Lion's Tail Marijuanillo Siberian Motherwort		*Leonurus sibiricus* L.	中国自古便使用益母草为草药。益母草传入美洲后，成为大麻的代用品。
36	Sinicuichi		*Heimia salicifolia* (HBK) Link et Otto	虽然黄薇属的三个种均为墨西哥重要的民间草药，但最主要的是具有致幻价值的柳叶黄薇。
37	Straw Flower		*Helichrysum foetidum* (L.) Moench; *H. stenopterum* DC.	使用于南非之祖鲁兰地区。
2	Sweet Flag Flag Root Sweet Calomel Calamus		*Acorus calamus* L.	为加拿大西北区的克里族印第安人使用。
68	Syrian Rue		*Peganum Harmala* L.	如今从小亚细亚到印度地区，骆驼蓬受到高度的重视，表明其过去在宗教仪式上作为致幻物。
70	Taglli Hierba Loca Huedhued		*Pernettya furens* (Hook. ex DC.) Klotzch; *P. parvifolia* Bentham	癫南白珠在智利被称为"忧心草"，小叶南白珠在厄瓜多尔被称为"塔格利"。
30	Taique Borrachero Latuy		*Desfontainia spinosa* R. et P.	已知为一种致幻物，在智利称为"泰克"，在哥伦比亚南部称为"博尔拉切罗"。

用法： 使用场合和目的	制备	化学成分 和作用
专家在研究所谓"阿亚瓦斯卡类似物"时，发现藕草属的一个种含有高浓度的二甲基色胺，可用作精神活性剂。	由叶片可获得萃取物。若与骆驼蓬合用，有极佳的幻视效果，亦可代替阿亚瓦斯卡饮用。	藕草含有多种吲哚生物碱类，尤其N,N–二甲基色胺、5–甲氧基–二甲基色胺、美沙酮，以及（有时含）芦竹碱。二甲基色胺与5–甲氧基–二甲基色胺的精神活性特强，芦竹碱含剧毒。
索诺拉（Sonora）的塞里族（Seri）印第安人认为，巨人柱仙人掌是治风湿症的灵丹。	果实有食用与酿酒的价值。	含有具药理学活性之生物碱。已分离出仙人掌碱、5–羟仙人掌碱、去甲仙人掌碱，及极微量的3–甲氧基色胺和新生物碱阿利桑碱（一种四氢喹啉类）。
在西非，厚质山辣椒在传统医药中用作麻醉剂。在印度和斯里兰卡，双歧山辣椒（ T. dichotoma）因为具有精神活性而为人使用。	双歧山辣椒的种子可用作致幻物。可惜的是，我们对这样不可思议的一个属所知极有限。	大部分变种含有类似伊博格碱的生物碱类，诸如伏康京碱，具有相当强劲的致幻性与幻视诱导作用。
具有致幻麻醉性。 　　多闻柱主要用于占卜、诊断病情，以及让自己拥有别人的身份。	切下一段茎，切成片状，在水中煮数小时。有时加入其他数种，如曼陀罗木、南白珠与石松（Lycopodium）等属植物。	多闻柱含有丰富的仙人掌毒碱：干物质中含2%，新鲜材料中含0.12%。
据传露兜树属中的一种被用来致幻，其他种则被用作民间草药、魔法、仪式。	最近的报告指出，新几内亚的原住民使用一种露兜树属植物的果实。	已自一种生物碱萃取液中检测到二甲基色胺。据说食用大量这种坚果会引起"疯狂行为爆发"，当地原住民称之为"卡鲁卡式"发疯。
商陆是中国家喻户晓的药草。据说方士极重视其致幻效果。	在中国古代医学中，商陆的花与根皆可入药。花治中风，根只供外用。	商陆含有高剂量的皂角苷。 　　商陆的毒性与致幻效果在中国的本草书常有记载。
厄瓜多尔的印第安人服用此植物获得飘飘然的感觉。	此植物干燥后可供吸食。	尚无矮牵牛的植物化学分析。据传此植物可引发"腾空"的感觉。
近日报告指出，特意食用其果实可引发幻觉。	果实可食。	对其化学所知有限。 　　食用后有浮空或升空的幻觉。
在巴西与墨西哥奇亚帕斯被用来替代大麻。	花期的益母草经干燥后可单独吸食，或混入其他植物吸食。1—2克的干燥植物便是有效的剂量。	此草含有生物碱类、黄酮糖苷、二萜类与精油。其精神活性效应可能来自二萜类，例如益母草辛（leosibiricine）、益母草素、异益母草碱。
墨西哥原住民指出"西尼库伊奇"有超自然属性，但并未将它用于仪式或庆典上。 　　有些原住民声称，该植物能让他们清晰地记起很久以前发生的事，甚至前世的记忆。	在墨西哥高地，柳叶黄薇的叶片略为萎干后，在水中弄碎，静待其发酵，可调制成饮料。	已分离出喹诺里西丁类的生物碱，其中冰苷元与黄薇碱（vertine）可能引起精神异常。 　　该饮料会引发晕眩、周遭世界缩小，有愉悦的昏睡困倦感。可能产生幻听，声音与声响似乎来自远处。
原住民巫医利用这些草本植物于"吸入式催眠"。	此植物干燥后用于吸食。	报告指出，此植物含香豆素与二萜类，但未分离出致幻性成分。
此植物被视为抗疲劳草药，亦可用于医治牙痛、头痛、气喘。 　　可能有致幻、麻醉作用（未确定）。	根茎部分可供嚼食。	活性成分为α–细辛脑（α-asarone）与β–细辛脑（β-asarone）。服用量大时，可产生幻视及服用麦角酸二乙胺（LSD）后会有的幻觉。
叙利亚芸香为用途繁多的民间草药，亦作为催情剂而受到珍视，一般用作熏香原料。	干燥的种子是印第安药品"哈美"（Harmal）的原料。	无疑含有致幻成分：β–咔啉生物碱类，如骆驼蓬碱、骆驼蓬灵碱、四氢骆驼蓬碱，以及至少存在于8科高等植物中的相关碱类。这些在种子内都可以找到。
已知此植物用作致幻物。据传南白珠属在南美洲的巫术宗教仪式中有重要的地位，但此说法有待证实。	果实可食。	癫南白珠与小叶南白珠的毒果会引起精神错乱，甚至导致精神病，但其化学成分尚未解明。
卡姆萨族的巫医饮用以此叶片调制的茶，目的为诊断病情，或让他们"做梦"。	叶片和果实可制成茶。	枸骨黄的化学成分不明，可导致幻觉。若干巫医认为，他们在枸骨黄的作用下可暂时"发疯"。

植物编号	俗名	类型	学名	用法: 历史和民族志
38	Takini		*Helicostylis pedunculata* Benoist; *H. tomentosa* (P. et E.) Macbride	在圭亚那，"塔基尼"是神圣的香木。
22 64 76 78	Teonanácatl Tamu Hongo de San Isidro She-to To-shka （见第156—163页）		*Conocybe siligineoides* Heim; *Panaeolus sphinctrinus* (Fr.) Quélet; *Psilocybe acutissima* Heim; *P. aztecorum* Heim; *P. caerulescens* Murr; *P. caerulescens* Murr. var. *albida* Heim; *P. caerulescens* Murr. var. *mazatecorum* Heim; *P. caerulescens* Murr. var. *nigripes* Heim; *P. caerulescens* Murr. var. *ombrophila* Heim; *P. mexicana* Heim; *P. mixaeensis* Heim; *P. semperviva* Heim et Cailleux; *P. wassonii* Heim; *P. yungensis* Singer; *P. zapotecorum* Heim; *Psilocybe cubensis* Earle	蘑菇膜拜似乎是美洲原住民印第安人维持数个世纪的传统。 阿兹特克印第安人称此神圣的蘑菇为"特奥纳纳卡特尔"；墨西哥瓦哈卡地区东北部的马萨特克与奇南特克族印第安人称褶环斑褶菇为"特-阿-纳-萨"（T-hana-sa）、"托-斯卡"，意即"麻醉菇"，以及"塞-托"，意即草原菇。在瓦哈卡地区，称古巴裸盖菇为"圣伊西德罗菇"，在马萨特克语则称为"迪-西-特霍-利-尔拉-哈"，意即"粪之神菇"。
29	Thorn Apple Jimsonweed （见第106—111页）		*Datura stramonium* L.	有报告指出，此植物为阿尔贡金（Algonquin）印第安人所使用。为中古欧洲的女巫汤材料。曼陀罗（Jimsonweed）为旧大陆和新大陆所采用，但其地理起源无据可考。
27	Toloache Toloatzin （见第106—111页）		*Datura inoxia* Mill.; *D. discolor* Bernh. ex Tromms.; *D. kymatocarpa* A. S. Barclay; *D. pruinosa* Greenm.; *D. quercifolia* HBK; *D. reburra* A. S. Barclay; *D. stramonium* L.; *D. wrightii* Regel.	即 *Datura meteloides*，墨西哥与美洲西南部使用的毛曼陀罗为 *D. innoxia*。
50	Tupa Tabaco del Diablo		*Lobelia tupa* L.	智利的马普切族印第安人知道山梗菜有毒性，利用其叶片的麻醉效果。其他安第斯印第安人以之为催吐剂与泻药。
46	Turkestan Mint		*Lagochilus inebrians* Bunge	数百年来，世居土耳其干草原区的塔希克人、鞑靼人、土库曼人与乌兹别克人等，用毒兔唇花的叶片制成茶。
97	Voacanga		*Voacanga africana* Stapf; *V. bracteata* Stapf; *V. dregei* E. Mey. *V. grandiflora* (Miq.) Rolfe.	在非洲，马铃果属的许多变种用作致幻物、催情药与草药。
53	Wichuriki Hikuli Rosapara Hikuri Peyote de San Pedro Mammillaria		*Mammillaria craigii* Lindsay; *M. grahamii* Engelm.; *M. senilis* (Lodd.) Weber	墨西哥的塔拉乌马拉族印第安人视数种乳突球属的仙人掌为最重要的"假佩约特"植物。
6	Wood Rose Hawaiian Wood Rose		*Argyreia nervosa* (Burman f.) Bojer	美丽银背藤一直为印度古代医学所使用。现已发现这种植物在尼泊尔传统上用作致幻物。
91	Yauhtli		*Tagetes lucida* Cav.	万寿菊属为墨西哥维乔尔人所使用，被视为在仪式中求得致幻效果的珍品。
15	Yün-Shih		*Caesalpinia sepiaria* Roxb. [= *C. decapetala* (Roth) Alston]	使用于中国；在西藏与尼泊尔用作草药。
16	Zacatechichi Thle-Pelakano Aztec Dream Grass		*Calea zacatechichi* Schlecht.	虽然此植物的分布范围自墨西哥到哥斯达黎加，但似乎仅为哈瓦卡地区的琼塔尔族印第安人所使用。

用法： 使用场合和目的	制备	化学成分 和作用
用途不详。	可由树干的红色"汁液"配制成温和的毒性麻醉品。	目前并未鉴定出特定的致幻成分。在药理学上已知两种别的内树皮萃取物有镇静效果，类似大麻之作用。
此菇出现在神话与圣礼上。 　　如今用在占卜与医治仪式上。 　　蘑菇膜拜仪式那根深蒂固的精神似乎不受基督教或现代信仰的影响。 　　报告指出，裸盖菇属可能就是亚马孙地区秘鲁境内的尤里马瓜（Yurimagua）印第安人用来产生致幻酩酊的蘑菇。	不同的萨满使用的蘑菇种类，取决于个人的偏好、使用目的与蘑菇的生长季节。墨西哥裸盖菇是使用最多，也可说最典型的神圣蘑菇。 　　食用量视蘑菇类型而定，在一个典型的仪式中，可取食2—30朵蘑菇。蘑菇可鲜食或经干燥处理后服用，也可制成药饮。	神圣蘑菇的致幻成分为吲哚生物碱类，且以裸盖菇素与脱磷裸盖菇素为主。含量依种别而异，裸盖菇素约占0.2%—0.6%，干菇亦含少量的脱磷裸盖菇素。此菇会引起幻视与幻听，由幻梦状态逐渐变成实况。
用于成年礼。用作女巫汤的材料。	根部用于制作"维索克坎"（wysoccan），即致幻性阿尔贡金饮料。	参见"托洛阿切"。
毛曼陀罗为阿兹特克及其他印第安人的草药，也是神圣的致幻物。祖尼（Zuni）印第安人视其为止痛剂及敷糊药，医治伤处与青肿。据说"托洛阿切"是雨林祭司的财产。为成年礼的珍品。	塔拉乌马拉族印第安人把毛曼陀罗的根部、种子与叶片掺入玉米酿的啤酒内。 　　美国新墨西哥西部的祖尼印第安人嚼食其根，将根部研磨成粉末放进眼睛。 　　据说美国加利福尼亚州中部的约库特族（Yokut）印第安男人，一生只服用一回毛曼陀罗。	曼陀罗属植物的化学性质相近，含有托烷生物碱之活性成分，尤其是莨菪碱与东莨菪碱，后者是主要成分。
用作致幻麻醉物；为民间草药。	叶片可吸抽，亦可内服。	图帕（Tupa，即山梗菜）的叶片含有哌啶生物碱洛贝林，此为一种呼吸促进剂，此外尚含有二酮与二羟基衍生物、山梗烷定（lobelamidine）与去甲基山梗烷定（norlobelamidine），这些成分并无致幻作用。
作为致幻性麻醉品。	烘烤其叶制成茶。干叶久藏可增强香味。使用时亦可加入其茎、果实尖端与花。	已知含有结晶化合物，称为兔唇花灵，为胶草类型的一种二萜化合物。此化合物的致幻性尚不得而知。
许多变种的种子为非洲巫师所服用，以创造幻视。	许多变种的种子或树皮可服用。	马铃果属的许多变种含有具精神活性的吲哚生物碱类，尤其是伏康京碱与马铃果胺，两者化学作用与伊博格碱有关。
用于追求幻视。 　　格氏乳突球为萨满使用于特殊仪式中。	切开柯氏乳突球，取用中央部分。有时会烘焙。仙人掌顶部去除刺后药性最强；据传格氏乳突球的果实与上半部亦具相似效果。	已自与克氏乳突球近缘的海氏乳突球分离出N-甲基-3,4-二甲氧基苯乙胺。 　　据说服用者在沉睡中云游，其致幻特性为产生鲜艳的色彩体验。
在印度古代医学中，美丽银背藤用于滋补身体与催情，亦用于提高智能与减缓老化过程。今日西方社会对其种子含有的精神活性成分很感兴趣。	种子研磨后与水混合。4—8颗种子（约2克重）足够产生中度致幻效果。	种子含0.3%的麦角生物碱，尤其是裸麦角碱-1（chanoclavin-1），也含有麦碱（ergine）、麦角诺文（ergonovine）与异麦角酸二乙胺（isolysergic acid amide）。
用来引起或强化幻视。	香万寿菊偶尔用于吸食，有时与黄花烟草混合使用。	尚未自万寿菊分离出生物碱，但是该属含有丰富的精油与噻吩衍生物。
据说如果长期服用花朵部位，会产生浮空之感，可用于"通灵"。为民间草药。	根部、花朵与种子可服用。	已知含有一种性质不明的生物碱。中国最早的本草书记载："平主见鬼精物，多食令人狂走。"
用作民间草药，尤其作为酿制开胃酒、退烧药与治痢疾的收敛剂。	碾碎的叶片可制成茶，用作一种致幻物。饮用萨卡特奇奇后，印第安人会静静地斜躺着，吸食干叶制成的卷烟。	此植物的生物碱尚未鉴定。已知亦含有倍半萜-内酯（sesquiterpene-lactone）。 　　印第安人说服用后，在平静与昏昏欲睡的状态下，可以感到心脏与脉搏跳动。

TAB. III

Mandragora fæmina

最重要的致幻植物

"致幻植物图鉴"提到90多种致幻植物，本章特别介绍其中最重要的几种。选择这些植物有如下几条理由。入选的植物绝大多数在原住民社会具有文化和物质上的重要性，必须受到正视。有一些在生物学或化学上具有特别的意义。部分植物的使用历史悠久，也有一些是近期才发现或正式命名的。有一种目前已遍及世界各地，其重要性不可言喻。

鹅膏又称毒蝇伞，是使用历史最久的致幻物，东西半球皆采用，它也具有重要的生化意义，因其活性成分为同类菌中不会被代谢的特殊分泌物。

俗名"佩约特"的乌羽玉，为人们所用的历史也异常久远，目前使用地区已从其发源地墨西哥，扩散到美国得克萨斯州，而得克萨斯州已成为新的印第安宗教基地。乌羽玉的精神活性生物碱为仙人球毒碱，用于治疗精神病。

俗称"特奥纳纳卡特尔"的裸盖菇，在墨西哥与危地马拉古代就用于宗教场合，阿兹特克印第安人在西班牙征服时期也确立了此菇的宗教用途。此蘑菇的精神活性成分为其他植物所不具有的新成分。

重要性不亚于裸盖菇、利用史亦异常久远的致幻物，为数种牵牛花的种子。墨西哥南部一直使用此致幻植物，迄今不衰。对化学分类学具有重要意义的是，其精神活性成分只在一群和它无亲缘关系的真菌类中可以见到。它含有麦角，麦角可能是古希腊很重要的致幻物。

颠茄、天仙子与风茄均为含有剧毒的茄科植物，也是中世纪欧洲女巫汤的主要材料。这些植物长久以来对文化与历史产生了重要的影响。

曼陀罗植物对南北两个半球的原住民文化具有重要意义。与曼陀罗近缘的曼陀罗木，在南美洲仍然为主要的致幻物。

考古学指出，南美洲对多闻柱仙人掌的利用历史长远，但最近才确认其为安第斯山脉中部的主要致幻物。

非洲最重要的致幻物为俗称"伊博格"的鹅花树，用于新成员加入仪式与祖灵联络时。"伊博格"已推广到今日的加彭与刚果，成为两国共同的文化特质，具有抗阻西方社会异域文化入侵的功能。

用通灵藤调配的兴奋饮料在整个亚马孙西部地区的文化里有至尊的地位。此植物在秘鲁被尊称为阿亚瓦斯卡（Ayahuasca），即灵魂之藤，借由它灵魂可飘离肉身，自行漫游，与灵界沟通。其精神活性成分为β-咔啉与色胺类。

南美洲的文化里有三种重要的鼻烟。其一盛行于亚马孙西部地区，由油脂楠属数种植物树皮的汁液制成。另外一种鼻烟分布在亚马孙附近的奥里诺科地区及阿根廷等地，取自一种黑金檀属植物的豆荚，此物以前在西印度群岛也备受重视。这类鼻烟在许多印第安部落的生活中极其重要，因其主要化学成分为色胺类，亦备受化学界重视。

澳大利亚最重要的精神活性物为皮图里。大麻则是亚洲大陆古老的致幻物，现在几乎遍布世界各地。了解大麻在其他原始社会的角色，将有助于诠释其在西方文化中的普遍性。大麻属植物含有约50种的化学成分，在医学上有很大潜力。

"致幻植物图鉴"中介绍的90多种植物，都可以写成长篇大论，但限于篇幅，本章仅详加说明其中若干种。

古希腊细颈长油瓶，是一种神圣的瓶子，内装香油，放置在死者床边或坟旁。这个油瓶（公元前450—前425年）上有个戴皇冠的"特里托普勒摩斯"，手持可能遭到麦角菌感染的禾草；另一位是古希腊的德墨忒耳（Demeter）或珀尔塞福涅（Persephone，农事与丰收的女神），倾倒可能用感染麦角菌的谷粒酿成的神圣奠酒，两人中间隔着特里普托勒摩斯的手杖，通过麦子与奠酒融合为一。

第80页图： 风茄是"具人形的植物"，有复杂的利用历史。在欧洲，除了是中世纪的巫医调制女巫汤的最强烈成分外，风茄之根外形酷似男人或女人，受到迷信者崇拜。据说若将风茄从土中拔起，采集者会因为风茄的呼喊声而疯狂。18世纪早期的著名雕刻家马德阿斯·莫里昂（Matthäus Merian），曾雕刻酷似人像的风茄。

81

天堂之柱

★植物编号同"致幻植物图鉴";俗名可参见"植物利用综览"。

第83页上图:亚洲阿尔泰山的萨满崖壁画。

第83页下图:毒蝇鹅膏分布于全球,出现在世界各地的童话、传说与萨满仪式中。

苏麻为古印度的神性麻醉药,在亚利安人(the Aryans)时代的巫术宗教仪式中有着至高的地位。亚利安人于3500年前自北方南下,横扫印度河谷,将膜拜苏麻的仪式传入印度。亚利安人是早年入侵印度的民族,他们崇拜具有神圣麻醉性的苏麻,并在大部分的圣神仪式中饮用以苏麻调制的饮料。在他们眼中,大部分的致幻植物不过是神圣的媒介,但苏麻本身就是神。古印度的《吠陀经》(*Rig-Veda*)记载:"雷神'帕伽亚'(Parjanya)是苏麻(印度教因陀罗)之父。"

西伯利亚的萨满在仪式中身披华丽的服饰,手执装饰丰富的鼓。左边的人物来自克拉斯诺哈尔斯克(Krasnojarsk)地区;右边的人物来自堪察加(Kamtchatka)地区。

"进入因陀罗的心脏地区,即进入苏麻的花托,有如江河流入大海,汝必得奉承各类厚圆形菌盖(Mitra),伐楼拿神灵(Varuna),瓦亚(Vaya),擎天之柱……众神之父,推动力的先驱,天之大柱,地球的磐石。"

《吠陀经》里有一千多首圣歌,其中120首专门赞美苏麻,其他圣歌中也提到苏麻圣品。后来此膜拜仪式受到禁止,原初的神圣植物渐为人淡忘,被其他没有精神活性的植物取代。然而两千年来,苏麻的身份仍是民族植物学之谜。不过在1968年,戈登·华生(Gordon Wasson)的跨领域研究,提出有说服力的证据,认为该神圣的麻醉物为一种蘑菇,叫作毒蝇鹅膏。这可能是历史上最古老、使用最广泛的致幻物。

关于此菇令人好奇的致幻用途,自1730年以来就有文献记载。当时一位被监禁在西伯利亚12年的瑞典军官战犯提及,原始部落服用毒蝇鹅膏调制的麻醉酒。散居在西伯利亚的芬兰巫戈尔族一直保留这个习俗。传统表明,在此广袤的北方地区,其他部落社会也曾服用此菇。

科里亚克族有个传说:部族文化中的英雄"大渡鸦"(Big Raven)捉到一头鲸,却无法将此硕大无比的动物放回大海。万物(Vahiyinin)之神告诉他要服用"瓦帕克"(wapaq)精灵,始能获得他所需的力气。万物之神唾了一口痰,大地上,几株白色小植物(即瓦帕克精灵)冒了出来:那些植物顶着红帽,而万物之神的唾液结成许多白色的小颗粒。大渡鸦吃了瓦帕克后变得身强力壮,便央求着:"瓦帕克啊,请你永远别离开大地!"于是他下令部族的人民向瓦帕克学习一切。瓦帕克就是毒蝇鹅膏,是万物之神直接赐给人类的。

在俄罗斯人没有将酒类引进到西伯利亚之前,西伯利亚的蘑菇服用者除了毒蝇鹅膏外,没有其他麻醉品(兴奋物)。他们在太阳下晒干蘑菇,单独服用或是浸

在水、驯鹿奶或数种植物的汁液中服用。如果服用蘑菇干，得先在嘴里润湿，或由一位妇女先在嘴里弄成湿球，再让男人吞服。使用毒蝇鹅膏的仪式习俗，后来发展成"饮尿"的仪式行为。因为该部落的男人知道蘑菇通过身体后，其所含的精神活性成分未被身体代谢，或者说仍是活性代谢物，此为植物界致幻化合物中极为罕见的例子。一份古老的史料提到科里亚克族："他们用水煮蘑菇，饮用汤汁求得一醉。一些穷困的人负担不起蘑菇，便等在饮用蘑菇汤的富人屋外，盯着屋内的来客，等待他们外出解尿之际，手捧木碗盛尿，然后喝得一滴不剩，因为尿中还有若干蘑菇的精华，喝了也会醉人。"

《吠陀经》明确提到了苏麻仪式中的饮尿之事："腹胀如鼓的人洒出液体状的苏麻。膀胱胀满的贵族一阵子摆动，便激射出苏麻。"装扮成印度教因陀罗与瓦犹（Vayu）的祭司用牛奶泡饮苏麻，同时也尿出苏麻来。吠陀诗中的尿并非令人厌恶之物，而是高尚的隐喻，意指雨水：甘霖有如撒尿，云朵用它们的尿滋润大地。

描述原住民使用毒蝇鹅膏的报道不多，20世纪初到科里亚克部落的一位旅人提到了此事。他写道："毒蝇鹅膏会麻醉人，导致幻觉与精神错乱。轻微中毒让人精神亢奋，不由自主做出一些动作。许多萨满在招魂的降神会前吃下毒蝇鹅膏，进入狂喜境界……若中毒太深，变得意识不清与精神错乱，眼见之物不是变得很大，就是缩得很小。迷幻发作了，身躯不由自主摆动乱舞。我看到，精神亢奋和意气消沉会交

毒蝇鹅膏的化学成分

一个世纪前，当施米德贝格（Schmiedeberg）与克北（Koppe）两人自毒蝇鹅膏中分离出活性成分时，他们认为是仙人球毒碱。但这个认定被推翻了。最近瑞士的欧格司特（Eugster）与日本的竹本（Takemoto）分离出的鹅膏菇氨酸和蝇蕈素才是毒蝇鹅膏的精神活性成分。通常是服用蘑菇干。干燥处理的过程引起鹅膏菇氨酸的化学作用，转变成最具活性成分的蝇蕈素。

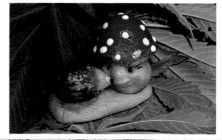

上左图：用毒蝇鹅膏形状的爆竹装饰除夕，为来年祈福。

上右图：德国童话书《刺猬与小矮人》（*Mecki and the Dwarves*）中绘有冒烟的毒蝇鹅膏。

下右图：毒蝇鹅膏可能与吠陀的特效药苏麻同为一物。今日之山岭麻黄（*Ephedra gerardiana*）被称为"苏麻拉特"（somalata），意即"苏麻植物"。在尼泊尔，山岭麻黄并非致幻物或迷幻药，而是一种强烈兴奋剂。

替出现。毒蝇鹅膏中毒的人闭口不语地坐着，左晃右摇，甚至会与家人对话。突然他睁大双眼，双手阵阵痉挛，与自己以为看到的人物交谈、对唱及拥舞，然后又安静一段时间。"

中美洲的原住民显然服用具有致幻性的毒蝇鹅膏，该菇自然分布于墨西哥南部与危地马拉高地。危地马拉高地的人认为毒蝇鹅膏具有特殊性质，称之为"卡库尔哈"（Kakuljá-ikox），即"电光之菇"，和一个称为"雷电大王"（Rajawkakuljá）的神有关。此神指挥矮小的施雨神（chacs），即现在基督教通常说的"天使"。毒蝇鹅膏的盖切语（Quiche）名称为"卡夸尔哈"（Kaquljá），源自它传奇的起源，而"伊特塞洛-科斯克"（Itzelo-cox）指它拥有神奇的力量，是"恶魔蘑菇"。在南北半球，自古都普遍认为雷电与蘑菇有关，尤其与毒蝇鹅膏相关。"总而言之，盖切-玛雅

（Quiche-Maya）……显然知道毒蝇鹅膏绝非凡物，与超自然有关。"

第一批从亚洲来到美洲的移民，一步步通过了白令海峡。人类学者发现，许多与亚洲相关的习俗或亚洲遗风一直为美洲

左图：堪察加萨满手持毒蝇鹅膏作法，祈求此菇送她到其他世界。

人所沿用。最近出土的遗址证明，毒蝇鹅膏在巫术宗教上的重要性确实仍然存在于北美洲的文化里。住在加拿大西北部麦肯锡山脉（Mackenzie Mountain）的道格里布·阿塔巴斯坎人（Dogrib Athabascan）

毫无疑问使用毒蝇鹅膏为致幻物，这是有稽可考的，毒蝇鹅膏为萨满教的圣品。一位新入教的教徒讲述了萨满加诸他的一切动作："他紧紧地抓住我。我毫无反抗之力，全身使不上力气。我不吃、不睡、不思考——我离开了自己的身躯。"降神会后期，他写道："我洁了身，等待大开眼界的时刻来临，我起身，空中有好多种子突然散开……我口中唱起歌来，那些音符粉碎了身躯的结构，也毁灭了混乱的局面，我满身是血……我与死者相聚，我想要逃离迷宫。"他食用蘑菇的体验，先是意识溃散，继之与亡灵相遇。

不久之前，人们发现在世居密歇根州苏必略湖畔的奥希夫瓦（Ojibwa）印第安人或阿尼西奈维格族（Ahnishinaubeg）一年一度的古礼中，毒蝇鹅膏用于宗教用途，是神圣的致幻物。这种蘑菇在奥希夫瓦语中叫"红冠菇"（Oshtimisk Wajashkwedo）。

上右图：日本的毒蝇鹅膏之灵是长鼻、红脸的"天狗"（Tengu）。凡食用此菇者，必能遇见栩栩如生的对象。

下左图："苏麻"神话迄今流行不衰。印度德里的一间奢华的酒吧即以苏麻为名。

魔法药草

上左图： 罕见的变种黄花颠茄开出的黄花。黄花颠茄被视为尤其具有法力的植物。

上右图： 颠茄的钟形花是茄科植物的明显特征。

第87页上左图： 风茄之花难得一见，因为花期短促，凋谢又快。

第87页上右图： 天仙子的花色特异，花瓣纹路令人印象深刻。早期被认为是恶魔之眼。

自古以来，数种茄科植物就与欧洲的巫术相关。茄科植物让女巫能施展神秘异行与预言未来；借着致幻作用与超自然沟通，送她们到遥远的地方，学习恶毒之术。这数种能致幻的茄科植物主要包括天仙子属的白花天仙子与天仙子、颠茄、风茄。此四种植物作为致幻与魔法植物的利用史久远，皆与巫术、法术、迷信密切相关。此植物声名卓著，主要是靠超乎寻常的精神活性功能。它们的作用是由于其化学成分相近之故。

这四种茄科植物皆含有浓度极高的托烷生物碱，主要为颠茄碱、莨菪碱与东莨菪碱；其他碱类含量极微。有致幻作用的成分显然是东莨菪碱，并非莨菪碱或颠茄碱。东莨菪碱先引起麻醉现象，当致幻作用启动时，服用者会从意识清醒转成昏睡状况。

化学家以颠茄碱为模型，用人工方法合成几种致幻化合物。这些人工合成化合致幻物及东莨菪碱致幻物与一般天然致幻物的不同之处在于，人工合成物的毒性极强，毒发时服用者会全然忘记所发生之事，失去意识而昏睡，有如酒精中毒。

天仙子属是广为人知且在古代最早为人类所敬畏的植物。该属植物有数种，其中黑色花的天仙子毒性尤强，可引起精神失常。公元前1500年古埃及的《埃伯斯纸草卷》（*Ebers Papyrus*）对天仙子有所描述。古希腊诗人荷马（约公元前9世纪）所描写的神奇饮料之效用，即天仙子所含主要成分的作用。古希腊用天仙子作毒药，制造精神失常假象，以获得预言能力。据说古希腊德尔斐神庙中，阿波罗神的女祭司靠吸食天仙子种子致幻而得出预言。13世纪大阿尔伯特（Bishop Albertus the Great）提过，巫师服用天仙子属植物后可召唤恶魔。

天仙子有止痛的效果早为人知，曾被用来减轻重刑犯与死刑犯的痛苦。天仙子的最大特性不仅在于有止痛效果，而且在于能使服用者进入一种失去知觉的状态。

天仙子以拥有所谓的"女巫之奴"的成分著称。

当少年被引介加入巫教团体时，通常会给他们喝天仙子饮料，这样就很容易说动他们去参加魔宴仪式，预备正式成为圈内的一员。

那些服用天仙子的人会感觉头部有压迫感，有如被人强行合上眼帘；视觉逐渐模糊，所见的景物扭曲变形，产生异常的幻视。味嗅的幻觉往往伴随着高度的兴奋感，渐渐转成昏沉欲睡、辗转不安，涌上各种幻觉，终至不省人事。

天仙子属的其他植物也具有类似的致幻性质，服用方法大同小异。其中分布在埃及沙漠以东至阿富汗与印度的无芒天仙

颠茄、天仙子与风茄的化学成分

茄科的三种植物颠茄、天仙子与风茄含有相同的活性成分，主要的生物碱为莨菪碱、颠茄碱与东莨菪碱。差别只在于某类化合物的相对浓度。颠茄几乎不含东莨菪碱，而风茄，尤其是天仙子的主要生物碱就是东莨菪碱。

植株各部位皆含多种生物碱，其中又以种子与根部的含量最高。致幻效应主要来自东莨菪碱，而颠茄碱与莨菪碱的致幻效用相对不明显。

左图： 根据《朱莉安娜抄本》（*Juliana Codex*）中的插图，希腊本草学家迪奥斯科里斯从发现女神赫里西斯（Heuresis）手中接下风茄，表明人们相信这种药草是众神所赐的植物。

风茄是"知识之树",

激发浓情蜜意之爱,

这爱是人类的起源。

——雨果·拉内(Hugo Rahner),《希腊神话之基督徒的意义》

(*Greek Myths in Christian Meaning*, 1957)

上图:古代的女巫之神名叫赫卡忒,司管具精神活性与魔力的药草,尤其是茄科植物。在威廉·布莱克(William Blake)所作的这幅画中,赫卡忒和她的萨满动物待在一起。

第89页右下图:一本药用植物书籍封面上的拟人风茄图案。

子(*H. muticus*),或称为印第安天仙子或埃及天仙子,其干叶为印度人所吸食,用作麻醉品。居住在叙利亚、阿拉伯等地的贝多因人(Bedouins)特意服用此麻醉品来达到醉醺之境。亚、非两洲的某些地区将之与大麻共吸,作为致幻物。

颠茄(俗称死茄)为欧洲的原生种,但今日在美国逸生到野外。颠茄的属名 *Atropa* 源自希腊语名称 Atropos,即命运女神爱特罗波斯。她是一位不屈不挠的女神,握有切断生命线的权柄。Atropa 这个特别的称号意思是"美丽的女性",让人想起意

大利女郎相信朦胧与醉意的凝视可产生极致之美,因而用这种植物的汁液来放大眼瞳。此植物的许多俗名都点出醉人的特性,例如"巫师之樱桃""女巫之莓""恶魔之草""杀人之莓""催眠之莓"。

古希腊神话中酒神迪奥尼索斯(Dionysus)的女祭司睁大她们的双眼,投入男性教徒张开双臂的怀抱,或者带着欲火之眼,攻击男人,撕裂他们后吞食。酒神节的酒可能掺入了颠茄汁。另一种源自古希腊罗马时代的说法是,罗马祭司饮用颠茄汁,祈祷战争女神让他们能凯旋。

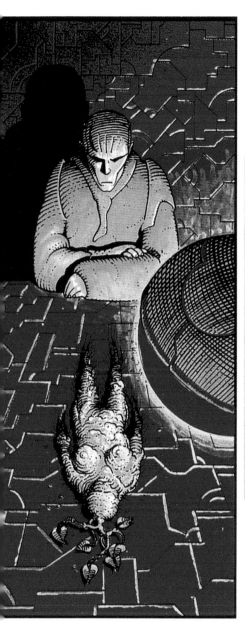

左图：风茄的魔法力量在欧洲文学与艺术史上流传很久。这幅图为现代喜剧《卡萨》（*Caza*）中的一幕。

下图：接受审讯的女巫常被指控使用茄科的致幻植物，尤其是天仙子与风茄。许多女巫因此受酷刑、被谋杀或活活烧死。

然而直到现代初期，颠茄才成为与巫术及魔法有关的重要植物。颠茄是女巫、巫师服用的药汤与药膏的主要材料。有一种浓稠的混合物，由颠茄、天仙子、风茄及死胎的脂肪调制而成，将它抹在皮肤上或擦到阴道内，可以堕胎。大家熟悉的女巫帚柄，可以追溯到欧洲的魔法信仰。1324年，一份调查魔法的报告指出："搜刮那女人的衣橱时，他们找到一管油膏，那是她用来抹在帚柄上，而后跨坐其上的。骑乘着这根忠贞的帚柄，她可以在任何时刻，以她所选择的方式，或漫步而

上图：两栖类动物，尤其是蛙类（它们身上往往有毒），在旧大陆及新大陆一直与女巫巫术和魔法密不可分。在欧洲，这些动物有时会被加到药效强大的女巫汤中。在新大陆的一些文化中这类动物也扮演重要的角色，通常与致幻行为有关。

左图：风茄的果实香气诱人，又称为"爱之苹果"，等同于希腊神话中爱情女神阿佛洛狄忒的金苹果。

中图：颠茄熟透的黑浆果。

右图：白色或黄色的天仙子是献给预言之神阿波罗的贡礼。

行，或奔驰急飞。"之后在15世纪，还有一则类似的报道："村民们相信，女巫也坦承，在某些日子或夜晚，她们会在帚柄上抹上油膏，然后骑帚柄来到某个特定的地点，或者将油膏涂在自己的腋窝及其他有体毛之处，有时在毛发之下带着符咒。"波塔（Porta）是与伽利略同时代的人，1589年他于著作中提到，在服用茄科植物后的药效影响下"人有时候似乎会变成一条鱼；他会猛划双臂，在地面游动；有时似乎会往上跳跃，然后又在水下游泳。有的人会相信自己变成一只鹅而开始吃草，用牙齿在地上猛咬，活像一只鹅；偶尔展翅高歌……"

风茄因为有强烈的麻醉效用，加上根部形状独特，在魔法与女巫巫术中极负盛名。在"拟人说"的哲学应用上，难有其他例子可与之比拟。风茄为多年生草本植物，其根部自然生长为扭曲与分权的形态，有时类似人形。这种酷似导致很早以前人

们就相信，它对人类的肉身与灵魂有超自然的操纵力量，虽然它的化学成分，不见得比其他茄科植物的精神活性强。

从最早期开始，就有许多稀奇古怪的迷信，认为采收风茄的根时必须小心翼翼。公元前3世纪的希腊哲学家塞奥弗拉斯特（Theophrastus）写道，药用植物的采集者会在风茄外围画圆圈，脸朝西将根部上面的部分切除；采集者跳完某种舞蹈，大声说出特定的仪式语后，才能采收其余的根部。再往前200年，希腊的数学家毕达哥拉斯（Pythagoras）描述过风茄根部类似人形或像小型人类。到了罗马时代，魔术开始广泛和风茄的精神活性特性有关。公元1世纪，约瑟夫·弗拉维（Josephus Flavius）写道，在死海地区有一种植物，夜晚会发红光，人类很难靠近它。因为人一旦靠近，它便隐而不见，但是若在其上泼洒尿液或经血便可收服它。如果人把它

从土中拔出，便会面临危险。可以把一只狗绑在这种植物的根部把它拔出来，据说此后狗会暴毙。有关风茄的神秘传说越来越多，甚至有人说它白天隐密不现，夜晚亮如星辰。如果被人从地面拔出，会发出轰然之声，闻者莫不丧胆，甚至丧命。到最后，唯有黑狗（黑色代表恶魔与死亡）可派上用场。早年的基督徒相信，风茄是神创世时造的，作为他在伊甸园造人之前的试验。

黑暗时代（常指欧洲史上公元500—1000年）晚期，中欧地区开始人工栽培风茄，据传该植物只能生在绞刑台下死刑囚犯的尿或精液浇溉过的土地上，因此德语中风茄的名字意指"绞刑台人"与"妖魔之偶"。

风茄的名声在16世纪末最为响亮。在这个时期，草本学家开始质疑关于这种植物的许多传说。早在1526年，英国草本植物学家特纳（Turner）就否定"所有的风茄都具有人形"的说法，他不认为风茄与拟人论之间有任何关联。另一位英国草本植物学家杰拉德（Gerard）于1597年写道："所有无稽之谈都不能列入书籍，必须逐出你的脑袋；你要知道它们从头至尾都是虚构与谬误。因为我本人与我的仆人也挖掘了风茄，并且一再种植，栽植了许多……"但是，即使到了19世纪，还有很多欧洲人盲目崇拜与无端恐惧风茄。

在号称"世界之中央"的古希腊德尔斐的阿波罗神庙（**上左图**），女预言家西比尔（Sibyl）与一群先知吸食天仙子之后，将神谕传给女祭司皮提亚（Pythia）。

上中图：风茄之根。

上右图：人参（*Panax ginseng*）根部不但长得像风茄，而且在韩国具有神秘与魔法般的力量。

下左图：太阳与神谕之神阿波罗在渡鸦前洒祭酒（发现于德尔斐）。

极乐之蜜

印度传统观念认为神赐"大麻"给人类，让人类生活愉快、有胆识，并提高性欲。当天上滴落长生汤到大地之际，大麻从中萌出。另一个传说是神在恶魔帮助之下，奋力搅动乳状海洋后取得许多长生汤，大麻便是其中一种。大麻是印度教主神之一湿婆（Shiva）的祭祀圣品，它是印度教中吠陀众神之王"因陀罗"喜爱的饮料。

果（也就是"种子"）可供食用；可作为麻醉品；在民俗医疗及现代药学上广泛应用于治疗多种疾病。

大麻之所以分布在全世界许多地区，主要是因为它用途广泛。在长期与人类及农业产生关系的情形下，发生了许多稀奇之事。当大麻被栽培到与过去相异的新环境或非原生环境时，便可能出现杂交。它

上左图：野生印度大麻的花细长，分布在尼泊尔境内喜马拉雅山蓝丹（Langtang）地区。

上右图：杂交种的大麻（*Cannabis indica* × *sativa*）雄株。

在翻天覆地搅动大海之后，恶魔想要拿到控制琼浆玉液之权，但是抵不过众神之力而未得逞，于是神赐此大麻名为"Vijaya"，即"胜利"之意。从此之后，此神圣植物在印度一直被认为可带给服用者超自然的力量。

大麻与人类的关系可能已有一万年了，应是在一万年前旧大陆发明农业之际便开始了。大麻这种最古老的栽培作物有五种用途：可提供大麻纤维；可榨取油脂；瘦

们离开栽培区后往往变成侵略性的杂草。此外，它们也会在人类为了某些特殊用途而作的选种过程中有所改变。许多栽培种变得与祖先型大不相同，以全十九法追溯其演化史。尽管大麻的栽培种已是历史悠久的重要作物，但我们对其生物学属性却所知有限。

大麻属的植物分类一直不明确。许多植物学家并不赞同把大麻属放在目前认定的科名。早期学者认为它应是荨麻科

左图：印度教的蓝面湿婆入神地享受大麻。因此，大麻成为神圣的植物，用于宗教祭典及修炼"坦陀罗"（Tantric practices）。

右图：这些长发及肩的印度圣人（Sadhus）献身于湿婆。他们身无恒产，勤练瑜伽与打坐冥想，并吸大量手制的大麻脂与大麻烟"甘哈"，有时还掺入曼陀罗叶子与其他精神活性植物。

右下图：许多国家都有人吸食大麻，通常被列为非法行动。大麻一般由人工卷制而成。大麻制品众多，供应各类人群，从初吸者至专业者。例如有大张卷纸型的大麻。图中还有金属制的大麻烟盒与打火机。

（Urticaceae）；后来改为桑科（Moraceae）；目前倾向于认为它应归为一个专门的科，即大麻科，只含大麻属与葎草属（Humulus）。至于大麻属包含几种，专家之间一直有不同的意见：大麻属究竟包含一个变异性极强的种，还是多个独立的种。现在许多明确的证据表明大麻属可以辨识出三个种：印度大麻、小大麻与大麻。此

三种可以从生长习性、瘦果特征，尤其是差别极大的木质结构来区分。虽然三种皆含大麻醇类，但可能有相当不同的化学组成，然而这也有待证实。

印度的《吠陀经》讴歌"大麻"为至圣之琼浆玉液（长生汤），能赐给人类福祉：从健康、长寿到目睹神祇。公元前600年的《波斯古经–阿维斯陀》（Zend-Avesta）中曾提及一种麻醉树脂，而亚述人早在公元9世纪前就用大麻作为熏香剂。

上图右：别有特色的印度大麻叶片曾是次文化和叛变的象征，今日已成为生态意识的象征。

上图：在非洲，人们吸食大麻是出于医疗及娱乐的目的，正如此件木刻作品所呈现的。

中国周朝（公元前700—前500年）的文献则对大麻持"负面"的看法："麻"有"麻木不仁"之意，暗示它有麻醉成分。这个观念显然早于成书于公元100年的《本草经》，不过还可上溯到公元前2000年神农氏的传说，此可视为中国人很早以前就知道而且可能使用大麻精神活性的证据。据传，若服用过量"麻蕡（fén）"（大麻果实），会产生幻觉，即"见鬼"。"久服通神明，轻身。"公元前5世纪的中国道士指出，大麻供"术士"服用，"常与人参掺混，可走入未来，见未来之事"。古代这段期间使用大麻来产生幻觉，显然与中国的黄教（萨满教）有关。但是1500年后大麻传到欧洲时，中国的黄教已式微，利用大

麻进入酩醉之事已不复存在，也为中国人淡忘。在中国，大麻的价值已转为纤维原料了。但是中国的大麻栽培记录，从新石器时代开始就从未间断，因此有人认为大麻原产于中国，而非中亚。

公元前约500年，希腊作家希罗多德（Herodotus）曾描写塞西亚人是好战的骑马民族，曾经横扫外高加索的东、西部。希罗多德指出："塞西业人在地上固定三根内倾的木柱，围成一个小隔间，在木柱外围紧紧绑上木丝；在此木亭内放置一个小碟子，碟内放置数颗红热的石头，然后撒上大麻种子……一股浓烟立即冉冉上升，此烟之强，远超过希腊蒸汽浴；塞西亚人兴奋得高兴大叫……"不久之前，考古学

家挖掘了中亚冰封的塞西亚人墓穴，时间应在公元前500到300年前。坟墓遗址内发现三脚木柱、木丝、炭盆、木炭及用剩的大麻叶子与果实。因此，一般认为大麻原产于中亚，由塞西亚人传到欧洲。

希腊人与罗马人虽然没把大麻当作致幻物，但他们已知大麻制品具有精神活性作用。德谟克利特（Democritus，希腊哲学家，公元前460—前370年）指出，大麻有时与酒及没药（为橄榄科没药属植物，有些种会分泌芳香树脂没药，是制造熏香与香料的原料。——译者注）一起饮用可产生迷幻状态。公元200年左右的希腊医师盖伦写道，有时人们习惯奉上大麻给客人，以增加欢乐与享受的感觉。

大麻自北方传入欧洲。罗马作家卢西琉斯（Lucilius）在公元前120年时曾写到，老普林尼（Pliny the Elder）在公元1世纪述及大麻纤维的制作与等级，在英格兰的罗马旧址也发现了公元140—180年的大麻绳。虽然无法知悉北欧维京人（the Vikings）是否使用过大麻绳索，但是孢粉学的证据表明，英格兰的大麻栽培面积，自盎格鲁—撒克逊初期到撒克逊晚期与诺曼（Norman）时代（公元400—1100年）有巨幅增加。

英格兰的亨利八世（1491—1547年）曾鼓励栽培大麻。伊丽莎白时代，英格兰海上霸权对大麻的需求量大增。大麻栽培开始出现在英国在新大陆的殖民地：最先是加拿大（1606年），随后在弗吉尼亚州（1611年）；1632年清教徒把大麻带到新英格兰。在北美独立革命之前，大麻甚至被用于制造工作服。

大麻循着另一条路径进入西班牙在南美洲的殖民地：智利（1545年）；秘鲁（1554年）。

大麻纤维之生产确实代表大麻的早期利用，但是食用大麻瘦果可溯自利用其纤维以前。大麻瘦果的营养丰富，不难想象早期的人类不可能放过食用它的机会。考古学家在德国发现公元前500年的大麻瘦果，这说明当时已在利用这些植物产品的营养价值。自古代到现代，东欧人一直食用大麻瘦果，在美国它是鸟饲料的主要成分。

大麻在民间医药上的价值——往往难以与其精神活性特性分开——可能是它成为经济作物的最初原因。大麻最早的药用记录见于中国神农氏的记载。他在5000年前建议，服用大麻可治疟疾、脚气病、便秘、风湿病痛、精神恍惚、妇科疾病等。中国古代另一位本草学家华佗，建议用大麻脂混酒作为手术时的止痛剂。

古代印度人眼中的大麻是"神赐之礼"，为民间用途广泛的草药。印度人相信大麻可让人反应敏锐、延年益寿、改善判断力、降低体温、帮助入睡、治愈痢疾等。由于大麻具有精神活性成分，所以除了强身之外，更具医疗价值。印度的几个医药系统都看重大麻。古印度名医苏希拉塔（Sushrata）的著作提及大麻可治麻风病。约写于公元1600年的《婆罗普拉加希什》（Bharaprakasha）描述大麻是兴奋剂、消化剂，能影响胆汁分泌，气味强烈、辛辣，可用于提高食欲、促进消化、润喉美声。印度人认为大麻几乎可治百病，从去头皮屑到治头痛、行为异常、失眠、性病、百日咳、耳痛、结核病。

上左图： 工业用大麻的雌株花朵。

上图： 传说中国上古三皇之一神农氏发现许多植物的药性。相传他手书的《神农百草》完成于公元前2737年，其中记载了大麻是雌雄异株的植物。

右图：大麻有数不尽的品系几乎都不含致幻性化合物和麻醉与令人忘忧的成分。这些物种用于生产纤维，不适宜个人使用。瑞士首都伯恩的植物园内警示牌上写着："工业用大麻因缺乏活性成分，无法用于生产药物。"

最下方图：工业用大麻的雌株。

Dieser Faserhanf
ist wegen seines geringen
Wirkstoffgehaltes
für die Drogenherstellung
nutzlos

随着大麻属植物的广泛分布，其在医学上的名声也传扬出去。非洲部分地区认为大麻对治疗痢疾、疟疾、炭疽与发烧有效。即使今日，南非的霍屯督人与姆丰古人（Mfengu）仍宣称大麻能治疗蛇咬伤，梭托（Sotho）妇女在生产前吸食大麻起到部分麻醉效果。

大麻在医药学上大受推崇，其医疗用途可追溯到希腊古典时期的医生如迪奥斯科里斯与盖伦。中世纪的本草学家将大麻分成"野大麻"与人工栽培的"精大麻"，并指出精大麻可治结瘤与其他难愈的肿瘤。而野大麻的用途颇多，从止咳到治黄疸。他们也告诫病患，剂量过高会导致不孕，会让"男人传宗接代之精子"及"妇女胸脯之乳汁"干涸。16世纪，大麻的一个有趣用途是作为英国的"钓鱼草"："倒入有蚯蚓之洞穴，会赴出蚯蚓……渔民与钓鱼者用它来让鱼儿上钩。"

大麻在民间医药上的价值，无疑和使人愉悦及起到精神活性作用的属性相关。对于这种效果的认知，可能与大麻用作纤维来源的历史一样悠久。原始民族千方百计地寻求植物粮食，当然不会错过令人向

上左图：在北印度，大麻叶先浸过水、弄碎，制成小泥球，于市场中出售，叫作"大麻醉丸"。图为波罗奈城（Benares）国营大麻烟商店 Om Varnasi 出售的大麻醉丸。

上右图："大麻醉丸"可吞食或与奶、酸奶、水一起服用。

往且让人兴奋的大麻，大麻的麻醉作用引领人类到一个来世平台，让人有宗教的信仰。因此，早期人们认为大麻是众神赐下的大礼，一个能与灵界沟通的神圣媒介。

虽然现在大麻是使用最广泛的精神活性物质，但单纯用作麻醉品，除了亚洲之外，在其他地区并非古老的事。但是，在古希腊罗马时代，大麻的醉人忘忧性质早为人知。在古代上埃及都城底比斯，大麻备制的饮料据说有类似鸦片的成分。盖伦指出，食用过量的大麻饼会中毒。大麻当作麻醉剂并向东西传播，靠的是中亚的异教徒，尤其是赛西亚人。赛西亚人对早期的希腊与东欧文化有极重要的影响力。印度人对大麻精神活性效用的认识，与印度的历史一样久远，这点可从印度关于大麻的深奥神话与宗教信仰得悉。印度大麻被看得极其神圣，可驱魔避邪、纳福、清涤罪孽。凡践踏此神圣植物之叶者，必遭灾厄，发誓也要以大麻做保证。印度教中吠陀众神之王喜爱的饮料，是用大麻制备的。印度教三大主神之一湿婆下令，在大麻播种、除草、收获的过程中，要反复唱诵"Ghangi"圣歌。大麻具有麻醉性的知

识与其使用方式，最终传到中亚。亚述帝国（公元前 10 世纪）用大麻当熏香，使人联想到麻醉用途。虽然《圣经》中未直接提到大麻，但许多章节隐约触及大麻脂或大麻的作用。

在印度境内的喜马拉雅山脉与西藏高原，大麻的制备或许在宗教上有极重大的意义。大麻醉丸的制作过程平和：将干叶或花茎与香料混合捣成浆状，当糖果来吃，称之为"马洪"，也可制成茶。至于大麻烟"甘哈"，是在大麻花盛开时就采收前端带着雌蕊含有浓烈树脂的部分，经干燥后压成密实的块状，在此压力下数日，待其产生化学变化。使用者常将此大麻烟与烟草或曼陀罗一起吸食。大麻脂含树脂成分，呈棕色块状，常与其他植物混合使用。

西藏人视大麻为神圣的植物。传统大乘佛教徒相信，佛陀在开悟前修炼六度万行的过程，每日靠一粒大麻籽维生。佛教徒常描绘他带着装了"苏麻之叶"的钵，这种带有神圣麻醉性的苏麻，偶尔被认为是大麻。在西藏喜马拉雅的密宗佛教（Tantric Buddhism）里，大麻在沉思冥想仪式中扮演非常重要的角色，协助深入冥

下左图：墨西哥东部马德雷山（Sierra Madre）的科拉（Cora）印第安人，在祭典中吸食大麻。在原住民社会的宗教仪式中，外来的植物几乎不被采用，不过墨西哥的科拉族与巴拿马的库纳人（Cuna）却吸食大麻，而大麻其实是早期欧洲人带进来的。

下右（3幅图）：大麻发芽的照片。圆形叶是子叶。第一片真叶通常是全叶，并无成熟叶那样的分裂。

第96页中间（4幅图）：旧大陆与新大陆的人广泛使用大麻。在旧大陆，南非昆恩族（Kung）的妇女、刚果的俾格米人（Pygmy）、克什米尔的旅行者与北非原住民（从左至右），都在吸食印度大麻制成的致幻剂。

大麻（烟）的化学成分

致幻植物的精神活性成分大部分是生物碱，大麻的有效成分是不含氮的化合物，存在于树脂油中。大麻的致幻特性在于大麻素，其中最有效的成分是四氢大麻酚，化学式为 $\triangle$ 1-3,4-transtetrahydrocannabinol。浓度最高的部位为未受精的雌花序。大麻干叶的功效虽然较差，但因具有精神活性效果，也有人服用。

化学结构的解析后面有说明（分子模型可参见第184页），最近已可用化学方式人工合成四氢大麻酚。

替代大麻（烟）的精神活性植物

植物学名	当地俗名	利用部位
Alchornea floribunda	丰花山麻杆	根
Argemone mexicana	蓟罂粟	叶
Artemisia mexicana	墨西哥蒿	叶茎
Calea zacatechichi	肖美菊	叶茎
Canavalia manitima	海刀豆	叶
Catharanthus roseus	长春花	叶
Cecropia mexicana	号角树	叶
Cestrum laevigatum	亮叶夜香树	叶
Cestrum parqui	帕基夜香树	叶
Cymbopogon densiflorus	密花香茅	花萃取
Helichrysum foetidum	臭拟蜡菊	叶茎
Helichrysum stenopterum	窄翅蜡菊	叶茎
Hieraclum pilocella	线毛山柳菊	叶茎
Leonotis leonurus	狮耳花	叶茎
Leonurus sibiricus	益母草	叶茎
Nepeta cataria	荆芥	叶茎
Piper aritum	胡椒	叶
Sceletium tortuosum	松叶菊	叶茎、根
Sida acuta	黄花棯	叶茎
Sida rhombifolia	白背黄花棯	叶茎
Turnera diffusa	铺散时钟花	叶茎
Zornia diphylla	二叶丁癸草	叶
Zornia latifolia	宽叶丁癸草	干叶

想与强化悟性。大麻在医疗及世俗娱乐方面的使用，已让此植物成为当地人每日的生活必需品。

根据民间传说，大麻传入波斯（伊朗的古名），是胡尔苏（Khursu，公元531—579年）王朝的一位印度教徒所为，但是亚述人在公元前1000年即以大麻为香料。虽然伊斯兰信徒起先是禁用大麻的，不过大麻往西传遍中亚。1378年，阿拉伯地区颁布严刑峻法，全面禁用大麻。

大麻很早就从中亚传入非洲各地，部分是受到伊斯兰的影响，但是大麻的使用范围远及阿拉伯地区。一般认为，大麻是连同奴隶从马来西亚传入的。在非洲大麻通称为"基弗"（麻醉品）或"达格加"（大麻毒），它已渗入古代原住民的社会与宗教，成为其文化的一部分。霍屯督人、布须曼人、卡菲尔人利用大麻作为药物与

98

大麻是"欢乐之源""天堂的领航""天国之向导""穷人的天堂""抚伤之友"。

任何神祇与人都比不上虔诚的大麻饮者。

——"大麻药品委员会报告"（Hemp Drug Commission Report, 1884）

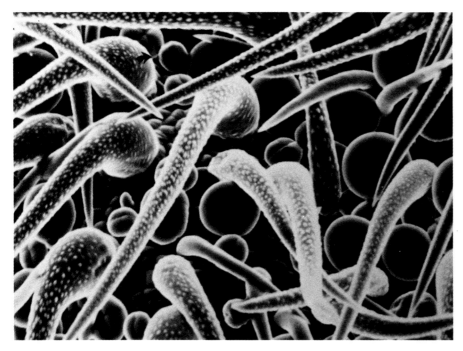

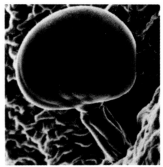

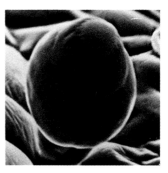

电子扫描显微图

左图：大麻各发育阶段之腺体与非腺体的茸毛。

右上图：大麻的数种腺体茸毛类型。图中锤头状腺体之下，有一个明显的假茎，长在朝向花中央的花药表面。

右下图：叶轴表面的球根状腺体。茎与球各由两个细胞组成。腺体顶端有个细小的碟状区域，在这底下延伸的细胞膜里累积着香脂。

第98页上图：20世纪末期，采收大麻植物来制备大麻毒品。此种植株高达6米。**下图：**印度大麻为一种低矮、枝条茂密的大麻，可制成强劲的麻醉药，图中阿富汗南部坎大哈（Kandahar）地区野生的印度大麻。

麻醉品的历史，已有数百年。在非洲内陆赞比西河谷（Zambesi Valley）的一项古部落仪式中，参加者吸入熏烧大麻堆燃起的烟，之后改用芦苇管与烟斗，大麻则放在祭坛上燃烧。刚果的卡塞族（Kasai）改变古老的里安姆巴人（Riamba）膜拜仪式，用大麻取代原有的信仰物件与象征，将大麻提升到神格，视其为保护肉体与心灵的神。合约文件须用葫芦管吹一口烟来保证其效力。西非（尤其是维多利亚湖附近）的许多地区，都有吸大麻与膜拜大麻的行为。

虽然大麻引进到美洲新大陆的许多地区，但是大麻进入许多美洲原住民的宗教信仰及其仪式中的例子极为少见。不过也不是没有例外，如墨西哥西北地区的特佩卡诺（Tepecano）印第安人，称大麻为"罗萨·马里阿"（Rosa María），他们在没"佩约特"用时，偶尔会用大麻替代。最近

已知，墨西哥东部韦拉克鲁斯（Veracruz）、伊达尔戈（Hidalgo）和中南部普埃布拉（Puebla）的印第安人，在集体治病仪式中采用的一种植物"桑塔罗萨"（Santa Rosa），经专家鉴定就是大麻。原住民视此植物为神圣的调解者，通过它向圣母玛利亚求情。此仪式虽然以基督教教义为基础，但桑塔罗萨也被膜拜为大地之神，人们相信它是有生命的，代表上帝的部分爱心。参加膜拜仪式的信徒相信，桑塔罗萨也是危险的植物，可假借人的灵魂形态，让人罹病、愤怒，甚至丧命。

60年前，墨西哥劳工把吸食大麻的方法带进美国，从此传播到美国南部。1920年代，新奥尔良州已有人服用大麻，但仅限于穷人与少数种族。其后大麻不断在美洲与欧洲蔓延传播，迄今已造成无法解决的争议。

大麻于1937年正式列入《美国药典》，

上图：米勒（M. Miller）的漫画作品（1978），为美国纽约客杂志社（*The New Yorker* Magazine Inc.）所收藏。"那是什么玩意儿？它让我想到的每件事看起来都很深奥。"

下图：古斯塔夫·多雷（Gustave Doré）的画作《诗人涅瓦尔之死》（Composition of the Death of Gérard de Nerval），他可能借由吸食大麻和鸦片而得到灵感。这幅现代美国漫画以幽默的手法呈现了这种信仰的复活。

被建议以不同的剂量使用于各类疾病，尤其作为轻微镇静剂。虽然大麻含有若干大麻醇的成分，深具药力，大麻的半合成类似成分在现阶段也具有药效，尤其在克服癌症疗法的副作用方面，但如今大麻已不再是法定用药。

各类大麻制品的精神活性差别很大，因用量、制备方法与使用的植物类型、服用方法、使用者个人，以及社会习俗与文化背景而异。大麻最常见的特性为引人进入恍惚状态。服用者往往可以忆起埋藏已久的事件，或出现毫无时间关系的思潮；时间倒置、空间错置。服用大剂量会引起幻视与幻听。典型的反应为心情愉快、精神亢奋、心灵喜悦，往往伴随着狂喜与大笑。在某些情况下，会产生抑郁情绪。

这种美妙的体验时常出现，
仿佛一种强大无比又不可见的力量，
排山倒海涌至内心……
此欢悦之非凡状态……
事先毫无预警。
它来得突然，像鬼影魅魑，
断断续续萦绕心头，
由不得我们拒绝，
如果我们有智慧，
这确实是更美好的存在。
这种思维的敏锐、
感觉以及灵魂的热切，
让人终身感到
有如上天的第一个恩赐。

——夏尔·波德莱尔（Charles Baudelaire），
《人间仙境》（*Les Paradis Artificiels*）

19世纪，一群欧洲画家与作家，转向精神活性媒介物，欲求得所谓的"心灵幻觉"或"心灵蜕变"。许多人相信服用大麻可以激发创作力，例如法国诗人及散文家波德莱尔〔Charles Baudelaire, 1821—1867年，**上图**〕。波德莱尔写下他服用大麻后的个人体验，文字生动逼真。

101

圣安东尼之火

上图：麦角菌会感染数种不同的禾本科草类，以寄生在黑麦上最为有名。

第103页上图：黑麦上的麦角菌比其他雀稗属禾草上的菌体要大。

第103页中左图：麦角菌的子实体。此真菌拉丁名的种加词意思是"紫色"，这种颜色在古代被认为与地狱有关。

第103页中右图：当谷粒感染麦角菌时，顶端会长出黑色之物，称为"麦角"，此为一种菌核。

"有关厄琉西斯秘仪的古老证言是一清二楚、毋庸置疑的。厄琉西斯秘仪是一个入此秘教者一生中至上崇高的体验。这个体验是肉体的，也是属于神秘信仰的：全身战栗、头晕目眩、冷汗浃背，然后是一幕前所未见的场景，就好像以前从未见过任何事物，那种面对夺目光彩的敬畏与惊奇之感，会让人长久地沉默，因为你只能看见和感觉到，却无法与人交流，言语根本无法形容。这些症状绝对是致幻物所导致的体验。希腊人中间一些名负众望与才华出众者，能经历且进入这类无法合理说明的情境……

"厄琉西斯秘仪有别于朋友间的欢乐畅饮……其他的希腊宗教也以各种方式举行神祇与活人、活人与死者间的通灵活动；但是其体验及结局与厄琉西斯秘仪比较，简直是小巫见大巫。

"约有2000年的时间，每年都有少数古希腊人通过厄琉西斯之门。在仪式中他们庆祝神赐给人类的作物收成，并借由谷物上的紫黑色之物，开启对地狱力量的敬畏之心。"

基于民族霉菌学、古希腊文化、化学这三个不同领域的交叉研究，揭开了古希腊膜拜仪式的神秘面纱。4000年来的谜团是由寄生在谷类上的麦角菌中毒引起的。

目前认为引起神秘狂喜体验的幻觉来自雀稗麦角菌（*Claviceps paspali*）。其他菌种的麦角，有的长在黑麦草属及其他谷物的禾草上，还有的可能长在其他希腊原生种的禾草上。最有名的麦角菌主要的生物活性，已经自寄生在其他种禾草的麦角菌内分离出来。虽然认为厄琉西斯秘仪的各种神秘传说与麦角真菌的使用有关的理由，有其漫长的历史过程与复杂性，但是某几个学术领域的说明最令人信服。基本上已知，希腊地区的一些野生禾草会受到麦角菌属的几种真菌感染。

迄今为止，麦角菌属中最重要的真菌是麦角菌，是长在黑麦上的麦角菌。这是一种坚硬、呈褐色或紫乌色的真菌，从黑麦颖果内长出来，是欧洲极为常见的麦角菌。麦角菌的原生种命名过程也很复杂。麦角"Ergot"一词，在法语中是指公鸡脚上的"骨距"，现已出现在其他语言中。第一次用在真菌上是在离巴黎不远的一个地区。然而，麦角菌的休眠体菌核（sclerotium）在法文中有24种其他叫法；在德国有62种方言讲法，其中最常用的是"*Mutterkorn*"。荷兰语中有21种，北欧斯堪的纳维亚语有15种，意大利语14种，美语除了借用外来语"*Ergot*"外，尚有7种。如此众多的方言叫法，说明了这种真菌在欧洲诸国的重要性。

虽然麦角菌在古希腊罗马时期的医药用途不详，但早期视其为有毒之物。早在公元前600年，亚述人称硬角物或骨距物为"麦穗内的毒疹"。帕尔塞斯人（Parsees，约活动于公元前350年）的圣书上记载着："印度袄教（Angro Maynes）信徒创造的恶物中，有一些毒草，能导致孕妇子宫脱落，在分娩时死去。"虽然古希腊人在宗教仪式中使用到麦角菌，但他们不会去吃那些受到感染的黑麦，因为它是"色雷斯（Thrace）与马其顿（Macedonia）

的乌臭农产品"。黑麦在公元元年之后才引进到古欧洲大陆。所以罗马药学文献中并未有麦角中毒的相关记载。

关于麦角中毒最早且真确的报道出现在中世纪，当时欧洲大陆的许多地区暴发

离奇的流行疫疾，夺走成千上万条生命，引起极度的痛苦和忧伤。这些疫疾以两种形态呈现：一种是有神经性痉挛与癫痫的症状；另一种是有坏疽、木乃伊化、肌肉萎缩的症状，偶有失去身体末端部分（如鼻子、耳垂、手指、脚趾、脚等）的病情。精神错乱与产生幻觉是麦角中毒常见的症状，往往导致丧命。欧洲早期一份麦角中毒报告指出："这是让身体长出大水泡的疫疾，病患会出现让人厌恶的腐烂。"患病妇女常会流产。这种所谓"圣火"的特征是病患的手脚常有烧灼的感觉。

用来给这种"火"命名的圣安东尼，是住在埃及的虔诚隐士，死于公元356年，

麦角菌的化学成分

麦角菌的有效成分是吲哚生物碱，基本上全都是麦角酸的衍生物。麦角菌的最重要生物碱是麦角胺（ergotamine）与麦角毒（ergotoxine），皆为在麦角酸上接了三个氨基酸的肽基。这些生物碱与其衍生物有各种医药用途。

麦角中毒会引起坏疽，是麦角生物碱产生血管收缩作用所造成的。野生禾草的麦角只含有化学结构简单的麦角酰胺类、麦碱与羟乙基麦角酰胺，此成分在黑麦的麦角中只含微量。这些治疗精神异常的生物碱可能导致麦角菌中毒产生的痉挛症状。这些重要的有效成分亦存在于伞房盘蛇藤（参见第187页的化学式分子模型）与其他缠绕植物，如管花薯（俗名长管牵牛）与美丽银背藤等之中。

右图：厄琉西斯秘仪中所饮用之神秘饮料"kykeon"的原料，可能就来自雀稗属禾草内富含生物碱的麦角。

上左图：古希腊女神德墨忒耳手中握的是一束谷物与罂粟蒴果。

上右图：厄琉西斯秘仪的地穴。

下图：英国曾发生一桩罕见的麦角中毒事件，1762年沃蒂舍姆（Wattisham）的一个家庭受到感染。鉴于此病极不寻常，教区的教堂特地立了匾牌纪念。

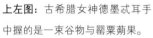

享年105岁。他是保护人们不受烈火、癫痫、传染病侵害的圣徒。在十字军东征时期，骑士携回圣安东尼的遗体，将他葬在法国的多菲内（Dauphiné）。这是1039年最早被认定为"圣火"之疾发生的地点。一位富人盖士顿（Gaston）与其儿子也为此病缠身。盖士顿发愿，如果圣安东尼能治愈他父子的病，就捐出所有的财产帮助其他病患。后来他在多菲内城盖了一个医院，治疗病患，并建立圣安东尼会。

朝圣者都相信拜望圣安东尼奉献的教会，可治愈此病。但事实上，改变所食之物（无麦角的面包）似乎才有效果。但一直到1676年，在"圣安东尼之火"最高峰期过去5年后，才真正找到麦角中毒的原因，得以采取控制措施。在中世纪，面粉厂商往往把无菌黑麦面粉售给富人，把用"有硬刺的黑麦"制成的面粉售给穷人。原因一旦找到，磨粉厂开始提高警觉，"圣安东尼之火"的流行就迅速遏止了。

但时至今日，此流行病偶然仍会暴发，殃及全村。最近最严重的病疫于1953年出现在法国与比利时，1929年出现在乌克兰与爱尔兰。在殖民时代的新英格兰，尤其是马萨诸塞州的塞勒姆（Salem）地区，巫术盛行很可能是麦角菌中毒所致。

欧洲的助产士早已知道麦角可帮助分娩不顺的孕妇，她们用麦角解决难产问题。自麦角分离出来的化学物至今仍然是法定药物，在难产时使用会引起不随意肌的收缩。最早关于麦角菌用于妇产科之价值的报告见于1582年，由德国法兰克

福的勒尼舍（Lonicer）发表，他提到感染麦角菌的黑麦对妊娠疼痛极其有效。虽然助产士普遍使用麦角，但第一位使用麦角菌的医生是法国南部里昂的德格朗热（Desgranges）。他用麦角试验，并于1818年发表观察结果。瑞士的植物学家鲍欣（Bauhin）于1595年写到麦角，他的儿子于1658年绘制了第一幅麦角图解。1676年，法国医生兼植物学家多达尔（Dodart）的报告为麦角的故事增添了许多科学知识。他向法国科学院建议，要控制麦角中毒的疫疾，就是抽离黑麦的黑角孢子，以便筛滤出无麦角的黑麦。虽然晚至1750年，植物学家仍然无法确定麦角的生长模式及其有毒的原因，但在1711年和1761年，先后有两次，博学的植物学家们认可了黑刺由抽芽的胚芽形成，它导致颖果异常肥大。1764年，德国植物学家冯明希豪森（von Münchhausen）宣布麦角是一种真菌感染，

但是并未被当时的人接纳。直到1815年，闻名的植物学家德堪多（A. P. de Candolle）才证实其所言。一篇备受赞誉的麦角功效报道，于1808年由约翰·斯特恩斯（John Stearns）博士发表。过了数年，马萨诸塞州的一位医生普雷斯科特（Prescott）写出一篇论文《论麦角的生命史及其药效》。该书于1813年出版，引起美洲医学科技界对此真菌药效特性的重视。从此，麦角的医学用途逐渐变得重要，但直到1836年，药典才将它纳入。

不过到1920年代，麦角菌的有效成分才真正揭晓：1921年得知其含麦角胺，1935年得知其含麦角诺文。其后，从禾草植物中又发现数种相关的生物碱。即使这种危险的黑麦感染在欧洲文化中从未成为重要的"魔法—宗教"角色，它也占有特殊的地位，是一种与精神力量相通的植物——一种恶毒的神圣植物。

上左图：冥后珀尔塞福涅因为夫婿为地狱之主哈德斯（Hades）而位尊权重，坐在夫婿身旁，手握几束麦子供品。她原是谷物女神，被哈德斯掳至地狱，而后从死亡国度返回人间。她的故事成为厄琉西斯秘仪中重生经验的象征，信徒深信女神回到人间确保了他们对复活的信心。极有可能因为珀尔塞福涅生命中这些令人惊讶的事件与麦角中毒有关联，从此希腊人对植物的化学特性发展出一套复杂巧妙的说法。

上右图：1771年的德文书《麦角：所谓"圣安东尼之火"的可疑成因》扉页。

北极星之圣花

上左图：曼陀罗是喜马拉雅山地区最常见的植物，很容易从它紫色的花朵加以辨识。

上右图：神圣的洋金花常见于喜马拉雅山地区供奉山神的祭坛上。照片摄于尼泊尔的图克什（Tukche）。

下图：开黄花的洋金花。

祖尼印第安人有一则美丽的"阿内格拉克亚"（Aneglakya）传奇故事，是有关"毛曼陀罗"神圣起源的；毛曼陀罗乃是他们心目中最神圣的植物。故事是这样的：

"古时候，有一对兄妹，男孩叫'阿内格拉亚'（A'neglakya），女孩叫'阿内格拉亚特西奇特萨'（A'neglakyatsi'tsa）。他们住在地底下，但时常跑到外面的世界来，到处逛个不停，仔细观察他们看到、听到的一切，然后一五一十地告诉他们的母亲。这样不停地谈话让神子们（太阳圣父的两个孪生子）很不高兴。他们遇到这对兄妹时，就问他们：'你们好吗？'兄妹俩回答：'我们很快乐。'（有时候阿内格拉克亚和阿内格拉亚特西奇特萨会以老人的样貌出现在地上。）他们告诉神子，他们如何使人睡着，然后看到鬼魂，以及怎么让人自由走动一下，而看出谁偷了东西。经过这次会面，神子断定他

们知道得太多了，而决定永远禁止他们再来到人间；因此神子就让这对兄妹永远从世上消失而隐匿在地底下。于是，有花朵从他们两人沉落的地方冒了出来——就跟他们造访人间时佩戴在头两侧的花朵一模一样。神子用男孩的名字将这种植物命名为'阿内格拉克亚'。这最初的植物有许多后代散布在世界各地，有的花是黄色，有的是蓝色，有的是红色，有的则是全白的——正是北、南、

曼陀罗的化学成分

曼陀罗属植物含有的主要生物碱类，与相关的茄科植物（如曼陀罗木、颠茄、天仙子、风茄）的生物碱相同。主要生物碱为莨菪碱及高浓度的东莨菪碱，曼陀罗碱（meteloidine）则是曼陀罗"特有的二次代谢生物碱"。

东、西四个基本方位的颜色。"

这种植物以及与曼陀罗有关的植物，长久以来一直被用作神圣的致幻物，尤其在墨西哥和美国西南部，并且在原住民的医药与巫教仪式上扮演重要的角色。然而，从古时到现在，它们作为有效的致幻物确实是有危险性的，这一点从来没有人质疑过。

曼陀罗在欧洲旧大陆显然不曾具有它在美洲新大陆所扮演的仪式性角色，但它被当成药物与神圣致幻物的历史却很悠久。早期梵文和中文典籍都曾记载过白曼陀罗。毋可置疑，这种植物就是11世纪阿拉伯医生阿维森纳所提到的洋金花（Jouzmathal）核果；他的说法后来又记载于迪奥斯科里斯的著作里。"metel"这个名称来自阿拉伯文，而属名 Datura 来自梵文的 Dhatura，由林奈转变成拉丁文。在中国，这种植物被认为是神圣的，当菩萨宣说佛法时，天空会

降雨露在这种植物上（原文为"佛说法时，天雨曼陀罗花"——中译本注）。道家传说，洋金花是一颗拱极星，从这颗星球来到地球的使者，手里会拿着一朵这样的花。有几种曼陀罗在宋朝和明朝（公元960—1644年）被引入中国和印度。因此在较早期的植物志里，没有关于它们的记载。植物学家李时珍在1596年发表的《本草纲目》中，提到一种曼陀罗的医药用途：用它的花和种子可治疗脸部的疹子，而植株则为伤风、神经失调及其他症状的内服药方。将它和大麻一起放在酒里服用，可以当作小手术的麻醉剂。中国人知道曼陀罗的致幻特质，因为李时珍曾拿自己做试验，他写道："相传此花笑采酿酒饮，令人笑；舞采酿酒饮，令人舞。予尝试之，饮至半酣，更令一人或笑或舞引之，乃验也。"

在印度，曼陀罗被称为毁灭之神湿婆的

最上图：西藏医药绘画上对曼陀罗的传统描绘。

上左图：毛曼陀罗垂吊的果实；其种子清晰可见，萨满会嚼食种子以求产生"千里眼"的恍惚状态。

上中图：自古以来，曼陀罗属的许多种植物在墨西哥一直扮演重要的医药与致幻物角色。这张摘自巴迪阿努斯（Badianus）的《巴迪亚努斯手抄本》（Codex Berberini Latina 241, Folio 29）的书页描绘了两种曼陀罗属植物，并叙述它们在治疗上的用途。这份1542年的文献是新大陆第一份本草书。

上右图：在尼泊尔的帕舒帕蒂纳特（Pashupatinath），一朵曼陀罗花被放在象征性活力的印度神石（Shiva Lingam）上作为供品。

发束。跳舞的女孩有时会拿它的种子来做药酒；任何人喝了这种饮剂，会表现出被附身的样子，能回答问题，但不能控制自己的意志，也不知道跟他说话的人是谁，而且会在致幻效力消退后丧失有关这些行为的记忆。因此，许多印度人称曼陀罗为"醉鬼""疯子""骗子""捣蛋鬼"等。1796年英国旅人哈德威克（Hardwicke）发现这种植物在印度的山区乡村寻常可见，并报道这种植物制成的浸剂可用来增强酒精饮料的致幻效果。在印度医药发展期间，人们很重视洋金花在治疗心理疾病、各种热症、肿瘤、乳房发炎、皮肤病及腹泻上的效力。

在亚洲其他地区，洋金花亦受到重视，在原住民医学中同样被当作致幻物。即使今天，在中南半岛，这种植物的种子或被研磨成粉的叶片经常被人拿来和大麻或烟草混合吸食。1578年，有人报道在东印度群岛它被用作壮阳剂。最早从希腊罗马古典时期开始，人们便认识到曼陀罗的危险性。英国植

物学家杰拉德认为，曼陀罗就是希腊作者特奥克里特斯所说的会使马发狂的马额肿（Hippomanes。长在新生马驹额头的肿物，在古代用作催情药——译者注）。

一种现今已广泛分布于南北半球较温暖地区的曼陀罗 Datura stramonium var.ferox，几乎具有和洋金花一模一样的用途；在非洲某些地区它的使用尤其普遍。在坦桑尼亚，由于其醉人的效力，人们将它加到一种叫"砰啤"（Pombe）的啤酒里。它在非

特尔"（Tolohuaxīhuitl）与"托拉帕特尔"（Tlapatl）。它不仅用于引发幻象，也用在许多不同的医药用途上，尤其是涂抹在身上以减轻风湿痛或消肿。

埃尔南迪斯（Hernández）征服墨西哥后不久，在其纪事中提到曼陀罗的医药价值，但他也警告过度使用会使病患因产生"各式各样的幻象"而发狂。不论用于法术与宗教还是治疗，曼陀罗至今仍是墨西哥极普遍的植物。例如在亚基族，妇女借它来减轻分娩的疼痛。人们认为它效力非凡，以致只有"有威信者"才可触摸它。一个民族植物学家写道："由于我搜集这些植物，经常有人警告我，他们说我会发疯而死，因为我没有善待它们。之后有些印第安人会好几天不和我说话。"托洛阿切相当普遍地被用作致幻剂而添加到"麦斯克尔酒"（mescal，用龙舌兰酿成的蒸馏酒）或"特斯基诺"（Tesguino，用玉米发酵的饮

第108页右下图：一朵盛开的毛曼陀罗花。玛雅人称之为"克斯托克乌"（xtohk'uh），意为"朝向神"，至今仍有萨满用它来占卜与治疗疾病。

左图：一颗曼陀罗果实被放在湿婆的神牛"南迪"（Nandi）塑像上当作祭物。

洲常见的医药用途，人们吸食其叶片以减轻哮喘与肺部的不适。

在美洲新大陆，墨西哥人称曼陀罗为"托洛阿切"，是古老的阿兹特克语"托洛阿特辛"（Toloatzin）的现代用语（意思是"垂头"，和其下垂的果实有关）。在纳瓦特尔族语（Nahuatl）里，它叫"托洛克斯维

料）里，"作为引发美好的感觉和视觉的催化剂"。有些墨西哥人会调制一种含有托洛阿切种子和叶片的油腻膏药，涂抹在腹部以引发幻视。

对美国西南部的印第安人而言，毛曼陀罗是神圣的要素，具有非比寻常的重要性，它也是最普遍用来引发幻觉的植物。

上左图：在印度北部，曼陀罗的果实被串成花环献给湿婆。

上右图：秘鲁北部的民俗疗者喜欢使用一种名为"查米科"（曼陀罗）的香水。

左上图：一种罕见的曼陀罗的果实，其上带有护刺。

左下图：一种开紫花的洋金花变种，更通俗的名字是紫花重瓣曼陀罗。在非洲这种植物是成年礼中使用的兴奋物。

右图：曼陀罗的花在晚上绽放，彻夜散发怡人的气味，于翌晨凋萎。

我吃了刺苹果叶子
叶子使我头晕眼花。

我吃了刺苹果的花
那饮料使我摇摇晃晃。

猎人带着弓箭
他赶上我并杀了我。

切下我的角并扔掉
而猎人与芦苇仍在。

他赶上我而杀了我
砍下我的双脚并扔掉。

现在苍蝇发狂了
拍动着翅膀掉落。

醉了的蝴蝶也无法栖稳
翅膀一张一合地扇着。

——罗素（F. Russel）
《皮马印第安狩猎之歌》
（Pima hunting song）

祖尼印第安人相信这种植物属于"雨祭司兄弟会"（Rain Priest Fraternity），只有雨祭司可以搜集它的根。这些祭司将其根部研磨成粉，放进他们的眼睛里，以便在夜晚和"鸟禽王国"（Feathered Kingdom）密切交流，他们也嚼食其根部以请求死者代为向鬼灵祈雨。这些祭司进一步使用毛曼陀罗，利用它止痛的效力来抑制进行小手术、正骨、清除溃疡伤口时所产生的疼痛。约库特族印第安人称这种植物为"塔纳英"（Tanayin），他们认为它在夏天是有毒的，因此只在春天用这种药；他们将它送给正值青春期的少男少女，一生仅此一次，以确保他们一生命百岁而生活美满。

图瓦图洛瓦尔族（Tubatulobal，美国加利福尼亚州中南部克恩河流域上游的一个部族——译者注）的男孩女孩在进入青春期以后，会喝曼陀罗来"获得生命"，成年人则使用它来获得幻象。将曼陀罗根部弄软，用水浸泡10小时，在喝下大量的这种饮料后，年轻人会陷入昏迷并出现幻觉，幻觉可能持续24小时之久。若是在幻象出现期间看到动物（例如雕或鹰），那么它便成为小孩的"宠物"或终生的吉祥物；若是看到"活人"，那么小孩便得到一个鬼魂。鬼魂是出现在幻象里的理想之物，因为它不会

死。小孩绝对不能杀害他们在曼陀罗幻象中所看到的"宠物"，因为这些宠物会在他们生重病时探望他们，使他们痊愈。

尤马恩族（Yuman）印第安人相信，在曼陀罗药力驱使下，印第安勇士的反应会预告他们的未来。这些人用这种植物来获得奥秘的力量。要是某人在曼陀罗的药力下进入恍惚状态时有鸟对他鸣叫，那么他将获得痊愈的力量。

纳瓦霍族（Navajo）印第安人使用曼陀罗是因为它具有引发幻象的特性，他们看重它，将它用于诊断、治疗及纯粹作为致幻剂。纳瓦霍人在施行法术时也用到它。这种植物所引发的幻象特别受到重视，因为这些幻象显示某些动物具有特殊的意义。一旦从幻象得知病因，就可以念诵某段经文来治疗。要是有男人向某个女孩求爱被拒，他可以利用曼陀罗寻求报复，只要将女孩的唾液或取自她鹿皮软靴上的尘土放在曼陀罗上，然后吟唱一段经文，女孩就会发疯。

一般认为曼陀罗（醉心花）原生于美国东部，当地的阿尔贡金族及其他族的印第安人可能曾利用它作为仪式用的致幻物。弗吉尼亚州的印第安人会在初礼仪式，即成年礼上使用一种名为"维索克坎"（wysoccan）的毒药。这种药物的有效成分大概就是曼

陀罗。年轻人长期被幽禁，"除了服用有毒而会引发幻觉的植物根部所沏成或煎熬成的饮料之外，不许他们摄取其他东西"，于是"他们变得僵直、目不转睛，这种胡言乱语的疯狂状态会维持18—20天之久"。在这段饱受煎熬的时期，他们"不再过他们过去的生活"而开始过成人的生活，丧失自己曾经身为男孩的全部记忆。

在墨西哥有一种奇特的曼陀罗，它非常独特，因而在曼陀罗属里自成一个独立的种，它就是湿地曼陀罗（_D. ceratocaula_），一种粗大、分杈、长在沼泽或水里的多肉茎植物，人们称之为"使人发疯的植物"（Torna Loco），这是一种很强的致幻物。在古代墨西哥，它被视为"奥洛留基的姐妹"而受到尊敬。但关于它的致幻用途，则所知甚少。

曼陀罗属植物具有的效力都很类似，因为它们的成分非常相似。它们引起的生理作用，一开始是感觉有气无力，然后逐渐进入一段幻觉期，接着陷入沉睡状态并丧失意识。使用过量可能会致命或发生精神永久失常的情形。曼陀罗属的所有植物都会对人的心理造成极强大的影响，无怪乎它们在世界各地的原住民文化里，都被归类为神祇植物。

通往祖先之路

第113页上图：干燥的鹅花树根部。

第113页中左图：古老的木制偶像，称为方神（the Fang），曾经用于鹅花树的膜拜仪式。

第113页中右图：鹅花树引人注目的黄色果实。

上左图：布维蒂人在膜拜仪式中服用鹅花树根部，借以召唤其祖先。

上右图：鹅花树是仪式中不可或缺之物，遍植于布维蒂寺旁。

"最后一位造物之神 Zameye Mebege 赐给我们埃沃卡（Eboka）。有一天……他瞧见……一个俾格米人比塔穆（Bitamu）在阿坦加（Atanga）树上的高处摘果子。神让他从树上掉下摔死。神把自己的灵附在他身上，并且割下那个死去的俾格米人的小手指与小脚趾，种在树林内许多地方。这些指头就长成鹅花树小树丛了。"

鹅花树是夹竹桃科少数几种可用作致幻物的植物之一。其植株高 1.5—2 米。作为药剂的是黄色的根部，其中含有具精神活性的生物碱成分。使用方式是用锉刀去除根皮，直接吃下，亦可将根磨成粉，或者泡在水中服用。

鹅花树是布维蒂教与加彭及扎伊尔的秘密社团的必备之物。服用鹅花树药材的方式有两种：一般在宗教仪式之前或开始不久，少量服用，午夜再少量服用；在膜拜仪式初期服用一两次，整个仪式进行的 8—24 小时期间，鹅花树的用量则会增加到好几篮以"开启脑袋"，当全身瘫痪与幻觉缠身时，便可接触祖先。

鹅花树药物对社会文化具有深远的影响力。根据原住民的说法，新入教者，一定要看到布维蒂才能入教，而看到布维蒂的唯一途径就是服用鹅花树。这些与服用鹅花树有关的复杂仪式与舞蹈，因地区不同而相差甚远。鹅花树也进入布维蒂掌控的其他层面的活动。巫师会服用鹅花树，寻觅来自神灵世界的讯息；而宗教领袖有时要整天服用，才能求得祖先的忠告。

鹅花树与死亡密不可分：这种植物往往被神化，被视为一种超自然的生命，是"所有人的祖先"，它能够非常尊重或鄙视一个人，以至于把那个人带离世界，带进死亡的国度。在入教仪式期间，用量过多，有时会

出人命，但是麻醉状态往往会妨碍仪式的进行，因此入教者必须坐着，双眼专心注视天空，最后不支倒地时，被抬到一个专门备用的屋子内或藏到森林深处。就在这种神智半睡半醒之间，"影子"（灵魂）离开肉身，在死亡的国度与祖先共游。"邦兹"（banzie，即

鹅花树根部的化学成分

鹅花树根部的成分与其他致幻物类似，尤其与裸盖菇属及奥洛留基的致幻成分相似。其有效成分是吲哚生物碱类，即伊博格碱，可人工合成，是鹅花树根部所含的主要成分。伴随致幻效果，中枢神经系统会受到强烈的刺激。

伊博格碱因戒毒法

鹅花树的根含有伊博格碱。此物最先在1960年代由智利精神病学家克劳迪奥·纳兰霍（Claudio Naranjo）引介，作为治疗精神病幻想刺激药物。如今，伊博格碱是神经心理学疾病研究的热门物质，科学家发现伊博格碱能缓和某些药物（如海洛因与古柯碱）上瘾，为戒除毒瘾之先期药物。伊博格碱有镇静作用。脊椎指压师卡尔·内尔（Karl Naeher）说："病人一次大量服用伊博格碱时，可减少戒毒过程中产生的症状（如盗汗、恶心、痉挛、抽搐等——译者注），并导致幻觉之'旅'，让人深刻理解戒毒的个人原因。大部分人进行这类治疗后，可以几个月都不复发。但是，需要经过多次治疗，才有持久稳定的效果。"

目前美国迈阿密州的黛博拉·马许（Deborah Mash）及其研究小组正在研究将伊博格碱用于治疗毒品上瘾的可能性。

众天使）——入教者——如此叙述他们的幻觉："一位死去的亲属在我沉睡之际来到我面前，要我吃它（即鹅花树）"；"我生病了，被建议吃鹅花树来治病"；"我想认识神——知道死人的事与另外的国度"；"我走过或飞过一条色彩缤纷的长路或许多条河流，到祖先的面前，祖先领我到伟大的神祇那里"。

鹅花树具有强烈的提神作用，让服用者不但有旺盛的精力而且历久不衰，还会有肉身变轻和飘浮升空之感。在周围物体中会看到光谱与彩虹效应。"邦兹"因此知道自己正在接近祖先与神祇的国度了。鹅花树可改

第115页上图：鹅花树灌木的种子只能在特定的条件下发芽。种子本身并不含活性成分。

第115页下图：布维蒂膜拜仪式中，音乐占有重要地位。弹竖琴的琴师不但要奏出引人共鸣的音乐，还要唱出祷词，表达族人的宇宙观与世界观。

上左图：鹅花树灌木的典型叶子。

上右图：某植物收藏馆中的鹅花树标本。

变服用者对时间的感觉，让人觉得时间变长。"邦兹"会觉得他们的灵性之旅长达数小时，甚至数天之久。他们看见肉身离开；有一位服用者说："我在此，我的肉身正经历此活动。"大量服用鹅花树会引发听觉、嗅觉、味觉的幻觉，情绪变化大，可以很恐惧，也可以极端快乐。

　　早在1819年，一位英国人在描述加彭的文章中提到神祇植物中的埃罗加（Eroga），他描述它是"一种受人喜爱的猛药"。他显然看到的是粉状物，而认定它是烧焦的蘑菇。约在一个世纪以前，法国与比利时的探险家接触到这种凡非之药，看见它使用于宗教仪式中。他们提到此药物可极大地强化肌肉的力量，使其维持长久，

长时间划独木舟或在夜间辛苦守卫，鹅花树的价值确实非凡"。

　　最早有关鹅花树致幻效果的报告可追溯至1903年，记述的是一个入教者服用高剂量药物后的经历："很快，他的肌腱伸得直直的，比平常长得多。在癫痫的疯狂状态下，他无意识地从口里吐出的话语，已入会者听了，会觉得有预言意义，而且证明膜拜

上图：在布维蒂教的入教仪式中，新会员服用大量鹅花树根部，为的是在威力强大的仪式中与祖先接触。

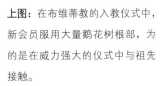

此外也具有催情特性。1864年初的一篇报告坚称，除非大量服用，否则鹅花树是无毒的，"战士与猎人在夜间守卫时经常服用鹅花树来提神……"。1880年代，德国人在西非的喀麦隆（加彭以北）看到鹅花树。1898年又有报告指出，它的根部"对神经系统具有刺激作用，故对长途疲急行军、

之神已进入其体内。"

　　在鹅花树膜拜仪式中，也使用其他驰名的致幻植物，有时单独使用，有时与鹅花树植株其他部位混合使用。通常服用少量鹅花树后再吸食大麻，大麻在当地俗称为"亚马"（Yama）或"贝亚马"（Beyama），即"阎王"之意。在加彭，偶尔

将大麻树脂与鹅花树一起服用。在布维蒂膜拜仪式中，有时会服用大量的丰花山麻秆（*Alchornea floribunda*），俗称"亚兰"（Alan）的大戟科植物，以求得瘫痪的经验；在加彭南部，有时山麻秆与鹅花树混合使用。在布维蒂膜拜仪式中，当山麻秆作用太慢时，往往会使用另一种大戟科植物核果大戟（*Elaeophorbia drupifera*），俗称"阿扬-贝耶姆"（Ayan-beyem）；用鹦鹉羽毛沾"阿扬-贝耶姆"的乳汁，直接涂在眼睛上，可影响视觉神经，进而产生幻象。

最近数十年来，布维蒂教的会员人数逐年增加，在社会上的力量不减反增。这代表在社会受到外来文化冲击的蜕变中，它是一个强大的本土因素。人们认为，药物与相关的宗教仪式，可以让他们更容易抗拒从传统部落的个人主义生活转变到外来入侵的西方文明之集体主义，不致失去个人身份认同。致幻物和与之相关的宗教可能是抗拒基督教与伊斯兰教信仰传播最强的力量，因为这让他们得以联合许多过去曾经相互敌对的部族，一起抗拒欧洲的新势力。正如一位新入会者所言："天主教与新教不是我们的信仰，我在这些教会感到难受，不自在。"

药物在文化上的重要性随处可见。"伊博格"之名被用于整个布维蒂教；"恩得及-埃沃卡"（*ndzieboka*）即"服用鹅花树者"，指该宗教的成员；"恩伊加-埃沃卡"（*nyibaeboka*）则指以致幻植物为主的宗教。

鹅花树是不折不扣的"神祇植物"。现今它似乎仍然存在于西非与中非的原始文化中。

埃库拉神灵之豆

太古之初，太阳创造了各种生物，作为他与大地之间的中介。太阳创造了致幻鼻烟粉，使人类能与超自然的生物接触。太阳一直把这种鼻烟粉存放在自己的肚脐内，但是却被太阳之女找到。人类因此得到它。这是一种直接从神祇那里拿来的植物在文献上也被记为落腺豆（*Piptadenia peregrina*）。使用此鼻烟的核心地区可能一直是奥里诺科。西印度部族基本上被视为来自南美洲北部的侵略者。因此，很有可能吸食此药物及植物的习俗是由奥里诺科地区的入侵者带来的。

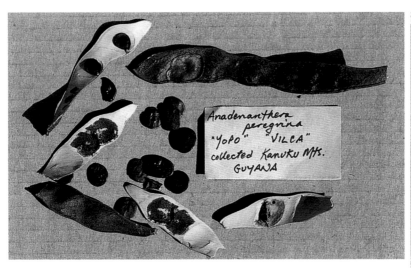

左图：许多印第安人用大果柯拉豆的豆子制造萨满使用的鼻烟（图中的标本取自圭亚那）。

右图：洪堡（Baron von Humboldt）与共同采集者艾梅·邦普兰（Aimé Bonpland）仔细调查了位于哥伦比亚与委内瑞拉边界的奥里诺科河的植物群。1801 年他们在那里看到约波鼻烟的调制与使用情形。

物产品。早在 1496 年，西班牙的一则报道提到伊斯帕尼奥拉岛的泰诺人（Taino of Hispaniola）曾吸入一种叫作"科奥巴"的粉末，与灵界沟通。科奥巴的作用太强烈，吸入者皆出现不省人事的状态。当昏睡作用逐渐消散，意识恢复后，手脚会变得软弱无力，头往下垂，就在这个时候他们相信自己看到整个房间上下颠倒，所有的人用头走路。主要是因为西印度群岛的原住民消失了，今天在安地列斯群岛（Antilles）再也没有人服用这种科奥巴鼻烟了。

1916 年的民族植物学研究确定了科奥巴的身份。它一直被认为是一种浓烈的烟草类植物，含有奥里诺科人称为"约波"的致幻鼻烟，该致幻成分来自大果柯拉豆，此日前怀疑在更早以前，约波的使用就已十分普遍。有证据指出，在西班牙殖民时代，哥伦比亚的安第斯地区东部，横跨南美洲的尔拉诺斯大草原（llanos）至奥里诺科北部地区的许多奇夫查族皆使用约波。

1560 年，哥伦比亚尔拉诺斯大草原的一位传教士，记下瓜维亚雷河（Rio Guaviare）

左图：约波的羽状细叶是鉴定该种的重要特征，但叶子本身不含活性物质。

右图：在开阔的草地，即巴西亚马孙北部的疏林大草原卡姆波斯（campos），大果柯拉豆生长旺盛。大果柯拉豆树的长豆荚内有6—12枚豆子，这就是致幻鼻烟成分的来源。

右下图：125年前，英国探险家理查德·史普鲁斯在奥里诺科地区搜集到这些用来调制与使用约波鼻烟的工具。这些工具如今仍然保存在英国皇家植物园邱园的博物馆内。

沿岸印第安人的生活："他们习惯使用约帕（Yopa）与烟草。约帕是一种树的种子或树籽……服用者变得昏昏欲睡，他们梦到恶魔，恶魔让他们看到他希望他们看到的一切虚荣与堕落。服用者相信这些都是真的，即使告知他们将要丧命，也深信不疑。在

新大陆服用约帕与烟草是司空见惯的事。"另一位编年史家在1599年写道："他们口嚼阿约（Hayo）或霍帕（Jopa）及烟草……变得神志不清，然后恶魔对他们开口……霍帕是一种乔木，会长出羽扇豆般的小豆荚，豆荚内的豆子也与羽扇豆的豆子相似，不过颗粒较小。"在哥伦比亚被征服以前，约波便是极为重要的商品，此植物并未分布在高地，而是高地的印第安人远自热带低地买入的：根据早期一位西班牙历史学家的说法，哥伦比亚安第斯山的穆伊斯卡人（Muisca）使用这类鼻烟："霍普（Jop）是占卜用之草，为顿哈（Tunja）与博戈塔（Bogotá）的太阳祭司'莫哈斯'（mojas）所使用。"至于穆伊斯卡人，"在预知事情

大果柯拉豆的化学成分

大果柯拉豆的有效成分属于开链（open-chained）与环链（ringed）的色胺衍生物，因此也是重要的吲哚生物碱种。色胺也是色氨酸（amino acid tryptophane）的基本化合物，广泛分布在动物界。二甲基色胺与蟾毒色胺代表大果柯拉豆的开链色胺，而蟾毒色胺也可见于蟾蜍属（*Bufo* sp.）的表皮分泌物内，这也是蟾毒命名的由来。大果柯拉豆内的环链衍生物为2-甲基-与1,2-二甲基-6-甲氧基四氢-β-咔啉（2-methyl- and 1, 2-dimethyl -6- methoxytetrahydro- β -carboline）。

第118—119页手绘图： 在加勒比海与南美洲（如海地、哥斯达黎加、哥伦比亚、巴西）的考古挖掘中出土的无数人工制品，与仪式中使用的鼻烟有关。

第118—119页图片依次为： 使用大果柯拉豆调制鼻烟最多的部族是世居南美洲委内瑞拉最南端及其相邻之巴西最北端的瓦伊卡的一些部族。他们使用大量的致幻粉末，并用苋科植物茎秆做成长管，用力将鼻烟吹入对方鼻中。

在吸鼻烟之前，瓦伊卡萨满会聚在一起反复唱诵，然后在迷醉时祈求埃库拉神灵现身与他们交谈。

鼻烟会快速发生作用，首先是流出大量黏稠的鼻涕，时而肌肉明显颤抖，尤其是双手抖动，脸部扭曲变形。

此时，许多萨满开始全场快步游走，手舞足蹈，大声喊叫，召唤埃库拉前来。

他们的精力消耗半个钟头到一个钟头，最后全身力气耗尽，陷入昏迷状态，乃至不省人事，此时幻象就接踵而来。

的结果以前，不会旅行，也不会发动战争或做其他任何重要的事，他们想要确实了解他们所使用的两种植物，即约普（Yop）与奥斯卡（Osca）……"

在瓜伊沃人（Guahibo）的生活中，有时约波鼻烟被当作日常使用的提神之物，但是更常被"帕耶"（Payés），即萨满，用来催眠、追求幻象，与埃库拉（Hekula）神灵沟通；预言或占卜；保护族人不受疾病传染；提高猎人与猎犬的警觉。以大果柯拉豆调制的致幻鼻烟与油脂楠及其他植物制成的致幻鼻烟，长久以来一直混淆不清，致使人类学文献中有许多分布图都注明南美洲许多地区使用大果柯拉豆制造的鼻烟，因此使用此类资料务必小心谨慎。1741年，甘美乐（Gumilla）这位大量著述奥里诺科地区地理资料的耶稣会传教士，曾提到奥图马克族（Otomac）使用约波的情况："他们用另外一个令人难受的习惯动作来自我麻醉，就是从鼻孔吸入某种要命的粉末，叫作尤帕（Yupa）。然后他们会失去理性，猛烈地舞动双臂……"在描述鼻烟的调制以及加入由蜗牛壳磨成的石灰质的习俗之后，他写道："打仗之前，他们会先用尤帕使自己发狂，弄伤自己，然后满身是血，士气高昂，如凶猛的美洲豹一般上战场打仗。"

有关约波的第一篇科学报告是探险家洪堡写的。他确认了约波植物的原产地。他提到，他在1801年曾目睹奥里诺科地区的迈普雷（Maypure）印第安人调制该药物，他们破开豆荚，弄湿它，让它发酵；当

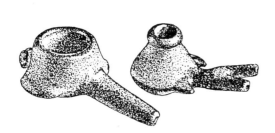

豆子变黑变软时，便将之与木薯粉一起揉成饼状，掺入蜗牛壳粉石灰。只要把饼磨成粉即可做成鼻烟。洪堡相当离谱地认为："别相信豆荚是促成鼻烟效果的主因……这些效果源自刚形成的生石灰。"

后来史普鲁斯详细报道奥里诺科的瓜伊沃人调制与使用约波的情形。他曾搜集了与此物质相关的一整套民族志的研究资料，但他在1851年所搜集的拟供化学研究之用的种子，直到1977年才进行化学分析。

"一群流浪的瓜伊沃印第安人……在迈普雷斯地区树木稀少的大草原扎营。我拜访他们的营地，看到一个年长的男人正在磨尼奥波种子，我买下他制造与吸食的用具……种子先经过火烤，再放在木制的浅盘磨成粉末……木盘有一个宽扁的手把，把木盘固定在双膝上，左手握住手把，右手握着一个小铲或小槌……把种子捣碎……鼻烟放在用一小块美洲豹腿骨做成的钵内……为了吸鼻烟，他们用鹭或其他鸟类的长腿骨，接成'Y'字形作烟管……"

一位和史普鲁斯同时代的观察者描述了吸食约波的效果："他的双眼突出、嘴巴缩小紧闭、四肢颤抖，看了教人害怕。他一定得坐着，否则就会倒下。他会沉醉，不过大约只有五分钟，然后便开始生龙活虎地动了起来。"

至于调制约波的方式，因部族及地域不同而有极大的差别。通常是先用火烤种子，再磨成粉末。一般会加入蜗牛壳制成的石灰或某种植物的木灰，但是有些印第安人使用的鼻烟并不掺入这类碱性混合物。其他植物的混合物似乎从未与大果柯拉豆鼻烟混用。

大果柯拉豆树是野生的，有时候被栽培于哥伦比亚与委内瑞拉的奥里诺科流域的大平原或草地，或分布在英属圭亚那南部的疏林地与巴西境内亚马孙北部的布罗安科河（Rio Branco）地区，亦零星分布于马迪拉河（Rio Medeira）地区的疏树大草原。如果在其他地区有发现，可能是印第安人引进的。有证据显示，在一个世纪前，它在自然分布范围之外的栽培区域，比目前的面积还大。

文明的种子

上图（从左至右）：马塔科族人以（绿色的）新鲜塞维尔豆荚煎熬而成的汁液来洗头，以治疗头痛。

塞维尔豆即大果红心木的种子，被称为"文明的种子"，其主要活性成分为蟾毒色胺。

大果红心木（*Anadenanthera colubrina* var. *cebil*）的成熟豆荚可在树冠层下面采到。图为阿根廷的大果红心木树之树皮，有瘤状突起。

第121页图：大果红心木及其成熟豆荚。

大果红心木的化学成分

塞维尔豆的若干变种只含有蟾毒色胺，具精神活性成分，其化学式为 $C_{12}H_{16}ON_2$。分析其他的豆子，可发现含有5-甲氧基-甲基色胺（5-MeOMMT）、二甲基色腙、二甲基色胺-氮-氧化物（DMT-N-oxide）、蟾毒色胺与5-羟-二甲基色胺-氮-氧化物（5-OH-DMT-N-Oxide）。早期分析每1克豆子中含有15毫克蟾毒色胺。

目前已在取自阿根廷东北部萨尔塔（Salta）地区的干燥豆子中，发现主要成分是蟾毒色胺（超过4%），还有一种近缘成分（可能是血清素，或称5-羟色胺），但不含其他色胺类或生物碱。检测从马塔科族萨满的园子取得的其他豆子，发现含12%的蟾毒色胺。成熟的豆荚本身也含有一些蟾毒色胺。

在智利北部的阿塔卡马（Atacama）沙漠，有一处绿洲，叫作"阿塔卡马之圣佩德罗"（San Pedro de Atacama）。艺术史学者兼考古学家曼纽尔·托尔雷斯（C. Manuel Torres）在该处挖掘并研究了六百多座史前时代的坟墓。研究结果令人诧异，几乎每一个死者人生的最后旅程皆以仪式用的塞维尔鼻烟为伴。

"塞维尔"是指大果红心木，以及这种植物具有很强精神活性的豆子。

阿根廷西北部的普纳（Puna）地区有将塞维尔豆用于仪式或为萨满所用的最早的考古记录。该地区吸食塞维尔豆的历史已超

过4500年。在当地一些洞穴中发现许多陶制吸管，偶尔也能发现吸管内有塞维尔豆子。塞维尔豆具有精神活性作用，似乎对蒂亚瓦纳科（Tiahuanaco）文化造成特别的影响。蒂亚瓦纳科文化是安第斯文明之"母"，其后该地区所有的高度文明都受其影响。

哥伦布抵达美洲以前，许多鼻烟用具（鼻烟片、鼻烟吸管）绘有蒂亚瓦纳文化的图案，在普纳地区与阿塔卡马沙漠曾发现这些鼻烟用具。这些图案显然是受塞维尔豆引发的幻觉启发。

关于安第斯山南部地区使用塞维尔豆制成的鼻烟粉末，最早出现在1580年西班牙编年史学者克里斯托瓦尔·德阿尔沃诺斯（Cristobal de Albornoz）的著作《故事》（*Relacion*）中。殖民时期资料中出现的精神活性物质"比利卡"，很可能就是塞维尔豆。

阿根廷西北部维奇（Wichi，即马塔科[Mataco]印第安人）的萨满，今日仍然使用塞维尔豆制成的鼻烟。马塔科的萨满喜欢用烟管或卷烟吸食干的或烤过的塞维尔豆子。对他们而言，塞维尔豆是进入并影响另一个真实世界的工具。在某种程度上

下图：德国艺术家娜纳・瑙瓦德（Nana Nauwald）于1916年用绘画诠释她使用塞维尔豆的经验。该画名为"无法与我分开的东西"，表现了典型的"虫状"幻象。

右图：最近的报道指出，阿根廷北部的马塔科人吸食或嗅闻大果红心木。此报道可佐证西班牙人的说法，塞维尔与比利卡鼻烟皆用大果红心木制成。

比利卡鼻烟

新西班牙（16世纪殖民新大陆时期的西班牙。——译者注）的殖民文献中，有多处提到使用某些种子或果实的精神活性，所用名词极多，如维尔卡（Huilca）、维利卡（Huillca）、比尔卡（Vilca）、比利卡（Villca）、维尔卡（Wil'ka）、维利卡（Willca或Willka）等。民族史学家记载的比利卡是一种果实，即今日所说的大果红心木的"豆子"。比利卡是秘鲁在西班牙人来到之前最具仪式与宗教意义之物，也是印加高位祭司与占卜者乌穆（umu）所指的"比利卡"或"比利卡总管"（villca camayo）。一座神圣的印加"瓦卡"（huaca）遗迹便称为比利卡或"比利卡科纳"（Villcacona），还有一座圣山被称为"比利卡禁区"（Villca Coto）。据说，在太古洪水期，一些人便是靠圣山存活下来的。

对印加人而言，比利卡豆是仪式上很重要的物品，可取代啤酒作为精神活性替代物。比利卡"汁"加到发酵的玉米饮料中，由预言者饮下，就能预见未来。

比利卡豆也称为灌肠药，用于医疗及萨满术。

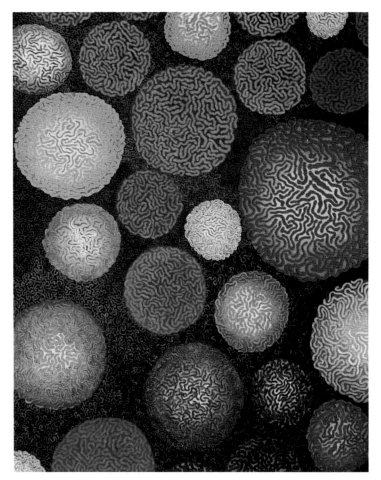

来说，塞维尔豆是进入幻想世界的门户；这是萨满福尔图纳托・鲁伊斯（Fortunato Ruíz）的描述。他吸食用豆子与烟草及阿罗莫豆（Aromo）混合制成的鼻烟，就和5000年前他的祖先所做的一样。于是阿根廷西北部就成为全世界在仪式中使用精神活性物质历史最久且未曾中断的地区，也是萨满使用该物质历史最悠久的地区。

近来有些马塔科印第安人改信基督教，他们将塞维尔豆视为《圣经》中的智慧之树，但是他们不把塞维尔豆看作"禁果"，反而视它为圣树的果实，萨满用它来治病。

塞维尔豆引起的幻觉似乎对所谓的"蒂亚瓦纳科式"（Tiahuanaco style）图像有巨大的影响力。查文德万塔尔（Chavín de Huantar）的雕刻艺术就充满类似的基调：许多纠缠扭曲的蛇从预言之神的头部伸出来，这显然是塞维尔产生的幻视。

塞维尔鼻烟的致幻效果可维持约20分钟，包括强烈的迷幻现象，看到的往往只是黑白两色，鲜少彩色。幻视所见并非（或极少）是自然的几何图形，而是具有强烈的流动感与"扩散效果"，令人不由得想起前哥伦布时代蒂亚瓦纳科文化的图像。

吸食塞维尔豆后也会有精神活性作用，效果十分强烈，约30分钟后才逐渐消退。发作初期觉得身体变得沉重，5—10分钟后，闭上眼，幻觉就开始产生，往往看见像虫又像蛇的东西交缠蠕动。虽然有时候会出现几何图形、对称图案或立体结晶的幻视，但是几乎不会有强烈的现实性幻觉（如飞行体验、进入另一个世界、蜕变成另一种动物，与助人神灵接触等）。

左图：前哥伦布时代的鼻烟吸食工具，发现于智利阿塔卡马的圣佩德罗的一座坟墓。

右图：前哥伦布时代以动物骨骼精雕的鼻烟器，发现于智利阿塔卡马的圣佩德罗的一座坟墓。

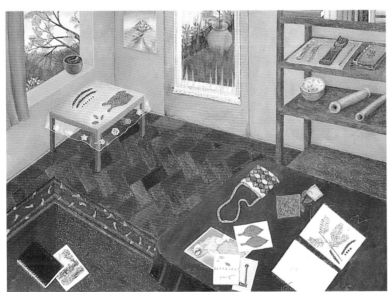

上图：阿根廷西北部的普纳地区已被证实为萨满使用致幻植物历史最悠久的地区，该地区在治疗仪式中吸食塞维尔豆已有4500年之久。

左图：哥伦比亚裔的美国艺术家杜纳·托尔雷斯（Donna Torres）的作品（布面油画，作于1996年）。画的是一位正在研究塞维尔豆的民族植物学家的书房。

亚马孙的神奇饮料

在南美洲最西北的地区有种神奇的麻醉物，当地印第安人深信此物能释放桎梏在肉体内的灵魂，使它自由活动，又随心所欲地回到体内。自由自在的灵魂，将它的主人从日常生活的现实中释放出来，引导他到达他视为真实的奇妙国度，使他得以与他的祖先交谈。南美印第安克丘阿人（Quechua）称此物为"阿亚瓦斯卡"，即"灵魂之藤"，意指它能释放灵魂。这种植物确实为神祇植物，因为其能力来自住在植物体内的自然力，它是众神赐给地球上最早的印第安人的神圣礼物。

阿亚瓦斯卡的俗名众多，包括卡皮（Caapi）、达帕（Dápa）、米伊（Mihi）、卡伊（Kahí）、纳特马（Natema）、平德（Pindé）、亚赫（Yajé）等。这种阿亚瓦斯卡饮料可用来预言、占卜、施展法力，并作药物。阿亚瓦斯卡饮料确实深植于原始社会的神话与哲学里，长久以来无疑已成为原住民生活的一部分。

金虎尾科通灵藤属有两种近缘的植物，即卡皮藤与毒藤，都是调制阿亚瓦斯卡饮料的主要植物。但是，显然有时当地人也采用其他植物，例如吉特通灵藤（*B. quitensis*）、蝶翅藤属的 *Mascagnia glandulifera* 与 *M. psilophylla* var. *antifebrilis*、四翅果藤与短尖四翅果藤（*T. mucronata*）。这些植物皆是金虎尾科中巨大的森林藤蔓植物。人们往往栽植卡皮藤与毒藤，以便随时取用。

人们往往将许多不同科的植物添加到通灵藤饮料内，改变麻醉效果。最常用的添加植物为鳞毛蕨、茜草科九节属的 *P. carthaginengis* 或绿九节。有时也会添加其他已知的精神活性植物，例如曼陀罗木属的香曼陀罗木，鸳鸯茉莉属的奇里鸳鸯茉莉与大叶鸳鸯茉莉。此外还有其他植物，如烟草、夹竹桃科鱼鳃树属的 *Malouetia tamaquarina* 与山辣椒属的一种；爵床科的 *Teliostachya lanceolata* var. *crispa*，俗称"黑托埃"（Toé negra）；竹芋科（Maranthaceae）的维奇肖竹芋（*Calathea veithiana*）；苋科的勒氏莲子草（*Alternanthera lehmannii*）与血苋属（*Iresine*）的一个种；数种蕨类植物，包括海金沙（*Lygodium venustum*）与藤蕨（*Lomariopsis japurensis*）、槲寄生科植物 *Phrygylanthus eugenioides*；美国罗勒（*Ocimum micranthum*）；莎草属的一个种；数种仙人掌，包括仙人掌属（*Opuntia*）与昙花属（*Epiphyllum*）；山竹子科及藤黄科的植物。

原住民会给通灵藤取不同"种"的名字，但是植物学家往往发现这些全属同一种植物。要了解原住民的分类法实非易事；有些是根据各生长阶段的外形；有些可能是根据藤蔓植物的不同部位；还有一些则根据生长于不同环境（土壤、遮阴、湿度等条件）的生态。原住民确信这些"种类"具有各种不同的效果，也许它们确实含有不同的化学成分。这种可能性甚少在通灵藤研究中被探讨，其实它是非常重要的层面之一。

例如，哥伦比亚的图卡诺族鲍佩斯地区的通灵藤（或称卡伊Kahi）就有六"类"，这六"类"无法鉴定植物学名称，但是各有其俗名。"卡伊－里亚马"（Kahí-riáma）作用最强，可产生幻听并宣告未来，据说使用不当会丧命。次强者为"梅－内－卡伊－马"（Mé-né-kahí-má），以让人在幻觉中看到绿蛇而有名；使用的是藤皮部分，据说若不谨慎使用，有丧命之虞。上述这两"类"可能不是通灵藤属的植物，甚至不是金虎尾科的植物。

上图：查克鲁纳灌木（Chacruna，绿九节），是阿亚瓦斯卡饮料次重要的成分。

上右图：阿亚瓦斯卡藤蔓的嫩枝叶。

左图：一个西皮沃印第安人和他栽植在园子内的阿亚瓦斯卡藤蔓。

第124页上图：阿亚瓦斯卡藤蔓（卡皮藤），是强韧且生长旺盛的热带藤蔓植物。

第124页下图：一段段枝条是调制阿亚瓦斯卡致幻物的基本材料。

阿亚瓦斯卡、良药，使我全然着迷！

帮助我，向我敞开美丽的世界，

造人之神也造了你！向我完全开启你的医药世界，

我将治愈病体：我将治愈这些病童与病妇，只要我尽心尽力！

——《西皮沃人的阿亚瓦斯卡之歌》（Ayahuasca Song of the Shipibo）

左图：英国植物学探险家史普鲁斯于1851年首次采集到的卡皮藤植物。他从那株卡皮藤取出部分样本送回英国做化学分析。此植物样本于1969年收藏于英国皇家植物园邱园。

中图：哥伦比亚与厄瓜多尔的科凡族巫医在调制箭毒与亚赫。这两种植物的产物有相关性，亚赫是在出发狩猎前使用，因为他们相信这样可以看得见野兽藏匿之处。

右图：调制阿亚瓦斯卡前，新剥下的藤皮必须先用滚水煮或用冷水彻底捏揉，再用力敲打。

第127页左图：哥伦比亚与巴西的鲍佩斯河流域的许多图卡诺部落，会举行一种男性参与的祭祖仪式。尤鲁帕里舞蹈最主要的项目是备有卡皮藤，让信众能与祖先的灵魂沟通。

第127页右图：发生于皮拉帕拉纳（Piraparaná）河流域的巴拉萨纳（Barasana）仪式的独特之处，乃是信众服用卡皮藤，排成纵队，唱诵经文，并伴有复杂的舞步与葫芦的吱吱声。

作用第三强的植物是"苏瓦内尔-卡伊-马"（Suáner-kahí-má，红美洲虎的卡伊），会让人产生红色幻象。"卡伊-拜-布库拉-里霍马"（kahí-vaí-bucura-ríjomá，猴头的卡伊），可让猴子产生幻觉并吼叫。作用最弱的种类是"阿朱瑞-卡伊-马"（Ajúwri-kahí-vaí），几乎没什么作用，不过用来辅助"梅-内-卡伊-马"（Méné-kahí-má）。上述各"类"，可能都是指卡皮藤。"卡伊-索莫马"（Kahí-somomá）或"卡伊-乌科"（Kahí-uco，引起呕吐的卡伊）是一种灌木，它的叶片加到饮料中，可作催吐剂，毫无疑问它就是鳞毛蕨，在哥伦比亚图卡诺的西奥纳（Siona）人那里也称作奥科-亚赫。

阿亚瓦斯卡虽然不像佩约特仙人掌或神圣的墨西哥蘑菇那样有名，但是因新闻报道称赞此饮料能予人心灵感应的能力而广受瞩目。事实上，研究分离出卡皮藤的化学成分中第一种生物碱就称为"传心碱"（Telepathine）。

调制阿亚瓦斯卡饮料的方式有数种。

一般是自刚采收的藤茎上刮下藤皮。在西部地区，藤皮先煮沸数小时，然后取少量熬成的黏稠黑汁。在其他地区，先粉碎藤皮，加水弄成糊状，由于浓度较稀，须大量服用。

至于此饮料的效果，则视调制方法、服用环境、服用量、添加物的数量与种类、服用目的及萨满施行仪式的方式而定。

服用阿亚瓦斯卡大多会出现恶心、目眩、呕吐，并导致亢奋或挑衅的情态。一些印第安人服用后往往会看到受巨蛇或美洲虎攻击的幻象。这些动物通常使他羞愧，因为他不过是人。在阿亚瓦斯卡幻象中一再产生的蛇与美洲虎之异象引起心理学家的高度兴趣。这些动物会扮演如此重要的角色是可以理解的，因为它们是居于热带森林的印第安人既惧怕又尊崇的动物；它们的力气与秘密行径，让它们在印第安人的原始宗教信仰中占有重要的地位。许多部落的萨满在沉醉期间宛如美洲虎，会像野猫般张牙舞爪。耶克瓦纳族（Yekwana）的巫医会模仿美洲虎的咆哮。服用阿亚瓦

斯卡的图卡诺族，会体验到被美洲虎瓜分吞食或巨蛇游近缠身的噩梦，或看见色彩亮丽的巨蛇沿着屋柱爬上爬下。科尼沃－西皮沃（Conibo-Shipibo）部落掠捕巨蛇，当作个人财物，用以保卫自己在超自然的战役中抵御其他法力高超的萨满。

阿亚瓦斯卡也是萨满的工具，用于诊断病情或趋吉避凶、探测敌人的奸计、预测未来。其实，它不只是萨满的工具，它几乎已进入服用者生活的各个层面，非其他致幻物可以相比。凡是服用者，不论是不是萨满，皆可目睹神灵、最早的人类、动物，进而了解他们社会秩序的建立。

最重要的是，阿亚瓦斯卡是药，是最好的药。秘鲁卡姆帕地区（Campa）的阿亚瓦斯卡领袖是一名巫医，他遵循严格的学徒制，靠烟草与阿亚瓦斯卡维系并增强他的法力。卡姆帕的萨满在阿亚瓦斯卡的作用下，会发出一种怪异、遥远的声音，他的下巴颤抖不停，表示善神已到，神祇身披华丽衣裳在他面前唱歌跳舞；萨满不过是用自己的歌声重复着他们的歌词。在

通灵藤的化学成分

最先从卡皮藤分离出来的生物碱叫作"传心碱"与通灵藤碱（banisterine），据信是新近发现的。进一步的化学研究发现这些成分与先前自叙利亚芸香，即骆驼蓬中分离出来的生物碱骆驼蓬碱相同。再者，骆驼蓬的次生物碱骆驼蓬灵与四氢骆驼蓬碱也存在于通灵藤属植物中。其有效成分吲哚生物碱，也见于多种其他的致幻植物。

阿亚瓦斯卡制成的饮料是一种独特的混合物，里面有含骆驼蓬灵的卡皮藤与含二甲基色胺的骆驼蓬叶。骆驼蓬灵是一种单胺氧化酶抑制剂，可降低体内单胺氧化酶的制造与分布。单胺氧化酶一般会分解含有致幻成分的二甲基色胺，让二甲基色胺无法穿过血液——大脑的障碍物，进不到中枢神经系统。唯有用上述两种植物组合，才能在饮用阿亚瓦斯卡后起到意识膨胀的效果，开启幻觉。

含有单胺氧化酶（MAO）-抑制性β-咔啉生物碱的植物

通灵藤属 *Banisteriopsis* spp.	骆驼蓬灵
地肤属 *Kochia scoporia*（L.）SCHRAD.	骆驼蓬灵、哈尔满
西番莲属 *Passiflora involucrata*	β-咔啉
西番莲属 *Passiflora* spp.	骆驼蓬灵，哈尔满等
骆驼蓬 *Peganum harmala* L.	骆驼蓬灵，四氢骆驼蓬碱，二氢骆驼蓬碱，哈尔满，异骆驼蓬碱，四氢哈尔酚，骆驼蓬酚，哈尔酚，去甲骆驼蓬碱，哈马灵
马钱属 *Strychnos usambarensis* GILG	哈尔满
蒺藜 *Tribulus terrestris* L.	骆驼蓬碱及其他生物碱

几乎所有图饰的式样……
都来自幻觉产生的意象……
其中最特殊的例子是
马洛卡屋前面墙上
的画作……
有时候……
代表猎兽之神……
一旦被问到这些画作，
印第安人只会回应：
"这就是我们喝了亚赫……
看见的光景。"

——赖希黑尔·多尔马多夫

歌舞中，萨满的灵魂会四处游走，但这个现象不会妨碍仪式的进行，也不会妨碍萨满向与会者传达神灵心愿。

在图卡诺人中间，服用阿亚瓦斯卡的人会觉得自己御疾风飞行，带头的萨满解释这是通往天堂的"银河之旅"的第一站。同样，厄瓜多尔的萨帕罗人（Zaparo）有被提到空中的经验。秘鲁科尼沃-西皮沃的萨满，灵魂可如小鸟般飞翔；或者坐在一艘由恶魔群驾驭的超自然独木舟到处航行，重新赢回失去或被窃的众灵魂。

阿亚瓦斯卡饮料中若加入鳞毛蕨或九节属的叶片，效果会大为不同。这些叶片含的色胺类生物碱在口服时并无作用，除非同时有一元胺氧化酶的抑制剂（monoamine oxidase inhibitors）存在，才会有效果。卡皮藤与毒藤所含的骆驼蓬碱及其衍生物是这类抑制剂，能让色胺类产生效用。然而，此两类生物碱皆具有致幻作用。

当上述添加物皆存在时，眼睛产生幻觉的时间会加长，逼真性也会明显加强。若是只喝饮料，产生的幻象多为蓝、紫或灰色，但加了色胺类添加物后，幻象会是红与黄等明亮的色彩。

饮用阿亚瓦斯卡后有一段时间会头脑晕眩、神经兴奋、汗流浃背，有时会恶心想吐，然后闭上眼睛会产生异常强烈的幻象。在身心俱疲之后，只见五彩缤纷的颜色闪烁。先是白色，然后主要是淡淡的青烟色，之后青烟会逐渐变浓；饮用者最终睡着，不时被梦和间歇的发烧所干扰。之后是严重的腹泻，这是常有的难过经验。加了色胺类的添加物，除了强化上述作用

外，更会出现颤抖、抽筋、瞳孔放大、脉搏加速的症状。更进一步的反应往往是出现鲁莽的行为，有时甚至会有挑衅的举动。

在图卡诺族中，有名的尤鲁帕里仪式是一种"与祖先沟通的仪式"，这是男性部落社会的根基，也是青少年的成人礼。仪式中用树皮所做的神圣号角是用来召唤尤鲁帕里神灵，不能让女性看到，这是力量的象征。在宗教仪式中，这力量是神圣的，给人带来好处的生殖之灵，能治好流行的疾病，提高男性威望和对女性的权力。尤鲁帕里仪式如今已式微。下面是最近一次舞蹈的详细记录：

"一阵深沉的鼓声从马洛卡屋（maloca）内传出来，随后神秘的尤鲁帕里号角声出现。一位年长的男性仅仅轻微地暗示，只见所有女性，从褴褛期的婴儿到行将就木、牙齿掉光的老妪，自动走向森林边缘，她们仅能从遥远之处听到号角深沉、神秘的旋律，而人们相信女性看到号角会丧命……帕耶萨满与年长男性不让好奇的女性碰触药物，进一步增强了仪式的神秘感。

"四对号角从隐密处取出，吹号角者自动围成一个半圆，吹出第一声深沉哀伤的音符……

"许多年长男性同时打开他们装着仪式用的羽毛束的坦加塔拉（tangatara）盒子，小心翼翼地选取明亮美丽的颈羽，绑在长号角的中央部分……

"四位年长者，在完美的节奏与高昂激情的时段，炫耀地走到马洛卡屋，用刚刚装饰过的号角，吹出音符，时而前进，时

上图：许多种西番莲含有活性成分骆驼蓬碱与骆驼蓬灵等生物碱。

右图：叙利亚芸香（骆驼蓬）及其蒴果。

第128页上图：秘鲁库斯科（Cuzco）机场的画作，展示了阿亚瓦斯卡的幻象世界。

第128页下图：西皮沃印第安人的传统服装上装饰着阿亚瓦斯卡的图案。摄于秘鲁的亚里纳科（Yarinacocha）地区。

左图：科尼沃-西皮沃印第安人的啤酒杯上画满了阿亚瓦斯卡的图案。

右图：西皮沃妇女共同在陶瓷上画阿亚瓦斯卡图案。

而后退，跳着碎步舞。在此期间，有一对跳着舞蹈，到了屋外，高高举起他们的号角，在短短绕了一圈后回到屋内。鸟羽一展一缩，在强光之下，忽明忽灭，煞是美丽非凡。年轻人开始接受第一回的狂鞭，仪式主持人出现了，他拿着奇形怪状的红色陶瓶，内盛强烈的致幻物，称为'卡皮'。卡皮是一种黏稠、褐色、味苦的液体，装在成对的小葫芦瓢内，许多人喝了一口便呕吐不止……

"鞭打过程是两人一组，第一道抽在小腿与足踝上，鞭打者以相当戏剧化的姿势从容往后一挥；空中响起手枪般的射击声。此时的落点也跟着改变。很快地，鞭越抽越自由，所有的年轻人全身鞭痕累累，皮裂肉崩，血流不止。不到六七岁的小男孩会拾起掉在地上的鞭子，兴高采烈地学着年长者依样画葫芦。慢慢地，全场逐渐安静下来，最后只有两个人待在现场，在屋中央陶醉于他们的挥鞭特技，弯身、前进、后退，动作细致而优雅。约12位长者盛装出现：穿戴他们最精美的以瓜卡马约鹦鹉

（guacamayo）羽毛装饰的冠冕、高高的白鹭羽饰、椭圆形黄棕色的吼猴毛皮、穿山甲鳞盾、猴毛编的绳子结成的环、稀有的石英岩圆柱，以及美洲虎尖牙腰带。这些男性全身披戴这些耀武扬威的原始社会工艺品，围成半圆形跳摇摆舞，每个人将右臂搭在旁人的肩上，步调一致地缓慢移动，

类；有食人的恶灵；图卡诺人在惊骇不安中领受他们文化的基本元素。

在这些最早的图卡诺人中，住着一个女人，她是第一个创造出来的女人，她用视觉"淹没"男人。图卡诺人相信男人在交媾期间"淹没"——看到幻象。这第一个女人发现自己有了小孩。太阳之父用眼

上图：许多通灵藤属植物，就像来自墨西哥南部的这种粗糙通灵藤（ B. muricata ），含有丰富的单胺氧化酶抑制性 β - 咔啉。因此，这类植物特别适合用来调制阿亚瓦斯卡类似物。

用力踩脚。带头的是高龄的帕耶，他用带有叉状装饰、标志着仪式意味的大烟筒，吹起一阵烟雾祝福同伴，同时不停舞动手中磨得光亮、吱吱作响的长矛。全体唱诵庄重的卡奇拉（Cachira）仪式歌曲；他们低沉的歌声时而上扬，时而下降，混合着神秘的尤鲁帕里号角的鸣声。"

图卡诺人相信，在世界初创之时，人类来到鲍佩斯地区定居繁衍，发生了许多异常之事。人必须筚路蓝缕才能在新地方定居下来。河中有骇人的蛇群与危险的鱼

睛让她受孕。她生下的小孩变成卡皮，也就是致幻植物。这个小孩是在电光一闪下诞生的。女人名叫亚赫，她自己割断脐带，用神奇的植物搓着小孩的身体，塑造他的形体。这位卡皮小孩，以老人的样貌活着，努力护卫他的致幻能力。从这个高龄的小孩（即卡皮的主人，也就是性行为），图卡诺男人领受了精液。赖希黑尔·多尔马多夫提到印第安人时，这样写道："致幻经验主要是一种性经验……将其升华，超越情欲、感官，进入与神话时代、子宫时期的

左图：一位西皮沃妇女在织品上画传统的阿亚瓦斯卡图案。

右图：西皮沃印第安人在丛林中的药铺。无数药用植物可与阿亚瓦斯卡一起服用，加强药效。

卡希（Caji，即阿亚瓦斯卡）

向经验者展现其

生长 展绿 开花

最后凋落的过程

花朵绽放的时刻

被珍视为经验的巅峰

——弗罗里安·德尔特简

（Florian Deltgen, 1993）

神秘结合，这是最终的目的，众人梦寐以求，却只有少许人获得。"

有人认为，所有或绝大部分的印第安艺术，是以视觉经验为基础的。同样，颜色具有象征的意义，黄色或黄白色具有精液的概念，意指太阳的繁殖；红色代表子宫，"火"和"热"象征女性的生殖力；蓝色象征借烟草之烟而有的思想。这些颜色伴随着阿亚瓦斯卡而生，各有特定的诠释。在鲍佩斯地区的河谷里有许多复杂的岩雕，毫无疑问就是来自这种药物的经验。同样，图卡诺群聚的树皮屋墙的图案是由阿亚瓦斯卡致幻产生的主题。

出现在壶罐、屋宇、篮子及其他家用物件上的图案与装饰，可归纳成两类：抽象设计与装饰造型。印第安人知道两类的不同之处，他们说是卡皮致幻所致。赖希

上图：一位巴拉萨纳的印第安人在他的马洛卡屋附近的沙地上，用图形记录他服用阿亚瓦斯卡看到的图像。一般认为阿亚瓦斯卡诱发的许多图案，一方面受制于文化，另一方面受制于植物活性成分的某种生化作用。

黑尔·多尔马多夫推测："有人看到一个男人在干活或看到一幅图画，会说：'这便是有人喝了三杯亚赫所目睹的景象'，有时候还能指明是使用了哪种植物，因而指出不同情况下麻醉效果的特性。"

这种重要的药物似乎被认为在很古老

的时候就吸引了欧洲人的目光，其实不然。然而，1851年英国植物学家史普鲁斯在巴西鲍佩斯河谷的图卡诺部落地区采集植物时接触到卡皮藤，便将其植株送往英国分析化学成分。三年后，他又观察到奥里诺科河上游的瓜伊沃印第安人使用卡皮。后来他在厄瓜多尔的萨帕罗族见到通灵藤，将其鉴定为与卡皮藤一样的致幻物。

史普鲁斯这样描写卡皮："整个夜晚，年轻人在跳舞的空档服用卡皮5—6次，但有少数几位仅服用1次，更少的人服用2次。持杯者必定是男性，因为女性不准碰也不准尝卡皮。主人从房屋的另一端开始小跑，双手各拿一个小葫芦瓢，内含一匙卡皮，他一面跑，一面'莫—莫—莫—莫—莫'地喃喃自语。当他把其中一杯送到站着等服药的人身边时，他的身体越弯越低，最后下巴几乎碰到双膝……服药后两分钟内，效果出现。服药的印第安人脸色变得死白，四肢不听使唤地颤抖，表情充满恐惧，突然间相反的症状出现：他汗流浃背，似乎被暴怒掌控，狂抓双臂所及之物……然后冲向门去。他遭受狂烈的鞭打，倒在地上，撞到门柱，一直惨呼哀叫：'我就是要这样对待我的敌人（叫着对方的名字）！'过了约10分钟，激动的场面过去，这个印第安人安静下来，但看起来已精疲力竭。"

从史普鲁斯的时代起，许多旅行者与探险者常常提到这种阿亚瓦斯卡药，但是仅此而已。事实上，直到1969年，研究人员才对史普鲁斯1851年采集来准备做化学试验的通灵藤植物进行化学分析。

对阿亚瓦斯卡、卡皮、亚赫的研究仍然有待努力。时间不多了，必须赶在所有部族的原始文化被同化甚或灭绝前行动，否则将无法了解它们历史悠久的理念与用途。

左图：哥伦比亚的皮拉帕拉纳河下游，恩希（Nyí）地区的一块花岗岩，其上美丽的雕刻显然存在已久。此段河流的急湍位于地球的赤道，一直被认为是太阳之父与大地之母结婚与创造图卡诺人之处。按印第安人的诠释，岩雕上的三角面为阴道，有人形的图案为有翅的阳具。

上图：才华横溢的秘鲁艺术家杨多（Yando）是普卡利帕（Pucallpa）的阿亚瓦斯卡专家（Ayahuasquero）之子，他画下这幅阿亚瓦斯卡幻象图。请留意他在意象中很有技巧地混合微观和宏观尺度，来处理复杂的致幻现象。

通灵藤的化学成分

以下为调制阿亚瓦斯卡饮料，使其有痊愈效力或特性的各种植物：

俗名（中译名）	植物学名（中文名）	功能
Ai curo（艾库罗）	*Euphorbia* sp.（大戟属）	歌声更好
Ají（阿希）	*Capsicum frutescens*（灌木辣椒）	滋补
Amacisa（阿马西萨）	*Erythrina* spp.（刺桐属）	通便
Angel's Trumpet（天使之喇叭）	*Brugmansia* spp.（曼陀罗木属）	治疗精神错乱、由箭草（*chonteado*）引起的疾病，增强法力
Ayahuma（阿亚乌马）	*Couroupita guianensis*（炮弹树）	强身
Batsikawa（巴特西卡瓦）	*Psychotria* sp.（九节属）	使幻觉消退
Cabalonga（卡瓦隆加）	*Thevetia* sp.（黄花夹竹桃属）	保护不受恶灵侵犯
Catahua（卡塔瓦）	*Hura crepitans*（沙箱树）	通便
Cat's claw（猫爪）	*Uncaria tomentosa*（茸毛钩藤）	强身，治疗过敏、肾疾、胃溃疡、性病
Chiricaspi（奇里卡斯皮）	*Brunfelsia* spp.（鸳鸯茉莉属）	治疗发烧、肺炎、关节炎
Cuchura-caspi（库丘拉-卡斯皮）	*Malouetia tamaquarina*（一种鱼鳃木属的植物）	增加诊断力
Cumala（库马拉）	*Virola* spp.（油脂楠属植物）	增强视力
Guatillo（瓜蒂略）	*Iochroma fuchsioides*（紫铃花属植物）	增强视力
Guayusa（瓜尤萨）	*Ilex guayusa*（瓜尤萨冬青）	净化身体、治疗呕吐
Hiporuru（伊波鲁鲁）	*Alchornea castanaefolia*（栗叶山麻秆）	治疗痢疾
Kana（卡纳）	*Sabicea amazonensis*（亚马孙木藤）	增加阿亚瓦斯卡的甜味
Kapok tree（卡波克）	*Ceiba pentandra*（玉蕊吉贝）	治疗痢疾、其他肠疾
Lupuna（卢普纳）	*Chorisia insignis*（白花异木棉，*Ceiba insignis* 的异名）	治疗肠疾
Pfaffia（无柱苋）	*Pfaffia iresinoides*（一种无柱苋属植物）	治疗性能力不足
Pichana（皮查纳）	*Ocimum micranthum*（美国罗勒）	治疗发烧
Piri Piri（皮里-皮里）	*Cyperus* sp.（莎草属）	压惊、提振精神、堕胎
Pulma（普尔马）	*Calathea veitchiana*（维奇肖竹芋）	强化视力
Rami（拉米）	*Lygodium venustum*（海金沙）	强化阿亚瓦斯卡
Remo caspi（雷莫·卡斯皮）	*Pithecellobium laetum*（猴耳环）	强化阿亚瓦斯卡
Sanango（萨南戈）	*Tabernaemontana sananho*（萨南奥山辣椒）	治疗记忆衰退、有助精神发展、治疗关节炎、肺炎
Sucuba（苏库瓦）	*Himatanthus sucuuba*（白花夹竹桃）	萃取箭草
Tobacco（烟草）	*Nicotiana rustica*（黄花烟草）	治疗中毒
Toé（托埃）	*Ipomoea carnea*（树牵牛）	强化视力

上图：黄花烟草（*Nicotiana rustica*）是南美洲最重要的萨满植物之一。

下图：名为 *Cabalonga blanca* 的一种黄花夹竹桃属（*Thevetia*）植物，将其果实掺到阿亚瓦斯卡中，可保护饮用者不受恶灵侵犯。

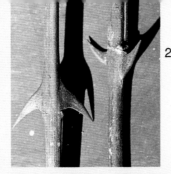

图1. 大花鸳鸯茉莉是南美洲北部一种很重要的萨满植物。

图2. 茸毛钩藤是秘鲁印第安人重要的药用植物，可治疗慢性病。

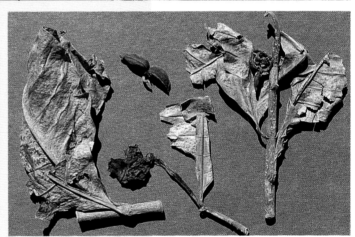

图3. 对许多印第安人而言，卡波克树，即玉蕊吉贝，是世界之树。

图4. 树牵牛含有多种强劲的精神活性生物碱，在秘鲁亚马孙盆地被用作阿亚瓦斯卡的成分之一。

图5. 山辣椒的叶子可强化记忆。

图6. 白花异木棉是萨满宇宙中的世界之树。涩味的树皮是调制阿亚瓦斯卡的添加物。

图7. 绿九节的切叶（种植于美国加利福尼亚）。

135

阿亚瓦斯卡类似物

从阿亚瓦斯卡中鉴定出的药理成分，可以用含有类似活性物质（骆驼蓬灵、二甲基色胺、5-甲氧基-二甲基色胺）的植物合成。凡是不依照传统方式用含此类成分的植物组合而成的致幻物，统称为阿亚瓦斯卡类似物（Ayahusca analog），简称"类瓦斯卡"（Anahuasca）。若由分离的人工合成成分制成的混合物，则称为"药瓦斯卡"（pharmahuasca）。

约纳森·奥特（Jonathan Ott）是一位专门研究天然物成分的化学家，他写道："心理航行（Psychonautic）的阿亚瓦斯卡研究远离主流科学研究，过去30年来，这类研究几乎没有获得任何补助。或者说，自费研究的科学家在验证阿亚瓦斯卡的酶理论之前，都处于'地下'研究的阶段。最吊诡的是，该研究其实可理直气壮地宣称，这项研究居于知觉生物化学与病理脑功能的基因学研究的中心地位……阿亚瓦斯卡的研究不仅站在神经科学研究的顶点，而且阿亚瓦斯卡的可逆单胺氧化酶抑制性功效，很可能可提供一个实用、低毒性的选择，取代有医药用途的有害物质！"

这些阿亚瓦斯卡类似物的价值在于其致幻功效导向更深层的精神生态学以及全备性的神秘理解。阿亚瓦斯卡及其类似物——但只有在用量适当的情形下——可引发萨满式的幻想：

"萨满式的幻想是**真正**的古老宗教，现代教会只能模仿它的皮毛。我们的祖先在许多地域、不同的时期发现，受苦的人类可以在无上喜悦的神秘经验中，调和使人区别于其他生物乃至其他人的后天智慧以

及人皆具有的野性未驯的强大动物性……人类可以没有信仰，因为极乐经验本身能赐予人对宇宙和谐统一的信念，对人类是整体之一部分的信念。极乐经验就是向我们显现宇宙的崇高壮阔，及构成我们日常意识的宇宙动态、灿烂、魔幻的神奇。许多神圣的致幻剂，例如阿亚瓦斯卡，可以是新千禧年关键时刻超越物质文明的人类适当的药物，以此决定人类是会持续成长与进步，还是在大规模的生物灭绝中毁灭——此次生物灭绝只有6500万年前地球上发生的那次生物灭绝事件可比拟……此神圣致幻物剂带来的改革是我们医治敬爱的大地之母盖娅（Mother Gaia）最大的希望，因为此改革会引发真正的宗教复兴，帮助我们进入新千禧年。"

所有阿亚瓦斯卡类似物都必定含有一种单胺氧化酶抑制剂及一种二甲基色胺的提供剂。

迄今，大部分的试验物为卡皮藤等通灵藤属植物与骆驼蓬，但自然界有其他植物也含有单胺氧化酶抑制剂，例如蒺藜。在提供二甲基色胺的植物中，较受喜爱的有绿九节、细花含羞草等，不过也有许多其他的可能性（见第138页表格）。

第136页图：德国艺术家娜纳·瑙瓦德在这张图中展现她服用阿亚瓦斯卡所产生的幻象，让观者一睹"另类真实之境"。

上图：许多北美洲山蚂蝗属植物的皮，含有强烈的二甲基色胺，适于调制阿亚瓦斯卡类似物。

上图：糙叶含羞草（*Mimsosa scabrella*）的种子含有二甲基色胺，可用来调制阿亚瓦斯卡类似物。

图1：极罕见的显脉相思树的叶子，含有丰富的二甲基色胺。此植物只长在澳大利亚的一座山上。

图2：梅氏相思树是澳大利亚特有种，树皮含有高浓度的二甲基色胺。

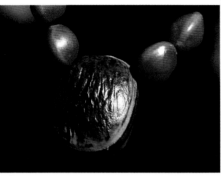

阿亚瓦斯卡类似物：含二甲基色胺的植物一览表

科名	药材	色胺类
Gramineae 禾本科		
Arundo donax L. 芦竹	地下茎	DMT
Phalaris arundinacea L. 虉草	全株、根	DMT
Phalaris tuberosa L. 虉草（意大利品种）	叶	DMT
Phragmites australis (Cav.) TR. et ST. 芦苇（P. communis）	地下茎	DMT，5-MeO-DMT
Leguminosae 豆科		
Acacia madenii F.v. Muell. 梅氏相思树	树皮	0.36% DMT
Acacia phlebophylla F.v. Muell. 显脉相思树	叶	0.3% DMT
Acacia simplicifolia Druce 单叶相思树	树皮	0.81% DMT
Anadenanthera peregrina (L) Spag. 约波豆	皮	DMT，5-MeO-DMT
Desmanthus illinoensis (Michx.) Macm.	根皮	可达 0.34% DMT
Desmodium pulchellium Benth. ex Bak. 排钱草	根皮	DMT
Desmodium spp. 山蚂蝗属		DMT
Lespedeza capitata Michx. 头状胡枝子		DMT
Mimosa scabrella Benth. 糙叶含羞草	树皮	DMT
Mimosa tenuiflora (Wild.) Poir. 细花含羞草	根皮	0.57%—1% DMT
Mucuna pruriens DC. 刺毛黧豆	种子	DMT，5-MeO-DMT
Malpighiaceae 金虎尾科		
Diplopteris cabrerana (Cuatr.) Gates 鳞毛蕨	叶	DMT，5-MeO-DMT
Myristicaceae 肉豆蔻科		
Virola sebifera Aub. 洋豆蔻	树皮	DMT
Virola theiodora (Spruce ex Benth.) Warb. 神油脂楠	花	0.44% DMT
Virola spp. 油脂楠属	树皮、树脂	DMT，5-MeO-DMT
Rubiaceae 茜草科		
Psychotria poeppigiana MUELL.-ARG.	叶	DMT
Psychotria viridis R. et P. 绿九节	叶	DMT
Rutaceae 芸香科		
Dictyoloma incanescens DC	树皮	0.04% 5-MeO-DMT

［DMT：二甲基色胺；5-MeO-DMT：5-甲氧基-二甲基色胺］

图3：南美洲树种 *Dictyloma incanescens* 的种子。此树含有大量的5-甲氧基-二甲基色胺。

图4：刺毛黧豆的种子深受传统民族的喜爱，可串成项链，此外，它含有高浓度的二甲基色胺与5-甲氧基-二甲基色胺。

图5：一种含有二甲基色胺的山蚂蝗属植物。

图6：虉草的土耳其红色品种，含有丰富的二甲基色胺。

图7：墨西哥的细花含羞草，根皮含有丰富的精神活性生物碱。干燥的根皮则含有1%的二甲基色胺，极适合用于制造阿亚瓦斯卡类似物。

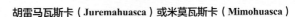

胡雷马瓦斯卡（Juremahuasca）或米莫瓦斯卡（Mimohuasca）

在熟悉野外植物的人当中，这种阿亚瓦斯卡类似物被当作一种调配剂，最具精神活性，也是让人最容易忍受的致幻物。一人份需准备：

3克细磨的骆驼蓬种子

3克细花含羞草根部的外皮

柠檬汁或酸橙汁

将磨好的骆驼蓬种子泡水服用，或装入胶囊中服下。15分钟后，饮下沸煮过的柠檬汁（或酸橙汁）与含羞草根皮混合过的水。

过了45—60分钟，往往在一阵恶心或呕吐之后，出现幻象。幻象的形式通常是烟火或万花筒的图案，夺目的色彩，奇幻的佛教曼荼罗（mandalas）圆形图案，或远行到另一个国度。效果与亚马孙调制的阿亚瓦斯卡相同。

阿亚瓦斯卡教会

除了真正的萨满使用阿亚瓦斯卡外，最近综合性教会纷纷成立，这些教会在部分宗教仪式中也使用阿亚瓦斯卡。在圣戴姆教（Santo Daime）的膜拜与阿亚瓦斯卡教会União de Vegetal定期举行的聚会中，会友（大多数来自社会较低阶级的拉丁民族与印第安族混合族群）集体饮用阿亚瓦斯卡，虔诚合唱圣歌。在一位牧师带领下，信众走向树之神灵及基督圣灵所在之处。许多教徒发现生命的新意义，使灵魂得到医治。这些巴西教堂的会友亦曾前往欧洲，对他们而言，服用此灵药与丛林中萨满的作为均是合法的活动。

圣戴姆是宗教仪式饮品，而奥西斯卡（hoasca）是另一个教会的圣物，二者均依照印第安人的原始调配法制成，用卡皮藤与绿九节混合熬煮，制成一种极强烈的致幻剂。

圣戴姆教在欧洲也有传教活动，这个巴西团体的传教相当成功（尤其在德国与荷兰）。他们在阿姆斯特丹建立自己的教会，同时也在荷兰进行阿亚瓦斯卡戒毒试验。

7

11 *BRUGMANSIA AUREA* 金曼陀罗木
Golden Angel's Trumpet
金天使之喇叭

天使之喇叭

12 *BRUGMANSIA SANGUINEA* 红曼陀罗木
Blood-Red Angel's Trumpet
血红天使之喇叭

图1：萨满对这种金黄色曼陀罗木花朵的利用，主要见于哥伦比亚与秘鲁北部。

图2：曼陀罗木属植物的花朵和叶片被许多印第安萨满拿来作医药。

图3：红曼陀罗木的成熟果实。此植物又称"天使之喇叭"，果实数量比其他曼陀罗木属植物多。

图4：红曼陀罗木的花。

哥伦比亚南部的瓜姆比亚诺族（Guambiano）印第安人如此描述"山曼陀罗木"（*Brugmansia vulcanicola*）："在午后闻着亚斯树（Yas）长钟形花散发的香气是多么怡人啊……但那树里住着一个雕形树精，有人曾看见它飞过空中，然后消失……那树精非常邪恶，要是有哪个虚弱的人停驻在树下，他就会遗忘所有的事……觉得自己是在空中，仿佛置身于亚斯树精的双翅之上……要是女孩……坐在树荫下休息，她会梦到帕埃斯族（Paez）印第安的男子，之后会有一个人形留在她的子宫里，六个月后她会生像亚斯树树籽的东西。"

曼陀罗木属的树种原生于南美洲。过去一般认为曼陀罗木属植物是曼陀罗属的一个分类群，但是这些植物的生物学研究结果显示，它们应可归类为一个独立的属。此属植物的表现及其分布地区，足以表明它与人类早有渊源。

曼陀罗木属植物的致幻用途，可能源自人们对与它关系密切的曼陀罗属植物的认识，这是由原始印第安蒙古利亚种人在旧石器时代与中石器时代带到新大陆的。他们往南迁徙，特别是在墨西哥遇到曼陀罗属的其他植物，而将它们带给萨满医使用。他们到达南美洲安第斯山时，发现曼陀罗木属和曼陀罗属植物外表很相似，精神活性也类似。总体上，曼陀罗木属植物的用途说明了它是古老的植物。

然而，有关南美洲被征服前印第安人对曼陀罗木属植物的使用，则所知甚微。不过，倒是有零星的文献资料提及这些致幻植物。法国科学家龚达旻（de la Condamine）提到，马拉尼翁河（Marañon）地区的奥马瓜族（Omagua）印第安人使用这种植物。探险家洪堡与邦普兰注意到，"通加"，即开红花的红曼陀罗木，在哥伦比亚索加莫萨（Sogamoza）的太阳神庙，是祭司使用的神圣植物。

曼陀罗木、金曼陀罗木以及红曼陀罗木通常分布于海拔1800米以上。其种子多用作

奇查啤酒（chicha）的添加物，压碎的叶片和花朵可加热水或冷水沏成茶；叶片也可以加到烟草沏成的茶水里。有些印第安人会刮掉树枝的柔软绿皮，将它浸在水里备用。

曼陀罗木属植物有不同的致幻效果，但不论是哪一种，都会有一个剧烈的阶段。有关这点，最简单扼要的描述大概是霍安恩·丘迪（Johann J. Tschudi）于1846年所写的，他在秘鲁看到这些植物的致幻效果。当地原住民"陷入严重的麻木状态，双眼空洞地盯着地面看，嘴巴痉挛且紧闭，鼻孔扩张。如此过了一刻钟，他的眼球开始转动，口吐白沫，整个身体因阵阵骇人的抽搐而躁动不安。经过这些剧烈的征兆之后，会有一段数小时的深沉睡眠，当他清醒后，他会谈到他拜访了哪些祖先"。

根据1589年的一项记录，在顿哈的穆伊斯卡族印第安人里，"一个已逝的酋长由他的女人和奴隶陪葬，后者会埋葬在不同的土层里……每一层都有黄金。因此女人和贫穷的奴隶在看到可怕的坟墓之前，应该不会害怕死亡；贵族赐给他们的致幻饮料，是在烟草中掺了一种我们叫作'博尔拉切罗'，即'醉人木'的叶片，再和他们的日常饮料混合在一起，他们喝了就不会预知即将来临的伤害。"这里所使用的植物无疑就是金曼陀罗木和红曼陀罗木。

在希瓦罗族印第安人中，要是小孩桀骜不驯，会给他们喝红曼陀罗木和烤焦的玉米制成的饮料；小孩进入醉醺状态时便得到了训诲，因为祖灵会对他们提出忠告。乔科人则认为，加到神奇的奇查啤酒里的

曼陀罗木种子会使小孩兴奋，这种状态下他们能够发现黄金。

秘鲁的印第安人仍叫红曼陀罗木为"瓦卡"（Huaca）或"瓦卡查卡"（Huacachaca），意为"坟墓之植物"。他们深信，这植物能告诉你古时埋在坟墓里的宝藏在哪里。

在较炎热的亚马孙河流域西部地区，用香曼陀罗木、异色曼陀罗木（B. versicolor），以及奇曼陀罗木作为致幻物，或作为阿亚瓦

上图：在秘鲁，香曼陀罗木的种子被加在玉米啤酒里，作为致幻添加物，萨满会摄取较高剂量；这种致幻物常引起长达数日的精神错乱，伴随着非常厉害的幻觉。

下图：红曼陀罗木（血红天使之喇叭）经常被种在圣地和墓园里。这是智利南部一座圣母像旁的一株红曼陀罗木大树。

曼陀罗木的化学成分

茄科植物、曼陀罗木属的曼陀罗木、金曼陀罗木、红曼陀罗木、香曼陀罗木及异色曼陀罗木与曼陀罗属的许多植物均含有托烷生物碱类：东莨菪碱、莨菪碱、颠茄碱，以及托烷类的各种次级生物碱，包括降东莨菪碱（norscopolamine）、阿朴东莨菪碱（aposcopolamine）、曼陀罗碱等。其中以东莨菪碱的含量最高，是引起幻觉的主要化学成分。例如，金曼陀罗木的叶片和茎的生物碱含量为0.3%，其中80%为东莨菪碱，它也是曼陀罗木根部的主要生物碱。

左图：在哥伦比亚境内的西温多伊，一个年轻的卡姆萨印第安男孩拿着蛇曼陀罗木的花朵和叶片，随后他将沏一种茶以便致幻；这是为了学习致幻物在巫术与医药上的神秘用途而做的准备。

右图：哥伦比亚南部的西温多伊谷地，是曼陀罗木属植物使用相当频繁之处。该地卡姆萨部落赫赫有名的巫医是萨尔瓦多·钦多伊（Salvador Chindoy）。图中他身着仪式装束，正要开始一场以占卜为目的、靠曼陀罗木致幻的仪式。

斯卡的混合剂。

就曼陀罗木的使用来看，大约没有一个地方可与哥伦比亚境内安第斯山区的西温多伊谷地相比。卡姆萨族与因加诺族（Ingano）印第安人使用数种曼陀罗木植物，以及若干当地栽培种作为致幻物。这个地区的印第安人（特别是萨满）对这些植物的药效颇有了解，已发展出一套知识，并栽植作为私产。

一般而言，某些栽培种是特定萨满的财产，在当地各有通俗的叫法。"布耶斯"（Buyés，即金曼陀罗木）的叶片含有高浓度的托烷生物碱，是减缓风湿症的有效药物。另一种叫"比安甘"（Biangan）的栽培种，过去为猎人所用：把叶片和花朵混

在狗食里喂猎犬，以便狗能找到更多猎物。"阿马隆"（Amarón）栽培种的舌状叶可以化脓，并治疗风湿，因而受到珍视。最稀罕的栽培种是"萨拉曼"（Salamán），具有奇特的萎缩叶，用来治疗风湿痛及作为致幻物。最极端的畸形栽培种，乃是"金德"（Quinde）和蒙奇拉（Munchira），这两种植物被用作催吐剂、祛风药、驱蠕虫药；蒙奇拉还被用来治疗丹毒。在西温多伊，金德是利用最广泛的栽培种；蒙奇拉则是毒性最强的栽培种。另外罕见的迪恩特斯（Dientes）和奥奇雷（Ochre）最重要的用途是治疗风湿痛。

"我们的祖父母告诉我们，这些有着长钟形花朵、会在午后散发香气的树里面，住

着一个树精，它非常邪恶，以至于以这些植物为食物的印第安人，一听到它们的名字——凶悍的皮哈奥斯（Pijaos），就胆战心惊。"

蛇曼陀罗木（Culebra borrachero）被某些植物学家认为是最怪异的栽培种。它比其他任何曼陀罗木属的栽培种更有效力，是最棘手的占卜场合使用的致幻物，也是治风湿或关节疼痛的有效药方。

金德与蒙奇拉因具有精神活性而成为人们最常用的曼陀罗木栽培种。人们将其叶片或花朵压碎取汁，或单独加水饮用，或混合蔗糖蒸馏酒（aguardinete）饮用。在西温多伊，只有萨满惯用曼陀罗木属植物。大部分萨满会"看到"美洲虎和毒蛇的可怕幻象。曼陀罗木属植物所引起的一些症状及令人难受的后遗症，或许限制了它们的致幻用途。

希瓦罗族印第安人认为日常的生活是假象，背后有超自然的力量在掌控。萨满能借由有效力的致幻植物，进入缥缈的非人间世界，对付邪恶的诸般力量。希瓦罗的男孩在六岁时必须获得一个外在的灵魂，叫"阿鲁塔姆·瓦卡尼"（arutam wakani），这是个会产生幻象的灵魂，能让男孩和他的祖先沟通。为了得到他的外在灵魂，男孩和他的父亲有一趟朝圣之

旅，要到一座神圣的瀑布，洗澡、禁食、喝烟草茶。喝"迈科亚"（Maikoa），即曼陀罗木汁饮料，也可以让男孩和超自然界接触，届时男孩的外在灵魂会以美洲虎和森蚺的模样出现，并进入他的身体。

希瓦罗族印第安人经常服用"纳特马"（Natema），即阿亚瓦斯卡或通灵藤，来获得外在灵魂"阿鲁塔姆"，因为纳特马是强劲的致幻物；但当它不奏效时，就得改用曼陀罗木。希瓦罗印第安人深信，"迈科亚"（曼陀罗木）会使人精神错乱。

整体而言，曼陀罗木虽然极其美丽，却经历沧桑的岁月。它们是众神的植物，却不是像佩约特、蘑菇、通灵藤那样怡人的神祇的礼物。曼陀罗木那强劲彻底的作用令人难受，会让人有一段暴力期，甚至暂时精神错乱，而且它们会带来极其难受的宿醉，以致被放在次级的地位。诚然，它们是众神的植物，但众神并不总是让人类有好日子过，因此他们给了人类曼陀罗木属的植物，人类必须偶尔到曼陀罗木那里集会。邪恶的雕在人的头顶盘旋，"醉人木"时时刻刻在提醒他：要让众神聆听你的心声，不见得是容易的。

小鹿的足印

第145页上图：佩约特仙人掌的冠部呈现许多不同的形状，由年龄与生长条件而定。

第145页下图：生长于美国得克萨斯州南部原生地的一群大型佩约特仙人掌。

自最早的欧洲人抵达美洲新大陆，佩约特一直引发争议，受到压制和迫害。尽管佩约特因为具有"邪恶的诡计"而受到西班牙征服者的谴责，并一再受到地方政府和宗教团体的抨击，但它仍持续在墨西哥印第安人的圣礼中扮演重要的角色，而且它的使用也在过去数百年来扩展到美国境内的北方部落。佩约特崇拜的绵延与繁盛是美洲新大陆历史上迷人的一章，对持续研究该植物及其与人类相关事务的人类学家、心理学家、植物学家与药理学家而言，也是一大挑战。

之遁入山区，在那里，使用佩约特进行圣礼的习俗一直维持到今天。

佩约特膜拜的历史有多悠久？早年一位西班牙编年史家萨阿贡根据记录于印第安年表里的若干历史事件估计，在欧洲人抵达前，佩约特为奇奇梅卡族（Chichimeca）和托尔特克族（Toltec）印第安人所知，至少已有1890年之久。这项估计使得这种墨西哥的"神祇植物"在经济利用上拥有超过两千年的历史。之后，丹麦民族志学家卡尔·伦姆荷兹（Carl Lumholtz）在奇瓦瓦的印第安人中间率先作调查。他认为，佩

左图：正在开花的乌羽玉仙人掌。

右图：一幅维乔尔族的线纱画，呈现佩约特仙人掌滋养与多产的恩赐。

我们可以合理地称这种无刺的墨西哥仙人掌为美洲新大陆致幻物的原型。它是欧洲人在新大陆最早发现的致幻物之一，无疑也是西班牙征服者所遇到的最能引发幻象的植物。这些征服者发现，佩约特根深蒂固地存在于原住民的宗教里，而他们处心积虑想要消灭这个习俗，结果却是使

约特崇拜有更为久远的历史。他指出，塔拉乌马拉族印第安人在佩约特礼仪上所使用的一个象征符号，出现在保存于中美洲火山岩里的远古仪式雕刻品上。后来，考古人员也在美国得克萨斯州的干燥洞穴和岩穴里发现佩约特的标本。这些标本的背景说明它们具有礼仪上的用途，也显示人

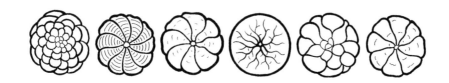

类使用它们的历史超过7000年。

欧洲最早有关这种神圣仙人掌的记录出自萨阿贡,他生于1499年,卒于1590年,大半生都奉献给了墨西哥的印第安人。他准确的第一手观察记录,一直到19世纪才发表出来。因此,最早发表有关记述的荣誉便归给胡安·卡德纳斯(Juan Cardenas),其有关印第安人奇特秘密的观察记述,在1591年就发表了。

萨阿贡的著作被列为早期编年史家所写的最重要记述之一。他描述生活于北方原始沙漠高原的奇奇梅卡族印第安人使用佩约特的情形,为后世留下记录:"土地上还有像霸王树(tunas,即*Opuntia tuna*,仙人掌属的一种——译者注)的另一种药草。它叫作'佩奥特尔'(peiotl),是白色的,分布于北方地区。食用或饮用它的人会看到可怕或可笑的幻象。这种迷幻现象会持续两至三天,然后停止。它在奇奇梅卡族印第安人中是常见的食物,因为它维系他们的生命,给予他们勇气去奋战而不觉得害怕、饥饿或口渴。他们说,它保护他们,使他们远离任何危险。"

奇奇梅卡人是否为最早发现佩约特具有精神活性特质的印第安人,不得而知。有些学者认为,生活在佩约特分布地区的塔拉乌马拉族印第安人是最早发现其用途的人,佩约特通过他们扩展到科拉族、维乔尔族及其他印第安部落。由于这种植物散生在墨西哥境内各地,它的致幻特质也可能是若干部落各自发现的。

17世纪西班牙耶稣会的几个教士曾作证说,墨西哥印第安人使用佩约特来治疗许多疾病,并用于仪式之中。当佩约特产

佩约特的化学成分

乌羽玉是第一种接受化学分析的致幻植物,其有效成分在19世纪末就已鉴定出来,是一种结晶形的生物碱(见第23页)。由于萃取出此种生物碱的干燥仙人掌叫作mescal button(乌羽玉扣),此种生物碱遂被称为mescaline(仙人球毒碱)。除了具有致幻效果的仙人球毒碱外,若干相关的生物碱也已从佩约特及近缘的仙人掌中分离出来。

当仙人球毒碱的化学结构被分析出来,即可用人工合成方式制造。它的化学结构相当简单:3, 4, 5–三甲氧基–苯乙胺(3, 4, 5 -trimethoxy-phenylethylamine)。这个结构的模型图可参见第186页。

仙人球毒碱的化学成分和神经递质去甲肾上腺素(Norepinephrine,也称Noradrenaline,缩写成NE或NA)有关,去甲肾上腺素是一种脑激素,其图示亦见第186页。仙人球毒碱的口服有效剂量是0.5—0.8克。

左图：在佩约特仪式中领受幻象后，维乔尔人会把装饰有佩约特图案的镶珠"佩约特蛇"带到遥远山区的地母神龛，作为答谢的供物。

右图：一株年老硕大的佩约特仙人掌，印第安人称它为"祖父"，请注意其上有许多幼冠。

生致幻作用时，使用者会看到"可怕的幻象"。在锡那罗亚州（Sinaloa）待了16年的17世纪耶稣会教士德烈亚·佩雷斯·德里维斯（Padre Andréa Pérez de Ribas）提到，人们普遍饮用佩约特，但使用它（即使是为了医疗目的）会受到禁止与处罚，因为它与通过"魔鬼的幻象"接触邪灵的"异端宗教仪式与迷信"有关。

第一则有关活体仙人掌的完整描述出自弗朗西斯科·埃尔南德医生，他以西班牙菲利浦二世私人御医的身份奉命研究阿兹特克人的医药。在埃尔南德有关新西班牙的民族植物学研究中，他这样描述佩奥特尔（peyotl），即阿兹特克印第安纳瓦特尔语所称的佩约特："这根部大小适中，地上没有长出枝叶，但附有某种茸毛一样的东西，因为有这茸毛，我无法贴切地形容它。据说男人和女人都会受到它的伤害。它带有甜味和中等辣度。将它磨碎敷在受

伤的关节，据说可以消除疼痛。关于此点，要是你信得过这些人的话，那么这根就具有神奇的特性，会使那些吸食佩约特的人预见并预测事情……"

17世纪下半叶，一个西班牙传教士在纳亚里特州记下了最早有关佩约特仪式的记述。关于科拉族的部落，他写道："乐师旁坐着一个领唱人，他负责原地踏步。每一个领唱人都有助手在他疲惫时接替他。附近放了一个托盘，上面摆满佩约特，那是恶魔之根，磨碎之后被人们拿来饮用，以防被这么耗费精神的冗长仪式拖垮。仪式开始时，男人和女人围出一个大圆圈，这圆圈尽可能圈住他们特意为仪式清出的空间。他们一个接一个地在圈内跳舞或原地踏步，受邀前来的乐师与领唱人在场子中央，大家唱着他为他们所配的即兴旋律。他们彻夜跳舞，从傍晚五点跳到清晨七点，不稍歇息，也不离开圆圈。当舞蹈结束时，

凡是能受得了的都站着；而大部分人因为喝了佩约特和酒，双腿都不听使唤。"

科拉族、维乔尔族，以及塔拉乌马拉族印第安人的仪式，其内容大概几百年来没啥改变：大部分仍然由舞蹈组成。

现代的维乔尔族佩约特仪式最接近哥伦布发现新大陆之前的墨西哥仪式。萨阿贡有关塔拉乌马拉族仪式的描述，也大可用来形容当今的维乔尔仪式，因为这些印第安人仍然集聚在其位于墨西哥西部马德雷山的家乡西北方四五百公里的沙漠，仍然日夜吟唱，仍然哭泣不已，仍然崇敬佩约特甚于其他任何精神活性的植物，以致神圣蘑菇、牵牛花、曼陀罗，以及其他土生的致幻植物都被交托巫师使用。

墨西哥所存有的早期记录，大半是反对将佩约特用于宗教习俗的传教士留下的，对他们而言，佩约特因与异端有关，在基督教里毫无立足之地。西班牙神职人员无法容忍他们自己的宗教以外的任何崇拜，由此产生残酷的迫害。但是印第安人不愿放弃他们已有数百年传统的佩约特膜拜。

然而，基督教对佩约特的压制不遗余

力。例如，得克萨斯州圣安东尼奥（San Antonio）附近的一个牧师在1760年发表一份手稿，内含下列针对改信基督教者的问题："你吃过人肉吗？你吃过佩约特吗？"另一位牧师尼古拉斯·德莱昂（Nicolas de Leon）也曾盘问有可能皈依基督教的异教徒："你是预言者吗？你会借辨识预兆、解梦，或查看水面的涟漪或图案等来预言吗？你会用花环装饰偶像所在之处吗？你会吸别人的血吗？你会在夜里到处游荡，召唤恶魔来帮助你吗？你曾经自己喝佩约特或给别人喝佩约特，以便发现秘密，或发现被偷走或遗失之物吗？"

19世纪的最后10年，探险家卡尔·伦姆荷兹观察到墨西哥大西洋沿岸马德雷山脉地区的印第安人（主要是维乔尔族和塔拉乌马拉族）使用佩约特的情形，他也报道了乌羽玉仪式，以及与佩约特一起使用或取代它的各种仙人掌。

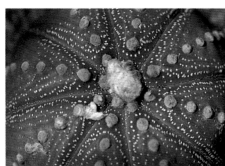

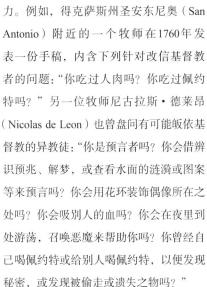

墨西哥已知的仙人掌有佩约特、伊库里、佩约蒂略，或假佩约特。这些仙人掌主要含有仙人球毒碱及其他精神活性的生物碱。

上左图：岩牡丹（*Ariocarpus retusus*）

上右图：紫星仙人掌（*Astrophyton asterias*）

下左图：雷氏阿兹特克仙人掌（*Azte kium riterii*）

下右图：龟甲牡丹（*Ariocarpus fissuratus*）

左图：已知最早有关乌羽玉的植物图绘发表于1847年。该种乌羽玉出土于7000多年前的考古遗址。它大概是征服墨西哥的西班牙人最早遇到、也最令他们叹为观止的致幻植物。

你明白我们为佩约特奔走时是什么情形。

我们奔走时，不吃，不喝，意志坚定。

全体一心，这就是我们维乔尔人的作风。

这就是我们的团结。这就是我们必须捍卫的。

——拉蒙·梅迪纳·西尔瓦（Ramón Medina Silva）

然而，从来没有人类学家参与或观察过寻找佩约特的过程，直到1960年代，维乔尔人才允许人类学家和一个墨西哥作家随同他们做了若干次朝圣之旅。一年一度，维乔尔族印第安人进行采集"伊库里"（他们对神圣仙人掌的称呼）的神圣之旅。带路的是一个有经验的"阿卡梅"（mara'akame）或萨满，他与"塔特瓦里"（Tatewari，即我们的祖辈）有联系。塔特瓦里是最老的维乔尔神祇，又称"伊库里"，即佩约特之神。他化身为人，手脚上有佩约特植株；他向现代萨满介绍所有的神祇，通常是通过幻象，

芦。他们往往也带着水壶，以便将水从维里库塔运送回家。通常他们停留在维里库塔时只吃玉米烙饼。不过，朝圣者会在维里库塔食用佩约特。他们必须长途跋涉。今天，这样的旅程大半以车代步，但在从前，印第安人得步行约三百公里的路程。

采集佩约特的准备工作包括仪式性的认罪与洁净。朝圣者必须公开列举所有的性接触，但不可显出羞耻、怨恨、嫉妒，或任何敌意。对每一桩罪过，萨满都会在绳子上打一个结，仪式结束时烧毁绳子。在认罪之后，朝圣团便准备出发前往维里库

有时则是间接通过Kauyumari（神圣鹿人暨文化英雄）。塔特瓦里引领人们做了第一次佩约特朝圣，从现在栖居着9000名维乔尔族印第安人之处，进入盛产佩约特的先祖居住地——遥远的"维里库塔"地区。在萨满的带领下，通常有10—15位参与者跟随塔特瓦里去"寻找他们的生命"，这些人便具有神化的祖先身份。

寻找佩约特的过程真的就是在寻找。朝圣者带着这趟旅行的仪式所需要的烟草葫

塔——位于圣·路易斯·波托西（San Luís Potosí）的一个地区——但启程去乐园前必须净身。

当维里库塔的神圣山脉在望时，朝圣者便接受仪式性的梳洗，并祈求降雨与丰收。在萨满的祈祷与唱诵之中，进入冥界的危险越界之旅揭开序幕。这个旅程有两个阶段：第一个是"撞云之门"，第二个是"云开"。它们并不代表真实的地点，而只存在于"心理的地图"之上；对参与者而

左图：带到维里库塔的篮子只装若干私人物品和仪式用品。回程时，则装满朝圣时采集到的乌羽玉扣。维乔尔人说，佩约特"非常娇贵"，因此装满佩约特的篮子必须谨慎小心地运回山区，以免碰伤它们。靠在篮子旁的，是一把用来为佩约特舞蹈伴奏的维乔尔小提琴。

右图：一个采集者在家中摊开他采集到的佩约特。

下左图：携带着一篮子佩约特的采集者。

下右图：从朝圣之旅回来的维乔尔印第安人。

言，从一个地点到另一个地点，是令人激动的大事件。

一抵达寻找佩约特的目的地，萨满就开始施行礼仪，讲述古代佩约特的传统，召唤保护这些活动的力量前来。首次参与朝圣的人蒙着眼睛，所有参与者由萨满带领到只有他看得见的"宇宙入口"。所有的庆祝者停下来，点亮蜡烛，低声祈祷，而充满着超自然力量的萨满则唱诵着。

终于，找到了佩约特。萨满看到了鹿的足迹。他抽箭射向那仙人掌。朝圣者向这第一个被寻获的伊库里献上祭物。越来越多的佩约特被发现，最后采集到好几篮。翌日，采集到更多的佩约特，其中一些要分给留在家中的人享用，剩下的卖给科拉族和塔拉乌马拉族的印第安人，他们虽然使用佩约特，但并没花工夫去找。

接着举行烟草分配礼。箭矢朝着罗盘的四个方位摆放；在午夜时刻生火。根据维乔尔人的说法，烟草属火。

第148页右图：每一个朝圣者都带了献给佩约特的供物。在小心翼翼地展示这些礼物之后，朝圣者朝着太阳升起的方向高举蜡烛。他们哭求众神接受他们的供物，与此同时拉蒙（右起第二位）热切地唱诵圣歌。

第151页左图：维乔尔人的"三位一体"是由鹿、玉米、佩约特构成的，是超象征的综合体，这个概念可回溯到创世时期。在神创造天地之前，植物与动物尚未分离，而佩约特代表与超自然界的跨时间联结。在年度的佩约特采集活动中，朝圣者以箭射下所寻获的第一株佩约特，比作垂死的鹿，并给予特定的颂歌，且献上玉米种子。

第151页右上图：墨西哥北部亚基族印第安人以雄鹿象征佩约特仙人掌，如木雕所示。

萨满开口祈祷，将烟草祭物放在篝火前，以羽毛碰触，然后将烟草分配给每一个朝圣者，朝圣者将烟草放进他的葫芦里，象征烟草的诞生。

维乔尔人寻找佩约特之旅被视为回归维里库塔或乐园，即一个神话历史典型的开始与结束。一个现代的维乔尔资深萨满

们需要的仙人掌。虽然这两个部落相隔数百公里，彼此也没有密切的关系，但他们对佩约特的叫法一样，都称它"伊库里"，两个部落的佩约特崇拜也有许多相似之处。

塔拉乌马拉人的佩约特舞蹈可在一年里的任何时间举行，基于健康、部落繁荣或单纯崇拜的目的。有时它会被纳入其他既定的年度节庆活动。仪式主要由舞蹈和祈祷构成，在这之后会有一整天的盛宴。地点在一个打扫得干干净净的空地。为了生篝火，栎树和松树木头被拖到会场，依东西方向放置。这个舞蹈的塔拉乌马拉名称是"绕着篝火移动"的意思；除了佩约特本身，火是这个仪式最重要的元素。

仪式带领者有数位女助手，协助准备佩约特植株，在凹面磨盘上研磨新鲜的仙人掌，小心翼翼地不让汁液流失一滴。有个助手负责把所有的汁液（甚至包括冲洗凹面磨盘的水）接取到一个葫芦里。带领者坐在篝火的西侧，他的对面可能会竖起一根十字架。在他面前挖有一个小洞，可以让他用来吐口水。可能会有一个佩约特侧摆在他前面，或插到地底下的一个根状洞里。他将半个葫芦倒扣在佩约特上，转动它，在仙人掌周围的地面擦刮出一个圆圈。接着他暂时拿开葫芦，在地面画一个十字，代表这个凡世，然后再把葫芦放回去，摆在十字上面。这个葫芦被当作擦刮佩约特的共鸣器：佩约特就放在共鸣器下，因为它喜欢那个声音。

上图："它是一，它是统一，它是我们自己。"维乔尔萨满拉蒙·梅迪纳·西尔瓦的这些话，描述了佩约特仪式上信众间的神秘契合，在这些人的生活里这种契合是非常重要的。在这幅线纱画里，6个佩约特采集者和萨满（顶端）在火域中臻至统一。在佩约特采集者中间的是化为五羽火的塔特瓦里，他是第一个萨满。

作了如下的陈述："有一天，一切将如你今天在维里库塔所看到的。最早的人类将回来。田野会是纯净而晶莹的，这一切我还不是很清楚，不过再过五年，通过更多的启示，我就会明白。这世界将会结束，这里会再度统一。但只为纯正的维乔尔人。"

在塔拉乌马拉人那里，佩约特崇拜不那么重要。许多人通常向维乔尔人购买他

接着，珂巴脂（copal）燃出的香味被献给十字架。带领者的助手面向东、下跪、在胸前画十字，然后边跳舞边摇晃着鹿蹄制的摇棒或摇铃。

佩约特、五色玉米——这一切，所有你在我们去寻找佩约特时在维里库塔所看到的，它们都好美啊。它们美，是因为它们是正确的。"引自巴尔巴斯·迈尔霍夫《佩约特采集》（Barbars Myerhoff, *Peyote Hunt*）。

磨好的佩约特被放在靠近十字架的一个钵子或瓦罐里，由助手装在葫芦里捧上来：把葫芦拿到带领者那儿时，他会绕火堆三圈，要是拿给其他一般的与会者，便只绕一圈。所有的歌都赞美佩约特对部落的保护及其"美丽的致幻力"。

治病仪式通常如同维乔尔人的方式。

塔拉乌马拉的带领者在破晓时分进行医治仪式。首先带领者以三次敲击声结束舞蹈。他站起来，在一个年轻助手的伴随

下，一面绕着院子，一面用水碰触每一个人的额头。他碰触病人三次，将他的木棒放在病人头上，敲三下。敲击所产生的尘土虽然微小，却能赐予健康与生命，因此会被保存起来作为医疗之用。

最后的仪式是送佩约特回家。带领者向着东升的太阳，敲击三下。"在大清早，伊库里会乘坐着美丽的绿鸽从圣伊格纳索（San Ignacio）萨塔波料（Satapolio）来，在舞蹈结束之际，当众人献上食物开始吃喝时，与塔拉乌马拉人一起享受盛宴。"

在美国以及加拿大西部的许多地区，有四十多个美洲印第安部落将佩约特用于宗教圣礼。由于佩约特被广泛使用，它很早就引起科学家和立法者的注意，也导致

了争议。不幸的是，也通常有人不加考虑地反对美洲印第安人在仪式上自由使用佩约特。

很显然，是基奥瓦族（Kiowa）和科曼切族（Comanche）印第安人在拜访墨西哥北部一群原住民时，首次得知这种神圣

右图：红色的侧花槐种子。

上左图：在美洲原住民教会里，主持佩约特集会的"指路人"是大神灵的代表，其职责乃是向参与者指出"佩约特道路"。在史蒂芬·莫波普（Stephen Mopope）的画作里，指路人手执与传统宗教有关的仪式物件：扇子、手杖与摇棒。他的脸颊画有佩约特植株的冠部。

上中图：此图亦为莫波普所作，唱诵圣歌的参与者坐在神圣的帐篷里，中间是父火与新月形祭坛。帐篷之上是佩约特水鼓。

上右图：苏族（Sioux）巫医亨利·乌鸦·狗（Henry Crow Dog）在罗萨武德（Rosebud）印第安保留区一个佩约特聚会上吟唱。

的美洲植物。美国境内的印第安人在19世纪后半叶时已被限制在保护区内，他们的许多文化遗产逐渐瓦解、消失。面对这不幸、无可避免的前景，一些印第安人领袖，尤其是被徙置在俄克拉何马州的部落领袖，开始积极传布一种新的佩约特膜拜，以顺应美国较先进的印第安人团体的需求。

基奥瓦族和科曼切族显然是这个新宗教最活跃的支持者。今天盛行于墨西哥北部边界的佩约特仪式，就是稍微修改过的"基奥瓦—科曼切式"的佩约特仪式。从这种新佩约特膜拜的快速扩展来判断，这个仪式必然已强烈吸引美国大平原地区的部落，后来又吸引了其他地区的部落。

新佩约特膜拜的成功扩展，引起基督教传教士与地方政府对佩约特膜拜的强烈反对。反对之凶猛经常导致当地政府制定压制性的法律，尽管科学舆论一面倒地指出，应该允许印第安人使用佩约特来进行

宗教活动。为了保护他们从事自由宗教活动的权利，美洲印第安人把佩约特膜拜组织成合法的宗教团体，即"美洲原住民教会"。1885年之前，美国还没有人知道这个宗教运动，但到1922年它已有13,300个会友。1933年，至少有30万个佩约特教派的会友分布在70个不同的部落里。

美国境内的印第安人住得离佩约特的自然生长地区很远，因此他们必须使用干燥的仙人掌顶部，即所谓的"乌羽玉扣"。它们是合法获得的，通过收集或购买，经由美国邮政递送。有些美洲印第安人仍遵循墨西哥印第安人的习俗，派朝圣者前往田野采集这种仙人掌，但美国境内大部分的部落团体都必须通过购买和邮寄来获得供应。

该教派会友可能会因重获健康、旅行平安归来，或佩约特朝圣之旅成功，心存感激而聚会；他们也可能为庆贺婴儿诞生、小孩命名、获得医治而聚会，甚至只是一

左图： 佩约特摇棒是美洲原住民教会很重要的一种佩约特仪式道具。

般的感恩。

基克卡普族（Kickapoo）印第安人会为逝者举行佩约特仪式，把逝者遗体搬进仪式帐篷。基奥瓦人可能会在复活节举行5个仪式，圣诞节与感恩节举行4个，新年举行6个。聚会通常只在周六晚上举行，基奥瓦人尤其如此。凡是佩约特教派的会友，都可能是带领者，即"指路人"。指路人，有时候是所有的参与者，都必须遵守某些禁忌。老年人禁止在聚会前一天或次日吃盐，在佩约特仪式之后数日都不可沐浴。跟墨西哥部落一样，他们似乎没有性禁忌，但礼仪一点也不放荡。妇女被允许进到会场吃佩约特、祈祷，但她们通常不参与歌唱或击鼓。小孩在十岁后可以出席聚会观摩，但要到成年后才能参与。

每个部落的佩约特仪式各不相同。典型的大平原地区印第安人仪式通常在帐篷里举行，帐篷搭建在一个用泥土或黏土细心做成的祭坛上；待通宵达旦的仪式结束后，帐篷立刻拆下。有些部落在木制圆屋里举行这个仪式，屋里有用水泥做的永久性祭坛。奥萨赫族（Osage）和夸帕夫族（Quapaw）印第安人经常使用有电灯的圆屋。

"父佩约特"（硕大的"乌羽玉扣"，或干燥的佩约特植株的顶部）被放到祭坛中央的十字架，或鼠尾草叶做成的玫瑰形图案上。这个新月形的祭坛是佩约特之灵的象征，在仪式期间"父佩约特"绝对不能从祭坛拿开。一旦"父佩约特"摆好了，所有的交谈便停止，所有的眼睛都看向祭坛。

烟草和玉米包叶或埃默里栎（black jack oak，即 *Quercus emoryi*，分布在美国东南部的黑栎——译者注）树叶在围圈坐着的崇拜者之间传递，每个人都做了一根卷烟，以便在带领者主持的开场祈祷时使用。

接下来的程序包括以柏香洁净装乌羽玉扣的袋子。在这项祈福之后，指路人从

上图： 这张照片呈现代表"指路人"权威的羽饰手杖：点燃仪式卷烟的两支点火棍，其中一支借雷鸟和十字架的结合表征基督教与原住民元素的融合；做卷烟用的玉米壳；鼓棒；几个葫芦做的摇棒；两条侧花槐种子做成的项链，是"指路人"服饰的一部分；一束三齿蒿；乌羽玉扣；佩约特的仪式领带；一块黑色的"佩约特布"；一支用老鹰翅骨做的笛子和烧香用的一小堆"柏木"针叶。

上左图：维乔尔人现代版的"佩约特女神"，即"大地之母"。她的衣服装饰着神圣仙人掌的图案。佩约特是她给人类的礼物，以便人类与她联系。通过对佩约特女神的认识，人类学会敬重与尊崇地球，以及明智地利用地球。

上右图：一个维乔尔男子与他在村子里栽植并悉心照顾的佩约特小园圃。

上图：一个维乔尔阿卡梅萨满和助手们一起在庙前唱诵，佩约特仪式将在此举行。

第155页上图：在迷幻仪式上，把磨碎的佩约特与水混合，然后给与会的众人饮用。

袋子里取出4个乌羽玉扣，再把袋子以顺时针方向传下去，每个膜拜者拿4个。仪式进行期间，随时都有可能需要更多的佩约特，消耗量的多寡由个人自行斟酌。有些佩约特食用者一个晚上会吃上36个"扣子"，有的吹嘘自己吃掉50个之多。平均数量大概是每人12个。

唱歌活动由指路人开始，开头的歌总是一成不变，用鼻音高声哼唱或念诵。歌词翻译过来的意思是："愿神祇保佑我，助我，赐我力量与理解力。"

有时候，指路人可能会被要求医治病人。这个程序有不同的形式。医治仪式几乎总是很简单，内容包括祈祷，以及频繁地使用十字架这个标志。

在仪式中食用的佩约特具有圣餐的作用，部分是由于它具有精神活性，会让服用

者有安乐感，使耽溺于吸食佩约特的人体验到一些心理活动（主要是色彩缤纷、千变万化的幻象）。在美洲原住民的心目中，佩约特是神圣的，是神的"使者"，能使个人不靠祭司的媒介，就能与神沟通。对许多佩约特信徒而言，它是神在人间的代表。"甚至在神派遣基督到杀他的白人中间之前，神便告诉德拉瓦人（Delawares）要行善……"一个印第安人向人类学家这样解释，"神造了佩约特。它是他的力量。它是耶稣的力量。耶稣在佩约特之后才来到世间……神（通过佩约特）告诉德拉瓦人的话，就和曾经告诉白人的那些话一样。"

佩约特用作圣餐，与之相关的是它在医药上的价值。一些印第安人声称，要是佩约特使用得当，所有其他的药物都将无用武之地。佩约特被认定具有疗效，可能是佩约

特膜拜能在美国迅速扩展的主要原因。

佩约特膜拜是一种医药宗教崇拜。在考量美洲原住民医药时，我们必须时时记住原住民的医药概念和现代西方医药概念之间的差别。一般而言，原住民社会无法理解人会自然死亡或生病，而相信死亡是超自然力量介入的结果。他们所谓的"医药"分为两种：具有纯粹生理效力的医药（即减轻牙痛或消化不良）；以及成效卓越的医药，它们使巫师能通过各种幻象，来与造成疾病和死亡的邪灵沟通。

佩约特教之所以能在美国快速成长且不屈不挠，因素众多，并且彼此关联。其中最明显，也最常被提到的，包括容易合法取得致幻物、联邦政府未加干涉、部落休战、保留区的生活方式带来联姻及社会与宗教理念的和平交流、运输与邮政流通便利、对入侵的西方文化持顺从态度。

1995年，克林顿政府同意美洲原住民教会对佩约特的使用合法化！

上图：现代版的纳瓦霍佩约特鸟。

左图：以孔雀羽毛做成的佩约特扇被印第安人用来引发幻象。

神祇的小花儿

上图：已发现的子实体最大的靛变裸盖菇（*Psilocybe azurescens*）之一。

"人间之外有一个世界，那个世界既遥远又近在咫尺，而且是我们看不见的。那是神的居所，是逝者、众灵与众圣人所住之地，在那里万事早已发生，一切都是已知的。那个世界会说话，有自己的语言。我可转述它所说的。神圣的蘑菇执起我的手，带我去那个万物皆为已知的世界。那些神圣的蘑菇，用我能了解的方式说话。我问它们问题，它们给我答复。和它们一起旅行回来以后，我便向人诉说它们告诉我、向我呈现的一切。"

这是著名的马萨特克印第安萨满马里亚·萨宾纳以崇敬之情描述迷幻蘑菇神赐力量的一段话，这种力量被运用在她所进行的承传已久的仪式里。

像墨西哥的神圣蘑菇这样受到人类崇敬的神祇植物少之又少。这些真菌无比神圣，以致阿兹特克印第安人称之"特奥纳纳卡特尔"，意为"神圣之肉"，并且只在最神圣的典礼上使用它们。尽管蘑菇是真菌而不会开花，阿兹特克印第安人仍称它们为"花"，现今仍将它们用在宗教仪式上的印第安人还为它们取了一些昵称，例如"小花儿"。

当西班牙人征服墨西哥时，他们惊讶地发现原住民借助于有迷醉力的植物来膜拜他们的神，这些植物包括佩约特、奥洛留基，及特奥纳纳卡特尔等。其中蘑菇尤其令欧洲宗教势力不快，因此他们着手断绝其在宗教仪式上的用途。"他们拥有另一种致幻的方法，那可以加剧他们的残酷；因为如果他们使用某种小型有毒真菌，他们会看到千百种幻象，特别是蛇。他们用他们的语言称这些蘑菇为'特乌纳马卡特尔特'（teunamacatlth），意思是'神之肉'或他们所崇拜的魔鬼，他们便是以此方法，领受残酷之神所赐的苦毒食物圣餐。"

1656年，一本传教手册据理反对印第安人的偶像崇拜，包括摄食蘑菇，并建议将这些蘑菇连根拔除。不仅有报道谴责"特奥纳纳卡特尔"，还有人以写实的插图斥责它。有一幅插画描绘恶魔怂恿印第安人吃蘑菇；另一幅则画着魔鬼在一株蘑菇上表演舞蹈。

"但是，在讲解这种偶像崇拜之前，"一名神职人员说，"我想要说明我们所谈的这种蘑菇的性质：它体形小、颜色微黄。为了采集这种蘑菇，那些自命为神使的祭司和

1. *Psilocybe mexicana* 墨西哥裸盖菇

2. *Psilocybe semperviva* 常绿裸盖菇

3. *Psilocybe yungensis* 容格裸盖菇

4. *Psilocybe caerulescens* var. *mazatecorum*
马萨特克蓝变裸盖菇

5. *Psilocybe caerulescens* var. *nigripes*
黑蓝变裸盖菇

长者几乎在那里待一整夜，传教、迷信地祈祷。清晨，当他们所认识的某种微风开始吹动时，便开始采集蘑菇，赋予它们神性。人摄食或服用这些蘑菇，便会昏沉迷醉，丧失知觉，相信许许多多荒诞的事。"

西班牙国王的私人御医埃尔南德医生写道，为人膜拜的致幻蘑菇有三种。在描述一个致命的种之后，他如此叙述："其他两种吃了以后不会丧命，而是会发狂，症状是大笑不止，有时甚至长久不愈。这种蘑菇通常被称为'特伊乌因特利'（teyhuintli），其色深黄，味苦涩，具有不难闻的新鲜气味。也有其他种蘑菇，不会引发大笑，而是会让人看到种种幻象，诸如战争和类似鬼怪的形体。还有别种同样为王公所喜爱的蘑菇，用于宗教节日或盛宴，价值不赀。为了找到它们，搜寻者必须彻夜守候，且带着敬畏之心。这种蘑菇是淡褐色的，带点苦涩味。"

有四个世纪之久，蘑菇崇拜丝毫不为人知；甚至一度有人怀疑蘑菇被当成迷幻药用在典礼上。基督教神父成功地以迫害手段将蘑菇崇拜地下化，以致在本世纪以前从来没有人类学家或植物学家了解蘑菇的宗教用途。

6. *Psilocybe cubensis* 古巴裸盖菇

7. *Psilocybe wassonii* 沃森氏裸盖菇

8. *Psilocybe hoogshagenii* 霍氏裸盖菇

9. *Psilocybe siligineoides* 拟角裸盖菇

10. *Panaeolus sphinctrinus* 褶环斑褶菇

7　　　　　　8　　　　　　9　　　　　　10

上图：具有精神活性的蘑菇分布于世界各地。在许多地方，喜爱蘑菇的游客可以买到以蘑菇为主要图案的T恤。图为来自尼泊尔加德满都的刺绣。

上右图：薄裸盖菇（*Psilocybe pelliculosa*）是作用较弱、效力较温和的蘑菇，分布于太平洋西北地区。

1916年，一位美国植物学家终于提出一种鉴定"特奥纳纳卡特尔"的办法，他断言：特奥纳纳卡特尔和佩约特是相同的药物。他透露，出于对编年史家和印第安人的不信任，原住民为了保护佩约特而向政府谎报蘑菇就是佩约特。他声称，干燥、褐色而呈扁平圆盘状的佩约特顶部很像干蘑菇，甚至可以瞒过真菌学家。直到1930年代，迷幻蘑菇在墨西哥所扮演的角色，及其植物学身份和化学组成的知识，才为人所知。在1930年代末期，人们才采集到诸多神圣墨西哥蘑菇中的两种，并和现代蘑菇典礼关联起来。接下来的田野研究促成了二十几种神圣蘑菇的发现，最重要者为裸盖菇属，其中12种已有记录，但不包括古巴球盖菇（*Stropharia cubensis*），虽然它有时被归为裸盖菇属。最重要的种别似乎是墨西哥裸盖菇、古巴裸盖菇和蓝变裸盖菇。

这些不同的蘑菇已被下列各族印第安人运用于占卜和宗教仪式：瓦哈卡的马萨特克族、奇南特克族、查蒂诺族（Chatino）、米塞族（Mixe）、萨波特克族、米克斯特

左图：16世纪西班牙托钵会士贝尔纳尔迪诺·德·萨阿贡谴责阿兹特克印第安人在圣礼上使用墨西哥裸盖菇，即"奇妙蘑菇"。这幅画出自萨阿贡著名的《佛罗伦萨古抄本》（Codex Florentino），在粗略勾勒的蘑菇上方有个恶魔般的鬼灵。

克族；普埃布拉的纳瓦族（Nahua），可能还有奥托米族（Otomi）；以及米乔安卡（Michoanca）的塔拉斯坎斯族（Tarascans）。目前频繁使用神圣蘑菇的，主要是马萨特克族印第安人。

蘑菇的产量每年不同，生产的季节也不一样。有些年会有一种或多种蘑菇特别罕见乃至绝迹。蘑菇的分布位置也会改变，而且不是随处可见。再者，每一个萨满都有他最中意的蘑菇与忌讳的种类；例如，马里亚·萨宾纳就不使用古巴裸盖菇。还有，使用者对某些蘑菇有特定用途。也就是说，每一次民族植物勘探，即便由同一批人到同一地点去找，可能也无法找到和预期种类相同的蘑菇。

化学研究显示，裸盖菇素，其次是脱磷裸盖菇素，存在于和墨西哥仪式有关的数个属的多种蘑菇里。事实上，这些化学复合物已经从分布广泛并散见于世界各地的多种裸盖菇属和其他属蘑菇中离析出来。不过现有证据显示，含裸盖菇素的蘑菇，目前只有在墨西哥才用于原住民的仪式典礼上。

现代蘑菇庆典是彻夜的降神会，有些还包括治病仪式。典礼的主要节目在吟诵中进行。蘑菇引起的迷幻作用主要是看见如万花筒般变幻、五彩缤纷的幻象，有时会出现幻听，与会者会陷入一波波超自然的幻想里。

仪式用的蘑菇由年轻的处女在新月时到森林采得，之后这些蘑菇被拿到教堂，在祭坛上放很短的一段时间。它们从不在市场上出售。马萨特克印第安人称这些蘑

特奥纳纳卡特尔的化学成分

特奥纳纳卡特尔，即墨西哥的神圣蘑菇，具有的致幻作用来自两种生物碱，即裸盖菇素与脱磷裸盖菇素。

其主要成分脱磷裸盖菇素是裸盖菇素的磷酸酯，通常以微量元素存在。脱磷裸盖菇素和裸盖菇素是色胺衍生物，属于吲哚生物碱类。它们的结晶见第23页图示；其化学结构见第186页。这些致幻物与精神化合物血清素的关系尤其明显。血清素之分子模型图见第187页，它是一种神经传递介质，因此，在精神作用的生物化学上十分重要。对人体的有效剂量是6—12毫克，20—30毫克即可引发强烈的幻视。

菇为"恩蒂伊–西–特奥"（Nti-si-tho），其中"恩蒂伊"是表示尊敬与亲爱的冠词；其余的字义是"萌生的东西"。有个马萨特克印第安人作这样诗意的解释："小蘑菇自个儿不知从哪儿冒出来，就像风不知从哪里跑出来，全没来由的。"

男的或女的萨满会唱诵好几个小时，配合着吟唱节奏，不时拍掌，或以物敲击大腿。马里亚·萨宾纳的吟唱已被录下来并加以研究、翻译，她的吟唱有一大部分是她谦虚地宣称自己有资格通过蘑菇来治

上左图：墨西哥的天主教堂里供奉着一个非比寻常的圣者，名为埃尔·尼诺（El Niño，意即圣婴）。墨西哥的印第安人认为他是神圣蘑菇的化身，他们也称神圣蘑菇为"埃尔尼诺"。图为墨西哥奇亚帕斯省圣克里斯托·德拉斯·卡萨斯自治市（San Cristobal de Las Casas）的一座圣坛。

上右图：热带的魔法蘑菇，即古巴裸盖菇，又名古巴球盖菇，最初在古巴采集到。它生长于所有热带地区，偏好有牛粪的地方。

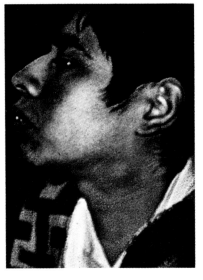

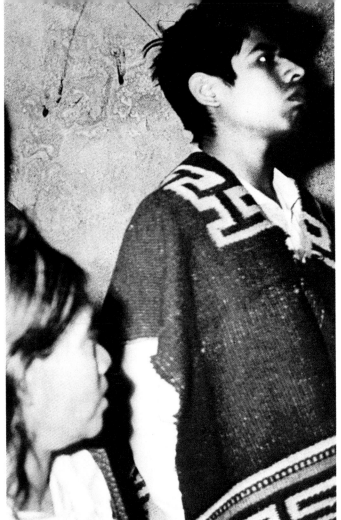

1958年，著名的马萨特克族萨满马里亚·萨宾纳为一名病重的17岁青年佩费克托·霍塞·加尔夏（Pefecto Jose Garcia）举行一场守夜仪式晚会。

由左至右图：佩费克托等待守夜仪式的开始。

仪式开始，佩费克托站起来，马里亚·萨宾纳转过头凝视他。

萨满向几对神圣蘑菇献香后，将有迷醉力的植物递给佩费克托食用。

佩费克托听到马里亚·萨宾纳借助蘑菇得知不利的诊断结果——痊愈无望，惊恐绝望得崩溃了。

尽管诊断结果是不利的，萨满和她的女儿仍继续吟唱，期望得到更多领悟——即使她已知道佩费克托的灵魂将丧失而不可挽回。

病和阐释神力。以下摘录自她的吟唱，全都以音调优美的马萨特克语唱诵，可以让我们看出她的许多"资格"。

"雷鸣之女是我，声响之女是我。蜘蛛女是我，蜂鸟女是我。雕女是我，显赫雕女是我。旋风中的旋风女是我，神圣奇幻地之女是我，流星女是我。"

戈登·沃森是第一个目睹马萨特克族印第安人蘑菇圣礼的非印第安人，他写了以下使用蘑菇的心得：

"让我在此谈谈，吃蘑菇会引起什么样的心神搅动。这种搅动完全不同于酒精的效力，二者有天壤之别。我们即将讨论的，远远超出英语或任何欧洲语言所能表达的。

"没有适当的英文字眼可以形容一个人——怎么说呢——'醉蘑菇'时的情况。几百年，甚至几千年来，我们一直从酒精的观点来思考这些事情，现在我们必须打破酒

精迷恋加给我们的束缚。不管愿不愿意，我们所有人都被监禁在日常语汇所构筑的囚室里。利用挑选字词的技巧，我们可以扩展人们所接受的字词意义，以涵盖稍微新奇的感觉和思想，但是当心境全然独特而崭新时，我们所有既存的字词便毫无用武之地。你如何告诉生来瞎眼的人'观看'是怎么一回事？就我们目前所谈的事例而言，这是个特别适切的类比，因为从表面上看，醉蘑菇的人会表现出若干醉酒者的客观症状。而几乎所有描述醉酒的（英文）字眼，从'中毒'到数十个时下通俗的用语，都带有鄙视、贬抑、轻蔑之意。现代文明人会从一种他们似乎并不尊重的药物里暂时找到安息、忘忧，真是怪哉！假如我们通过类比而使用适用于酒精的词语，那么我们便会对蘑菇产生偏见，而且，既然我们很少有人醉过蘑菇，这种经验很可能不会受到公正的

判定。我们需要的是一套用来描述一种神圣致幻剂所有属性的词汇。"

在典礼上得到六对蘑菇后，沃森立刻将它们吃掉。他体验到灵魂出窍、漂浮在空中的感觉。他看见多角、色彩缤纷的几何图案，图案逐渐变成建筑结构，石造部分呈现亮丽的金色、缟玛瑙、乌黑等颜色，而建筑延伸到视野之外，非人类尺度所能衡量。"此建筑似乎参考自……或是属于……看见《圣经》异象者所描述的建筑。"在昏暗的月光里，"桌上的花束，从大小和形状来看，就像只有神话里才找得到的那种动物拉的帝王级马车或战车。"

蘑菇在中美洲用作仪式、崇拜，显然已有数百年之久。若干早期原始资料显示，危地马拉的玛雅语言有多种蘑菇的阴间叫法。2200年前微小的蘑菇石，在危地马拉市附近的考古遗址出土。有人认为，蘑菇

石像和一位玛雅显贵葬在一起的事实，显示它与《议会志》(Popol Vuh)圣书所描述的"战栗庭"(Xibalba)的九大王(Nine Lords)有所关联。事实上，目前已挖掘出两百多座蘑菇石像，其中最古老的来自公元前1000年。蘑菇石像大部分出土于危地马拉，有些出自萨尔瓦多和洪都拉斯，还有的来自北达墨西哥的韦拉克鲁斯与格雷罗。现在我们已经知道，不管这些蘑菇石的用途为何，它们都表明迷幻蘑菇复杂而神圣的用途有着悠久的历史。

来自16世纪初期的一座保存绝佳的"克斯奥奇皮利"，即"百花王子"雕像，最近在"波波卡特佩特尔火山"(第62页图)的山坡上出土。百花王子面露狂喜，仿佛在酩酊之中目睹幻象；他的头微倾，仿佛在倾听什么。他的身体上雕刻着花朵图案，这些花已被鉴定出是一些神圣、大

圣婴埃尔尼诺，
　有治愈力，
能退烧、祛寒、止牙痛。
它们将邪灵从身体揪出，
让病人的灵魂得到自由。

——马里亚·萨宾纳

上图：艾伯特·霍夫曼在1962年拜访马里亚·萨宾纳，为她拍了许多照片。

第163页图：马里亚·萨宾纳的这些照片显示她对有启示力的蘑菇的虔诚与绝对信任；在彻夜唱诵与不断拍掌的仪式期间，蘑菇使她得以造访另一个世界，她觉得自己完全可以和那个世界沟通。

多能令人兴奋迷醉的植物。百花王子坐的垫座装饰有代表阿兹特克裸盖菇菌盖横切面的花纹，已知该种迷幻蘑菇仅分布于这座火山。无疑，"克斯奥奇皮利"不只代表"百花王子"，更明确地，也代表"醉花王子"，包括纳瓦特尔族诗作里称为"花"与"迷醉花"的蘑菇。

含有裸盖菇素的蘑菇是否曾在新大陆用作巫术及宗教致幻物？答案大概是肯定的。

有一种裸盖菇，很可能还有一种斑褶菇，在古典的玛雅仪式中心帕伦克（Palenque）附近还有人使用，而迷幻蘑菇据悉在墨西哥奇亚帕斯省与危地马拉的边界地带一直有人使用。至于这些蘑菇的现代利用方式是旧时遗风，抑或近代从瓦哈卡引进，则还无法确定。

然而，有越来越多的证据显示，在史前时代，大约公元前100年到公元300—400年之间，蘑菇崇拜曾盛行于墨西哥西北部的科立马州（Colima）、哈利斯科州，及纳亚里特州等地。葬礼用的人俑，头部突出两只"角"，被认为代表蘑菇有关的男性与女性"神祇"或祭司。哈利斯科州维乔尔族印第安人的传统也透露，这些真菌在"远古时代"曾具有宗教用途。

那么，在盛产这些具有精神活性的蘑菇的南美洲，情况如何？今日没有证据显示有人这样使用蘑菇，但有许多证据说明从前有过。根据记述，在17世纪末18世纪初，秘鲁境内亚马孙河流域的尤里马瓜族印第安人饮用一种以"树真菌"制造的具强劲迷醉力的饮料。耶稣会的记述说，印第安人"把长

在倒木上的蘑菇和一种通常附在腐烂树干上的暗红色薄膜混合。那薄膜的味道非常辣。因为它非常烈，更精确地说，毒性非常强，凡是喝这种饮料的人必定会喝三大口就醉倒。"有人认为，树真菌可能就是这个地区生长的能对精神产生作用的容格裸盖菇。

在哥伦比亚，许多头上有两个圆盖形装饰物的人形金胸铠——出土。它们具有所谓的巴拿马东部的达里恩（Darien）风格，大多出现于哥伦比亚西北部的西努地区和太平洋沿岸的科里马州。由于没有更好的名称，姑且称之为"电话听筒神"（telephone-bell gods），因为它中空的半球形装饰物很像老式的电话听筒。有人认为它们是蘑菇像。在巴拿马和哥斯达黎加发现了类似的手工艺品，犹加敦也发现一个，这些事实可以解释为：史前时代，从墨西哥到南美洲有连贯性的蘑菇崇拜。

在更南的南美洲，考古证据显示，蘑菇在宗教上具有重要性。例如，秘鲁出土的"马切"（Moche）人俑马镫壶上，有蘑菇状的头部装饰。

尽管来自考古的证据极具说服力，但殖民时期的文献里几乎不曾提及蘑菇的这种使用方式。而且，在南美洲原住民团体中，亦未听说有蘑菇作为致幻物使用的，这使我们在阐释这些蘑菇时要十分小心，否则，它们很容易被说成是来自巴拿马以南的古代蘑菇刍像。然而，倘若上述来自南美洲的各种考古文物确实代表致幻蘑菇，那么在美洲，蘑菇发挥重要意义的地区就会扩大不少。

"从地里蹦出的小东西"
蓝变裸盖菇，我吃下了它
然后我谒见了神
从大地跳出的神

——马里亚·萨宾纳

占卜者之草

右图：占卜鼠尾草很容易从它的方形茎来辨认。

下图：用占卜鼠尾草的新鲜叶片制成稠膏，慢慢咀嚼。

与印第安人的蘑菇崇拜关系密切的是另一种精神活性植物占卜鼠尾草的使用。至于是否在前西班牙时代就有人使用，就不得而知了。很可能，这种植物就是阿兹特克人所谓的"皮皮尔特辛特辛特利"。

第165页上左图：马萨特克人以五彩苏为占卜鼠尾草的替代品。

第165页上右图：马萨特克人认为五彩苏与占卜鼠尾草关系密切。

第165页下图：墨西哥雨林内的占卜鼠尾草。

瓦哈卡地区马萨特克人的萨满（不论男女）所使用的占卜鼠尾草，又叫作"牧人之草"，在仪式中与占卜或医治有关，通常作为缺乏更好的精神活性蘑菇时的替代品。马里亚·萨宾纳对它的评论为："当我要医治病患，又找不到蘑菇时，我必须回头去找牧人之草。当你磨碎叶片后服用，它的功效就像'尼诺'（即墨西哥裸盖菇）。但是，当然，牧人之草的致幻力是万万不及蘑菇的。"

在膜拜仪式中牧人之草的使用方式酷似蘑菇的用法。占卜鼠尾草仪式在漆黑阒寂的夜晚举行。医治者与病患或独处，或与其他病患共处，有时也可能有健康的人在场。萨满在咀嚼与吸食叶片之前，会燃一点珂巴香脂，据说有些祈祷者会献上牧人之草。会众咀嚼完叶片后便静静地躺下，尽可能噤声。由于此叶的功效远比蘑菇短暂，所以占卜鼠尾草仪式最多1—2小时。如果幻视够强，巫医便可找到患者的病因或其他病痛，并告知痊愈之方，然后结束仪式。

占卜鼠尾草亦称为"阿兹特克草"（Aztec sage），是瓦哈卡的墨西哥州东部

马德雷山之马萨特克的原生植物，自然分布于海拔300—1800米的热带雨林。

由于分布范围狭小，占卜鼠尾草可谓最罕见的精神活性植物，但是受到植物爱好者的青睐，如今已遍植全球各地。栽植方式是插枝繁殖。

阿兹特克人用13对（总共26片）新鲜叶片，卷成一种雪茄状烟或长条状嚼烟，将它放进嘴里吸吮或咀嚼。汁液不能吞进去，有效成分通过嘴里的黏膜吸收。有一种卷烟用6片新鲜叶片卷成，若要更浓，则可用8或10片。吃嚼烟几乎10分钟后就会产生作用，药效约持续45分钟。

干叶亦可吸食。用干叶制备时，一张相当大的叶片（深吸2—3口的量），可产生强烈的精神活性反应。一般是吸1—2片叶子。

已知大部分吸食、咀嚼或浸酒饮用占卜鼠尾草者，会有奇特的精神活性反应，效果与令人心情愉悦的致幻药截然不同。服用者往往会感觉"空间扭曲变形"；还会有全身晃动或魂魄出窍的典型反应。

依据马萨特克人对占卜草的分类，它可归为唇形科的两类植物。鼠尾草是"母亲"，小五彩苏是"父亲"，而五彩苏是"小孩""教子"。这些植物新鲜叶片的使用方式，与占卜鼠尾草如出一辙，就像嚼烟草一样。这层关系使得鞘蕊花属跻身于精神活性植物之列。

"皮皮尔特辛特辛特利"是什么？

古代的阿兹特克人认识并使用一种称为"皮皮尔特辛特辛特利"（意即"最纯真的小王子"）的植物。其使用方式酷似原始社等仪式中使用墨西哥裸盖菇的方式。"最纯真的小王子"分"雄性"（macho）与"雌性"（hembra）。墨西哥的国家档案馆内有1696年、1698年、1706年的问讯档案，上面均提到"皮皮尔特辛特辛特利"及其毒性。许多不同领域的作者认为它就是占卜鼠尾草。

占卜鼠尾草的化学成分

占卜鼠尾草的叶片含有"新蜡丹–二萜类"（neocerodan-diterpenes）的鼠尾草碱A与鼠尾草碱B——两者亦分别称为占卜碱A（divinorin A）与占卜碱B（divinorin B）——以及其他化学成分，许多相近的化学物迄今尚未精确地鉴定。鼠尾草碱A（化学式为$C_{23}H_{28}O_8$）为主要成分，若用150—500毫克之微量，便有极为显著的改变效果。鼠尾草碱并非生物碱，由奥尔特加等人（Ortega et al.）于1982年首次命名为鼠尾草碱。1984年，维尔德斯等人（Valdes et al.）以鼠尾草碱A之名描述其化学成分。至今鼠尾草碱的神经化学仍为未解之谜。在所有受体测验，如"新筛选法"（Nova Screen）试验中，均未发现上述这些成分有特定的受体。此外，该植物亦含有强心苷类化合物（loliolid）。

"四风"仙人掌

上左图: 成堆的圣佩德罗仙人掌在秘鲁北部奇克拉约(Chiclayo)的"女巫市场"贩售。

上右图: 生长快速的圣佩德罗仙人掌,栽培状态下刺稀疏乃至无。

民俗医疗中的"圣佩德罗"位居特殊的象征地位是有其缘由的:圣佩德罗的力量永远与动物同样威猛。它是大人物,是庄严的人物,是具有超自然力量的人物……

圣佩德罗仙人掌,即毛花柱,无疑是南美洲最古老的魔法植物。最古老的考古学证据是秘鲁北部一座神庙内的"查文"(Chavín)石雕,可追溯至公元前1300年。和上述石雕年代几乎同样久远,来自查文的古老织品上,亦可见毛花柱仙人掌及美洲虎、蜂鸟等动物的图像。在公元前1000年到公元700年间的秘鲁陶器上,也有该植物及相伴的鹿;在数百年后的一些陶器上,还出现毛花柱仙人掌、美洲虎及格式化的螺饰,这些图案都受到毛花柱引起的幻象启发。秘鲁南部海岸的纳斯卡(Nazca)文化(公元前100—公元500年)的巨大陶瓮缸上,也画有圣佩德罗。

当西班牙殖民者抵达秘鲁时,毛花

柱仙人掌的使用已相当普遍。一份来自基督教会的报道指出,萨满"饮用一种饮料,他们称之'阿丘玛'(Achuma),这是从茎粗但表面光滑的仙人掌取汁制成的饮料……""这种饮料非常强劲,喝完后会失去判断力,失去意识,产生幻视,目睹恶魔……"如同对墨西哥的佩约特一般,罗马教会也反对圣佩德罗仙人掌:"这是魔鬼用来欺骗印第安人的一种植物……在他们所信奉的异教里,编织谎言与迷信……那些人饮用后失去意识,宛如死人;甚至有人因为脑子受寒而丧命。饮料的醉毒让印第安人有一丁种荒谬之梦,并且信以为真……"

沿着秘鲁的海岸地区与秘鲁及玻利维亚的安第斯山脉,基督教深深地影响当地圣佩德罗仙人掌的使用,甚至影响到该植物的名称。原因可能是在基督教的信仰中,圣彼得掌有天堂之钥。但整体来看,以月亮为中心的膜拜仪式是异教与基督教的综合产物。

圣佩德罗仙人掌的化学成分

毛花柱属所含的主要生物碱仙人掌碱，能引起幻视。从干燥的圣佩德罗仙人掌样本已分离出2%的仙人掌碱，此外也分离出大麦芽碱。

现在圣佩德罗仙人掌被用来医治疾病，包括治疗酗酒与精神失常，用于占卜、解破魔法，反制各种魔法，保证个人冒险成功。圣佩德罗仙人掌虽然只是萨满所知与所用的许许多多"魔法"植物中的一种，却是最主要的一种。萨满在安第斯山脉高地的神圣潟湖附近采集此植物。

萨满每年去这些潟湖斋戒，也去拜访特殊的巫术专家，以及能唤醒圣佩德罗仙人掌超自然能力的神祇植物"所有者"。即使有病缠身的人，也会苦撑到这些偏远圣地去朝圣。他们认为去赎罪的人在这些潟湖可能会脱胎换骨，而且那里的植物（尤其是圣佩德罗仙人掌）具有非凡的力量，可以治病及增强巫术。

萨满以球茎上的纵肋数目为依据，列出了四"种"圣佩德罗仙人掌：凡具有四肋者是罕见的仙人掌，效力最强，具有非凡的超自然能力，因为四肋代表"四风"与"四道"。

最上图：圣佩德罗仙人掌，即毛花柱。

上左图：圣佩德罗的花白昼不开放。

上右图：傍晚时分，圣佩德罗硕大的花朵灿烂绽放。

左图：一种未确定种名的毛花柱属仙人掌，分布在阿根廷西北部，当地人亦称之为圣佩德罗，并用作精神活性物质。

长花同瓣草（*Isotoma longiflora*）等。上述所有植物，除血苋外，可能都含有精神活性成分。而血苋是有名的治精神失常的植物。至于金曼陀罗木与红曼陀罗木，本身便是强劲的致幻物，故往往成为添加物。

对圣佩德罗进行正确的分类鉴定不过是最近的事。在秘鲁的早期化学与精神病学研究中，此仙人掌被误认为是圆柱仙人掌（*Opuntia cylindrica*）。最近的研究结果指出，此类添加植物具有极大的重要性，值得进一步深入研究。有时候，还会使用其他添加物以顺应法力的需求；碎骨粉与墓灰常被用来提高药汤的功效。一个观察者说，圣佩德罗是"一种催化剂，使一场民俗医疗仪式的所有复杂力量加速整合及运作，此力量尤其展现在萨满的幻视与占卜上"，可以让萨满主宰他人。但是圣佩德罗的魔力远超过其医治与占卜的能力，因为人们认为它能

上左图：公元1200年的奇穆文化的陶器。容器上所绘的有猫头鹰脸庞的女性，可能是一位女草药医生兼萨满。她手握"瓦丘马"，即毛花柱仙人掌。时至今日，当地传统市场上贩售致幻仙人掌的女性往往还是女草药医生兼萨满。

上右图：许多草本植物都叫"孔杜罗"（conduro），但是不同属的植物（例如石松属），传统上用作圣佩德罗饮料的成分。

中图：秘鲁北部的"库兰德罗"（curandero，民间医生），他在西姆贝湖（Shimbo Lake）旁摆设"方巾"，为圣佩德罗仪式做准备。

右图：方巾四周摆了魔棒桶。这些魔棒桶或取自前哥伦布时代的墓穴，或是用亚马孙琼塔棕榈（Chonta Palm）编成的现代复制品。

毛花柱仙人掌在秘鲁的北海岸称为"圣佩德罗"，在安第斯山区的北边称为"瓦瓦马"（Huachuama），在玻利维亚称为"阿丘马"；玻利维亚语的chumarse（"喝醉"）一词便源自Achuma。厄瓜多尔人则称它为"阿瓜科利亚"与"希甘通"。

毛花柱仙人掌的茎通常可在市场购得，像面包一样切成片状，在水中最久可煮7小时。饮了圣佩德罗之后，再喝其他草药，然后在饮料的助兴下开始与萨满交谈，可加速发挥自身的"内在力量"。圣佩德罗可以单独服用，亦可加入另外熬煮的其他植物，这类混合汤叫作"西莫拉"（Cimora）。这类植物性添加物的种别众多，如安第斯的一种仙人掌 *Neoraimondia macrostibas*、苋科血苋属的一种植物、大戟科的红雀珊瑚（*Pedilanthus tithymaloides*）与桔梗科的

保护家园，如忠实之犬，发出神秘的哨声，让入侵者仓皇逃开。

毛花柱的主要效果可从一位萨满的描述中略知一二："……药效会先出现……出现睡意或梦境，一种瞌睡的感觉……有点头晕……然后是一阵幻视，全身清醒如明月……身体会有一点麻木，然后心情又是宁静如镜。接着会有超脱一切的感觉……一种视觉的力量，包括所有的感官……包括第六感，及无阻无碍穿越时空的心身感应……有如把人的思想送到遥远之处。"

四肋仙人掌……被认为是罕见与幸运之仙人掌……它具有特异的性质，因为四肋相当于"四风"与"四道"，超自然力量与方位基点相结合……

——道格拉斯·沙伦（Douglas Sharon）

在仪式中，会众会从"物质中解放"，在宇宙中飞翔。16世纪秘鲁库斯科的一位西班牙官员曾描述有人（可能是萨满）使用圣佩德罗的情形："在众多印第安人中，另有一个术士阶级，在印加人某种程度的准许下存在，他们类似巫师阶级。他们可用他们喜欢的形式，在短时间内穿越时空到遥远之处；他们目睹正在发生的事，与恶魔交谈，恶魔会用他们崇拜的某些石头或物体作答……"令人狂喜的魔术飞翔仍

然是当代圣佩德罗仪式的特色："圣佩德罗是一种辅助工具，人们可以用它来让灵魂更快乐、更易操纵……人们可以在瞬间安全无虞地迅速穿越时间、物质与距离……"

萨满可以只给自己或病人服用药剂，或同时服用。这类萨满医治仪式的目标是，让病人在夜晚仪式期间臻至"最佳状态"，让潜意识如"花朵绽放"，甚至如毛花柱本身一般在夜间怒放。病人有时静思冥想，有时兴奋狂舞，甚至在地面翻滚。

正如数不清的其他致幻物，此为众神赐予人的一种植物，让人得到狂喜的经验——以极暧昧、单纯的方式，几乎在一瞬间，心灵自肉体释放的经验。狂喜是为神圣的飞翔做准备，让人能够在现世生活与超自然力之间体验冥想——一种通过神祇植物建立直接联系的活动。

最上左图： 收割后储藏备用的圣佩德罗仍然具有生命，常常过了数月，甚至数年又开始生长。

最上右图： 红雀珊瑚，又称为"狼奶"，有时被加到圣佩德罗饮料中，增强其效果。传说红雀珊瑚是致幻植物，但迄今未获证实。

上图： 方巾的摆设让人对一个现代医治者自身的统合宇宙观有深刻的印象。来自不同文化的神祇与女神的雕像分别放置在螺壳、古董与香水瓶旁边。

蛇之藤

上左图：伞房盘蛇藤〔奥洛留基藤〕。

上右图："飞盘"是迷人的虎掌藤属管花薯最受欢迎的一个栽培品系。

下图：奥洛留基早期绘画，出自16世纪后半叶萨阿贡所著的《新西班牙事务史》（*Historia de las Cosas de Nueva España*）一书；此植物显然是牵牛花。

四个世纪以前，墨西哥一位西班牙传教士写道："奥洛留基……让所有的使用者丧失理性……原住民用这种方式和魔鬼打交道，因为他们被奥洛留基迷醉之后会胡诌，受各种迷幻现象的欺骗，而把这些迷幻现象归咎于他们声称住在种子里的神祇……"

最近的一项记述指出，奥洛留基并未丧失它与瓦哈卡之神祇的关联："在这些参考文献中，到处可以看到两种文化（西班牙与印第安）的对立，其中，印第安人以各种诡计顽强护卫他们所珍惜的奥洛留基。印第安人似乎已经得胜了。今天，几乎在瓦哈卡的每一个村庄，你会发现奥洛留基的种子仍然具有在原住民发生困难时为他们解危的功能。"在西班牙征服墨西哥之前，具有迷幻作用的牵牛花对墨西哥普通民众的生活十分重要，一如神圣蘑菇，本世纪前，它的使用一直隐密保存在腹地。

西班牙征服墨西哥后不久的一份西班牙文件记载，阿兹特克人有"一种草本植物叫'科阿特尔-索索-乌基'（coatl-xoxo uhqui，绿蛇），它结一种叫'奥洛留基'的种子"。一幅早期的图画描绘这种植物为牵牛花，具有累累的果实、心形的叶子，块状的根，以及缠绕的习性。1651年，西班牙国王御医埃尔南德鉴定奥洛留基为一种牵牛花，并作了专业的记述："奥洛留基，有些人叫它'科阿克斯伊维特尔'（Coaxihuitl）或蛇植物，是一种缠绕性草本植物，有着薄薄的绿色心形叶子；细长、绿色、圆筒形的茎；以及长形的白色花朵。种子呈球形，非常像胡荽的种子，因而该植物有奥洛留基之称。在纳瓦特尔语里，'奥洛留基'一词为'球状物'之意。根部富纤维，状修长。这植物性热，属于第四等级。它对梅毒有疗效，能减轻风寒所导致的病痛。它也能治疗腹胀，消除肿瘤。混合少许树脂，它还能驱风寒，对脱臼、骨折及妇女骨盆病痛等症也有惊人的治疗功能。种子具有某些医药用途。研磨成粉或煎煮后服用，或混合牛奶和辣椒湿敷，据说可以治疗眼疾。饮用则具有壮阳作用。

奥洛留基的化学成分

麦角酸生物碱是奥洛留基所含的致幻化合物。它们是吲哚生物碱类，已从麦角菌中分离出来。麦角酰胺，亦称麦碱，它和羟乙基麦角酰胺皆是奥洛留基里生物碱的主要成分。它们的分子配置模型见第187页。麦角酸环状结构里的色胺基（tryptamine radical）确立了它和这些麦角灵生物碱以及裸盖菇和脑部激素血清素（serotonine，5-羟色胺）活性成分的关系。

麦角酸二乙胺（LSD）是一种半人工合成的化合物，是现今所知最强劲的迷幻剂。它和麦角酰胺的差别仅在于两个氢原子取代了两个乙基团（ethyl groups，见第187页）。不过，奥洛留基的活性成分（迷幻剂量是2—5毫克），大约比麦角酸二乙胺（迷幻剂量0.05毫克）弱100倍。

它有强烈的气味，而且非常辣。从前，当教士想和他们的神亲密交谈并得到来自神的讯息时，他们会食用这种植物来引发谵妄。他们会产生无数的幻象和恐怖的幻觉。就作用方式而言，这种植物可与迪奥斯科里斯所说的颠茄（*Solanum maniacum*）相比拟。它长在温暖的野外。"

其他早期文献称："奥洛留基产自一种像常春藤一样的植物……种子像扁豆……当作饮料服用时，这种种子会使服用者丧失知觉，因为它非常强劲。""绝口不提它生长在何处没有什么不妥，因为无论这种植物是像这里所描述的，还是像西班牙人所认识的，都是无关紧要的事。"另一个作者惊讶道："原住民对这些种子的信仰之坚定令人吃惊，因为……他们把它当作神谕来请教它，以知晓许多事……特别是那些人类心智力量所无法了解的事务……原住民通过他们的巫医来请教它，这些巫医有的以喝奥洛留基为专门技术……要是有哪个不喝奥洛留基的巫医想替病人祛除某些病痛，他会建议病人自己喝下……巫医指定服用奥洛留基饮料的日子和时辰，并确定病人饮用的理由。最后，喝奥洛留基

上左图：彻底木质化的奥洛留基藤的茎干。

上右图：管花薯的典型特征在于蒴果与种子。

下图：欧洲三色旋花（*Convolvulus tricolor*）亦含具有精神活性的生物碱，不过尚不知有何传统用法。

右图：在南美洲，旋花科的树牵牛可作为致迷剂。它也含具有精神活性作用的生物碱麦角亭。

上图：一幅出自公元500年左右墨西哥特奥蒂瓦坎（Teotihuacán）的壁画，描绘古代印第安女神大地之母及其随从，以及高度风格化的奥洛留基藤。有致幻力的蜜汁看似从植物花朵流出，而"脱离躯体的眼睛"和鸟是与致幻作用有关的风格化特征。

饮料的人……必须关在自己的房间里，与他人隔离。在巫医占卜期间无人可以进入……他相信奥洛留基正在启示他想知道的事情。谵妄期过了以后，巫医结束隔离，详述许多捏造的事实…… 使病人蒙在鼓里。"一个阿兹特克忏悔者的告解阐明奥洛留基和巫术的关联："我一直相信梦，相信神奇的草本植物，相信佩奥约特，相信奥洛留基，相信猫头鹰……"

阿兹特克人如此调配献祭使用的药膏："他们取有毒的昆虫……燃烧，将其灰与奥科特尔（ocotl）的突起物、烟草、奥洛留基，以及一些活昆虫放在一起搅拌。他们把这种可怕的混合物置于神祇之前，并用其敷身，如此涂抹过身体之后，他们便不怕任何危险。"另一则引文说："他们把这种混合物放在他们的神祇面前，说那是神祇的食物……借此成为巫医，与恶魔亲近交谈。"

1916年，一位美国植物学家误认为奥洛留基是曼陀罗属的一个种。他这样认为是有一些道理的：曼陀罗是著名的致幻物；它的花朵类似牵牛花；未曾听闻牵牛花植物具有精神活性成分；奥洛留基的迷醉症状类似曼陀罗属植物所引起的；以及"阿

172

右图：旋花科的管花薯是墨西哥南部的一种野花。

兹特克人完全不了解向来与他们相关的那些植物……早期西班牙作者的植物学知识或许不够广博。"但当时人们对这个错误的鉴定深信不疑。

　　直到1939年，才有人在瓦哈卡的奇南特克族和萨波特克族印第安人中搜集到伞房盘蛇藤可鉴定的原料。在瓦哈卡地区，人们因这种植物具有致幻用途而栽植它。奇南特克语的"阿-穆-基亚"（A-mu-kia），意为"占卜用药"。通常13粒种子磨碎后以水混合，或加在酒精饮料里饮用。迷醉作用会迅速开始而导致视觉迷幻。其间可能

上图：特潘蒂特拉一幅古老的特奥蒂瓦坎印第安壁画上的牵牛花和幻象之眼。

左图：人们称克斯塔文顿（Xtabentun）为"甜酒之珍"，是用奥洛留基的花蜜酿成的。

下图：圣巴尔托洛·姚特佩克（San Bartolo Yautepec）是墨西哥萨波特克族的萨满，她正在调配以管花薯种子为原料的饮料。

有一个阶段会头晕，接着身体乏力、有幸福感、昏昏欲睡，处于梦游的睡眠状态等。印第安人可能隐约知道周遭发生的事而很容易接受暗示。所出现的幻象往往是呈现某人或某事件的丑怪面。原住民说迷醉过程会维持3小时，极少有不快的后果。奥洛留基系在夜晚服用，而且截然不同于佩约特和蘑菇，它是单单为个人在安静、隐蔽的地方服用而调配的。

伞房盘蛇藤种子的用法已被瓦哈卡的奇南特克族、马萨特克族及其他族印第安人记录下来。在瓦哈卡地区，人们称之为"皮乌莱"，不过每一个部落都有自己的叫法。"奥洛留基"这名字似乎被阿兹特克印第安人用来指称数种植物，但其中只有一种具有精神活性。关于这个种，一项记述指出："有一种草本植物叫奥洛留基或西西卡马蒂克（Xixicamatic），它有茄科酸浆属（*Physalis* sp.）那样的叶片，以及薄薄的黄色花朵。根部呈圆形，大如甘蓝。"这种植物不可能是伞房盘蛇藤，但其身份仍是个谜。第三种奥洛留基，亦称"维伊伊特松特孔"（Hueyytzontecon），在医药上被用作泻剂，这个特征使人联想到旋花科植物，但它并不属于这一类。

另一种牵牛花，管花薯，在阿兹特克族印第安人中被用作致幻物而备受珍视。他们称这些种子为"特利特利尔特辛"，源自纳瓦特尔语"黑色"一词的恭敬词尾。这种牵牛花的种子是长形的，有棱角、黑色，而伞房盘蛇藤的种子为圆形、褐色。

174

第174页上图：左边是古巴于圣诞节发行的伞房盘蛇藤邮票。伞房盘蛇藤盛产于古巴的西部地区，12月是开花期。右边是匈牙利邮票，显示管花薯及其变种在园艺上的重要性。

一则古老的记述提及两者，肯定地说佩约特、奥洛留基以及特利特利尔特辛全都是精神活性剂。特别是在瓦哈卡地区的萨波特克和查廷（Chatin）地区，管花薯具有使用价值，在该地被称为"黑巴多"或萨波特克语的"巴敦加斯"（Badungás）。在萨波特克的某些村庄，伞房盘蛇藤和管花薯均为人所知；在其他地区，只有后者为人使用。黑色的种子往往被称为"雄性"而为男人所服用；褐色的种子则称为"雌性"，由妇女食用。根据印第安人的断言，黑色种子效力比褐色的强，化学研究证实了此说法。剂量往往是7粒或7的倍数；在其他时候，常用的剂量是13粒。

一如盘蛇藤属，黑巴多种子磨碎后加水装进葫芦里。不能溶解的粗颗粒要滤掉，再喝此液体。在迷幻期间，灵媒会提供神示的病因或预言；灵媒是奇异的巴杜温（baduwin），即在降神集会出现的两个白衣童女。

最近一项有关管花薯种子在萨波特克族印第安人当中使用情形的报道指出，"黑巴多"在这些印第安人的生活里确实是一项极其重要的元素："……有关疾病康复的占卜，亦借由一种被描述为毒草的植物来进行。这种植物……生长在某一户人家的院子里，他们出售它的叶片和种子……来调配给病人……病人必须单独或和治病者一起，隔离在一个连公鸡的叫声也听不见的地方，陷入沉睡，其间小家伙，雄的、雌的，植物的小孩，即'巴多尔'（bador）都前来说

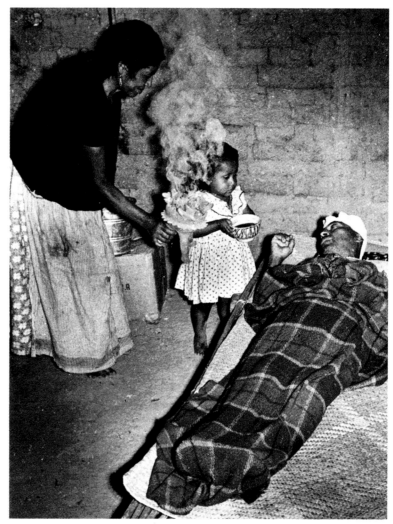

话。这些植物精灵也会提供有关遗失物件的信息。"牵牛花种子的现代仪式已加入基督教的元素。有些名称"圣母之籽"（Semilla de la Virgen）与"玛利亚的药草"（Hierba María）显示了基督徒与异教徒的结合，同时也清楚地标示：伞房盘蛇藤和管花薯被视为众神赐的礼物。

最上图： 左为赭红色、有点圆的伞房盘蛇藤种子；右为管花薯黑色、有棱角的种子。

上图： 萨满正在为病人调制饮料，一名年幼的女孩在旁协助。饮料必须于夜间隔离在安静的地方服用。病人的问题将由萨满根据他在该植物影响下所说的话，作出诠释后再加以诊断。

太阳之精液

在太古之初，太阳父亲与女儿有乱伦之举，女儿抓搔父亲的阴茎而得到了"比奥"（Viho）。图卡诺族因此从太阳的精液得到了这神圣的鼻烟。由于它是神圣之物，被装在一个名为"穆伊布-努里"（muhipunuri，即"太阳的阴茎"）的容器里。这个致幻物使图卡诺族能够请教鬼灵世界，特别是请教"比奥-马赛"（Viho-mahse），即"鼻烟人"。鼻烟人从银河的住处照管所有的人间事务。萨满不可直接和其他鬼灵接触，唯有通过鼻烟人才行。自然而然地，这鼻烟成了"帕耶"，即萨满，最重要的工具之一。

虽然油脂楠属的60个种遍布于新大陆热带雨林各处，而且至少有12个种已知含有精神活性成分，但这个属的植物只在亚马孙河流域西部以及奥里诺科河流域一带曾被用作神圣致醉剂的原料。

油脂楠属的数种植物，如美叶油脂楠（*V. calophylla*）、拟美叶油脂楠（*V. calophylloidea*）、长油脂楠（*V. elongata*），以及神油脂楠，是致幻鼻烟最重要的来源，其中油脂楠无疑是使用最频繁的一种。不过，就当地的使用情况来看，红棕油脂楠（*V. rufula*）与硬尖油脂楠（*V. cuspidata*）等也符合需求。有一些印第安人，例如哥伦比亚境内皮拉帕拉纳河流域的原始游牧民族马库人，使用长油脂楠，他们直接取食红色的"树皮树脂"，未经任何处理。其他部落，特别是博拉族（Bora）和维托托族（Witoto），吞食由"树脂"膏制成的丸子。基于这个目的，他们很重视秘鲁油脂楠（*V. peruviana*）、苏里南油脂楠（*V. surinamensis*）、神油脂楠，可能还有洛伦油脂楠（*V. lorentensia*）。不明确的证据指出，委内瑞拉的萨满可能在跳舞治疗热病时，吸洋豆蔻（*V. sebifera*）树皮烧的烟，或者将树皮熬煮成汁饮用"以驱逐邪灵"。

有时候，他们会在远行或狩猎时说："我必须带埃佩纳来对付那些鬼灵，使他们不迫害我们。"假如听见森林鬼灵的声响，他们会在夜里服用埃佩纳，以便赶走邪灵……

——埃特托雷·比奥克卡
（Ettore Biocca）

尽管"埃佩纳"在神话上的重要性及在巫术宗教上的作用年代久远，但这种迷醉药到晚近才为人所知。史普鲁斯是个很有洞察力的树木探索者，但他却未能发现油脂楠这种基本的精神活性作用，尽管他对这个植物群的特定研究，促成一些尚不为科学界所知的新物种的发现。有关这种致幻物，最早的文献记载见于20世纪初一位德国民族志学者有关奥里诺科北部地区耶克瓦纳族的记述。

然而，要到1938年和1939年，油脂楠和鼻烟的关联才为人所知。巴西植物学家杜克（Ducke）记述，神油脂楠和硬尖油脂楠的叶片是鼻烟的主要来源。当然这两种叶片未曾被使用过，但是这个记述最早聚

上图：苏里南油脂楠的种子，称为"乌库瓦"（Ucuba），具有民族医药上的用途。

右图：神油脂楠是用来调制致幻物的油脂楠属中最重要的一种，产于亚马孙河流域西北部。美洲的油脂楠和旧大陆的肉豆蔻属有亲缘关系。油脂楠的花朵细小，具有强烈刺鼻的香气。

焦于油脂楠属，在那之前，从未有人想到它是致幻植物。

不过，这种药物的第一份明确的鉴定报告发表于1954年，记录哥伦比亚印第安巫医对这种植物的调制与使用。主要是巴拉萨纳、马库纳、图卡诺、卡武亚雷（Kabuyaré）、库里帕科（Kuripako）、普伊纳维（Puinave），及其他生活于哥伦比亚东部部落的萨满服用，用于仪式，或疾病的诊断与治疗、预言、占卜及其他巫教礼仪等。在当时，美叶油脂楠与拟美叶油脂楠被认为是最有价值的两种，但是后来巴西及其他地区的文献记载神油脂楠才是最重要的一种。

最近的田野研究显示，使用具有精神活性的鼻烟的印第安族群，包括生活在哥伦比亚境内亚马孙河流域、哥伦比亚与委内瑞拉境内奥里诺科河盆地最北部地区、内格罗河流域，及其他生活在巴西西部亚马孙河流域等地的许多部落。已知使用区域范围的最南端是巴西西南部普鲁斯河的保马雷（Paumaré）印第安人。

最重视这种鼻烟且生活与之最密不可分的原住民，显然是分布于委内瑞拉北部与巴西内格罗河北部支流，统称瓦伊卡的一些印第安人部落。这些印第安团体有各种不同的名称，但最常为人类学家所知的是基里萨纳（Kirishaná）、西拉纳（Shiraná）、卡劳埃塔雷（Karauetaré）、卡里梅（Karimé）、帕拉乌雷（Parahuré）、苏拉拉（Surará）、帕基代（Pakidái）及亚诺马莫（Yanomamo）。他们一般以埃佩纳、埃维纳、尼亚克瓦纳或这些名称的某种变体来指称这种鼻烟。在巴西西北部，鼻烟常统称为帕里卡。

他们与哥伦比亚境内的印第安人不同。哥伦比亚的印第安人通常只有萨满才使用这种鼻烟，但上述这些部落在日常生活中经常使用这种药物，他们的男性凡是13或14岁以上都可以使用。通常这种致幻物的消耗量多得惊人，而且每年至少有一个年度典礼上任人不停吸食1—2天之久。

调制这种粉末的方法很多。哥伦比亚印第安人的做法是，清晨剥下树皮，刮下柔软的内层，在冷水中像揉面般揉20分钟，然后滤出淡褐色的液体，煮沸至成为浓浆，干燥后磨成粉状，再混合野生可可树皮烧成的灰。

瓦伊卡族的各个族群各有若干种制作方法。居住在奥里诺科地区的族群经常刮下树皮与树干的形成层，将此薄片放在火

巴西东北部的瓦伊卡族印第安人从数千米外前来相聚，举行一年一度的族内相食典礼（endocannibalistic ceremony），为了这场典礼，他们制作并消耗大量的油脂楠鼻烟。这个在典型圆屋里举行的典礼，用以纪念前一年过世的死者。

上烤干、贮存，留待来日使用。需要用这种药物时，便弄湿这些薄片，以沸水至少煮上半小时，煮好的液体再浓缩成浆，经干燥后磨成粉状，再仔细筛过。接着再将制成的粉末与等量的另一种粉末混合。这种粉末由干燥、具有香气的小型植物窄叶爵床的叶片制成；此植物正是为了这个目的而栽植的。最后再加入第三种成分：一种名为"阿马"（Ama）或"阿马西塔"（Amasita）的植物。此树为美丽而罕见的豆科乔木伊丽莎白豆。先把坚硬的外层树皮切成小片，放进灼热的余烬中闷烧，再取出，让它慢慢燃成灰。

在巴西境内更东部的瓦伊卡人居住地区，主要在森林里调制这种鼻烟。砍下树木后，剥下树干上长条的树皮。此时树皮内侧表面汇积着迅速转变成血红色的大量液体。将树皮徐火加热后，萨满便将这种"树脂"装在一个置于火上的陶罐里。等到罐里的红色液体缩成浓浆，再曝晒结晶成美丽的琥珀红固体，小心翼翼地磨成细灰般的黏稠

物。这种粉末叫尼亚克瓦纳鼻烟，可直接使用，但通常会加入磨成粉的爵床属植物叶片，"让它更加好闻"。

哥伦比亚境内的亚马孙河流域及其毗邻的秘鲁境内的博拉族、穆伊纳内族（Muinane）及维托托族（Witoto）印第安人，并不把油脂楠制成鼻烟，而是采用口服形式。他们服用以树脂制成的小丸子来引发一种迷醉状态，在药效发作期间，巫医和"小人儿"打交道。这些印第安人利用以下数种：神油脂楠、扇尾油脂楠（*V. pavonis*）、长油脂楠，可能还有苏里南油脂楠与洛伦油脂楠）。秘鲁的博拉族指出，他们一直使用肉豆蔻科一种近缘的植物，即大叶臀果楠（*Iryanthera macrophylla*），作为制作这种药丸毒膏的原料。

哥伦比亚的维托托人将油脂楠树干的皮整个剥下，他们以大砍刀的刀背刮下树皮的内侧及黏在光裸树干上的发亮的形成层，小心收集在一个葫芦里。这种原料的颜色

瓦伊卡族印第安人使用竹芋科植物的茎做成的大鼻烟管，消耗掉非常多的油脂楠粉末。每次吸食，烟管里装着3—6茶匙的鼻烟。

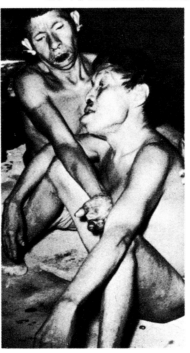

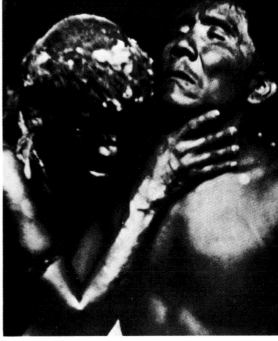

在活动亢进而刺激的阶段，吸鼻烟的会众会与"埃库拉"鬼灵交战，接着是一段不安稳的嗜睡期，在这段期间噩梦般的幻视不断出现。

瓦伊卡萨满经常在治病仪式上使用油脂楠鼻烟，即"埃佩纳"（**下左图**）。这些族群的巫教习俗与"医疗"行为之间的关系错综复杂，使得超自然与实用的界线甚难分辨。事实上，印第安人自己并不区分这两个领域。

使用鼻烟的过程动作频繁，鼻烟粉末直接吹抵鼻孔与鼻窦后，泪水和鼻涕立即汩汩地流出。

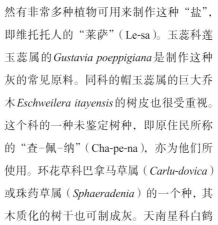

逐渐变深而成为褐红色。接着将仍然潮湿的刮下物，放在细筛子上，反复地揉、捏、挤、压。这样慢慢流出的液体，主要是形成层的树液，有淡淡的"牛奶咖啡"色调。不再多作处理，很快地煮沸这种液体，很可能是为了防止破坏活性成分的酶产生作用。然后一面慢慢地煨着，一面频频搅动，俟其容积减小。当液体终于成为稠膏时，挪开容器。把稠膏搓成小丸子，以供取用。根据原住民的说法，这些小丸子的药效可以保存约两个月。

这些药丸若不是马上就用，通常要裹上一层原住民所谓的"盐"。它是以多种可以制盐的植物制成的。"盐"的制作过程都相同。先烧植物体，再把烧成的灰放到一个由树叶或树皮做成的简陋漏斗里。接着水缓缓地从灰中渗透，从漏斗底部的一个洞滴下来，并在下方收集液体。接着将过滤水煮到只剩灰白色的残余，成为"盐"；再把有黏性的树脂丸子放在灰里滚动。显

然有非常多种植物可用来制作这种"盐"，即维托托人的"莱萨"（Le-sa）。玉蕊科莲玉蕊属的 *Gustavia poeppigiana* 是制作这种灰的常见原料。同科的帽玉蕊属的巨大乔木 *Eschweilera itayensis* 的树皮也很受重视。这个科的一种未鉴定树种，即原住民所称的"查-佩-纳"（Cha-pe-na），亦为他们所使用。环花草科巴拿马草属（*Carlu-dovica*）或珠药草属（*Sphaeradenia*）的一个种，其木质化的树干也可制成灰。天南星科白鹤

一个正在力抗死亡的马埃科托滕（Mahekototen）萨满（**上图**）。死亡是个终生逃不掉的威胁。瓦伊卡人相信，在油脂楠引起迷醉时，萨满能借由和灵界打交道而击退死亡，他们将死亡解释成是恶魔邪灵作怪的结果。

埃佩纳的化学成分

多种不同的油脂楠鼻烟的化学分析显示，它们含有约6种关系密切的吲哚生物碱类，后者属于带有"四氢-β-咔啉"（tetrahydro-β-carboline）系统之单纯的开链或闭环（closed-ring）色胺衍生物。这些鼻烟的主要成分是5-甲氧基，N-N二甲基色胺及二甲基色胺。6-甲氧基-N，N-二甲基色胺（6-methoxyl-N, Ndithyltryptamine）、单甲基色胺（monomethyltryptamine），以及通常存量极微的2-甲基（2-methyl-）与1, 2-二甲基-6-甲氧基四氢-β-吲哚（1,2-dimethyl-6-methoxy-tetrahydro-β-carboline）。其生物碱混合物几乎与从油脂楠属鼻烟粉末分离出来的那些相同。

这是……某种树皮调制的神奇鼻烟……

巫师……通过芦苇……吹一点点到空气里。

接着他吸鼻烟，当……他成功地

将粉末吸进每一个鼻孔时……

巫医立刻开始狂放地唱歌、喊叫，

上身不停地前弯后仰。

——特奥多尔·科奇－格伦贝格（Theodor Koch-Grunberg，1923）

芋的叶片和芳香的花序所制造出的灰，能滤出高质量的"盐"。可可树属的一个野生种，或若干种小型棕榈——大概是苇椰属（Geonoma）与桃果椰子属（Bactris）的植物——树皮也作同样的用途。

秘鲁的博拉族只剥下树干离地4—8英尺（1.5—2.5米）处的树皮。削除坚硬、脆弱的树干外层，留下柔软的韧皮部。这一层很快因凝结的氧化"树脂"而转变成褐色。把它放在原木上，用大头锤捶打成碎片为止。再将这些碎块放在水里浸泡，偶尔搓揉，至少浸泡半小时。丢掉拧干的树皮，将剩下的液体煮沸，不断搅拌到只剩一层浓膏为止。这膏便可制成供食用的小丸子。

博拉人用来制作包覆丸子的"灰"的植物较少，只使用巴拿马草属的一个种及一种棕榈科植物的叶和树干。

致幻的化学成分看来主要存在于几乎无色的树皮内侧表面的汁液，树皮刚被剥离树木，汁液即出现。这种树脂般的物质会在典型的氧化酶的反应下迅速转变成淡红色，干燥后变成坚硬、光滑的团块而颜色转暗。从为化学研究而加以干燥的样本来看，它是一种有黏性的红褐色胶状物质。许多树种具有这种物质，其中含有色胺类及其他吲哚类致幻物。观察这个过程可知，刮树皮（内侧）表面，目的在于获得贴附在形成层上的所有极微量物质。这药物是

第180页由上至下图：瓦伊卡人仔细挑拣爵床属植物的叶子，干燥后作为油脂楠鼻烟的添加物。

一种调制方法是，先收集树皮内侧树脂般的红色液体，将它加热固化。

一个瓦伊卡族印第安人正在搅打油脂楠树脂熬成的浆状物。

第180页手绘图（左）：爵床属植物的叶子干燥后芳香宜人，偶尔会被加到油脂楠鼻烟里。它们亦可作为致幻鼻烟的原料。

第180页手绘图（右）：在瓦伊卡人中，加入油脂楠粉末里的灰，始终是焚烧一种美丽而罕见的树木，即伊丽莎白豆的树皮得到的。

用形成层树液制成的。树液必须马上煮沸，以便蛋白质及其他多（聚）糖类物质凝固，慢慢以小火炖煮到几乎干涸。

整个方式类似从其他树木的形成层分离出天然产物的过程，例如从裸子植物分离出松柏苷（coniferine），只是如今我们改用乙醇或丙酮，而不是用加热来破坏酶的活性（酶可能会破坏我们想要得到的东西）。

油脂楠的"树脂"在原住民日常生活中是重要的医药：数个树种因为能作抗真菌药物而受到重视。把树脂涂抹在皮肤的患部，可治疗流行于潮湿热带雨林的癣或类似真菌引起的皮肤病。只有某些种被选来做这种治疗，而选择似乎和物种的致幻性没有任何关系。

印第安人对其熟悉的油脂楠树之致幻力有广泛的认识。他们知道不同树种的差异之处，而植物学家却难以分辨。其实在剥下树干的树皮之前，他们就知道树汁多久会变红，也知道尝起来是淡的还是辛辣的；制作成的鼻烟效力会维持多久；以及其他许多隐而不见的特性。这些微妙的差异究竟是因为树木的年龄、季节、生态状况、开花或结果的条件，还是其他环境或生理因素，目前仍不得而知，但印第安人对辨识这些差异无疑非常在行，往往有一套术语来指称这些差异，这套知识对于他们使用这些树的迷幻和药用价值具有重大意义。

上左图：在油脂楠迷幻作用下，印第安人特有的反应是露出一种恍惚的、做梦般的表情，这当然是药物活性成分所致，但是原住民认为这与萨满的灵魂暂时出窍、远赴他方有关。萨满在未曾稍止的舞蹈中所作的歌诵，有时候可能反映其与鬼灵的交谈。对瓦伊卡人而言，鬼灵能前往其他国度，是这种致幻物功效最有价值的地方。

上右图：窄叶爵床的叶片是制作油脂楠鼻烟的重要成分。

进入梦幻时光

上图： 图中的灰点代表皮图里丛，是原住民艺术家瓦兰加里·卡尔恩塔瓦尔拉·哈卡马尔拉（Walangari Karntawarra Jakamarra）1994 年创作的油画。

下图： 皮图里茄的树干。

皮图里被用作精神活性物质在人类史上可能从未间断，它是使用时间最久的精神活性致幻物。其中，澳大利亚原住民具有世界上最久的、未曾间断的皮图里文化。今日澳大利亚原住民的祖先咀嚼皮图里的历史，可追溯至 40,000 年到 60,000 年以前。

澳大利亚原住民所谓的皮图里，泛指具有特别成分，能令人快乐或具有巫术法力的植物或植物材料。一般而言，皮图里是指茄科的皮图里茄。

通常用带碱性的植物灰与皮图里叶相混，如嚼烟草般食用。皮图里可以阻饥解渴，引发强劲的幻视，这或许就是原住民利用它的目的。在原住民的巫术中，进入梦境以及超越现实的原始环境是核心概念。

皮图里的化学成分

皮图里茄含有多种强劲、刺激且有毒性的生物碱，如皮图里碱，D-去甲烟碱与烟碱。其中D-去甲烟碱似为主要的活性物质，而该植物亦含有多种其他生物碱，如米喔斯明（myosmin）、N-甲酰去甲烟碱（N-formylnornicotine）、可替宁（cotinin）、N-乙酰去甲烟碱（N-acetylnornicotine）、新烟碱、毒藜丁（anabatin）、新烟草碱（anatalline）、联吡啶（bipyridyl）等。

在其根部曾发现具有致幻效果的托烷生物碱莨菪碱，此外还发现微量的东莨菪碱、烟碱、去甲烟碱、间烟碱（metanicotine）、米喔斯明、N-甲酰去甲烟碱等。另一种软木茄属植物 *Duboisia myoporoides* 也含有大量的东莨菪碱。

植物灰可添加到皮图里中的植物

Proteaceae（山龙眼科）
Grevillea striata R. BR.（Ijinja，条纹山龙眼）
Mimosaceae（含羞草科），Leguminosae（豆科）
Acacia aneura F. Muell. Ex. Benth.（Mulga）
Acacia coriacea DC.（Awintha，华质相思树）
Acacia kempeana F. Muell.（Witchitty bush，相思树属植物）
Acacia lingulata A. Cunn. ex. Benth.（舌状相思树）
Acacia pruinocarpa（相思树属植物）
Acacia salicina Lindley（相思树属植物）
Caesalpiniaceae（苏木科），Leguminosae（豆科）
Cassia spp.（决明属植物）
Rhamnaceae（鼠李科）
Ventilago viminalis Hook.（Atnyira，翼核果属）
Myrtaceae（桃金娘科）
Eucalyptus microtheca F. Muell.（Angkirra，小鞘桉）
Eucalyptus spp.（Gums，桉属植物）
Eucalyptus sp.（Red gum，桉属植物）
Melaleuca sp.（白千层属植物）

这类梦境是一种意识转换的境界。

梦境中，所有巫术程序与行为均会影响人的"正常意识"。皮图里似乎有许多类型，且各有用途，别的变种也各有其歌谣、图腾以及对应的"梦之歌"或"歌之调"。有些歌称为"皮图里歌"。皮图里与其生长的地方也有关联。甚至有"皮图里部落"存在。皮图里能带来"皮图里生长之处的梦"，并融合到人类的感情与思想中。

德裔澳大利亚籍植物学家费迪南德·冯米勒（Ferdinand J. H. von Müller, 1825）曾描述过皮图里茄。该植株及其干燥或发酵过的叶片，在澳大利亚具有很高的经济价值，是以物易物的高价货品。虽然皮图里茄普遍分布在澳大利亚各地，不过有些地方在采集或收成上比他处更佳。这些植物的叶片中充满其生长之地的力量。原住民未接触欧洲之前，在中央沙漠地区，皮图里具有影响深远的交易体系，因而有所谓的"皮图里之路"或"皮图里之径"。

有许多添加物可混入皮图里的干叶或已发酵叶中嚼食。有人用植物之灰，有人用动物之毛，黏住皮图里使之不至于松散。这些东西有植物纤维、黄泥土、桉树（尤加利）的树脂，最近多用糖。皮图里的调制方法不同，其效果也各异。有些令人兴奋，有些作用温和；有些令人产生莫名的快感，有些则可引起幻视。

上图： 皮图里丛。

中图： 发酵后的皮图里茄叶片。

下图： 金鸾花属（*Goodenia*）是皮图里茄的替代品。此属植物在植物人类学上有重要意义，是澳大利亚原住民的医用植物及保健植物。

致幻物的化学结构

  鉴定神圣植物的致幻成分之分子结构，结果令人惊异。几乎所有的致幻物皆含有氮元素，故属于化学化合物的大宗，称为"生物碱类"。植物制造的含氮代谢物因具有碱性，类似碱，故化学家称之为生物碱。有精神活性的主要植物中，只有大麻与占卜鼠尾草为不含氮的著名例子。大麻属植物的主要活性成分是四氢大麻酚，而占卜鼠尾草的主要活性成分是鼠尾草碱。

  植物主要的致幻物与人类脑激素在化学结构上有关

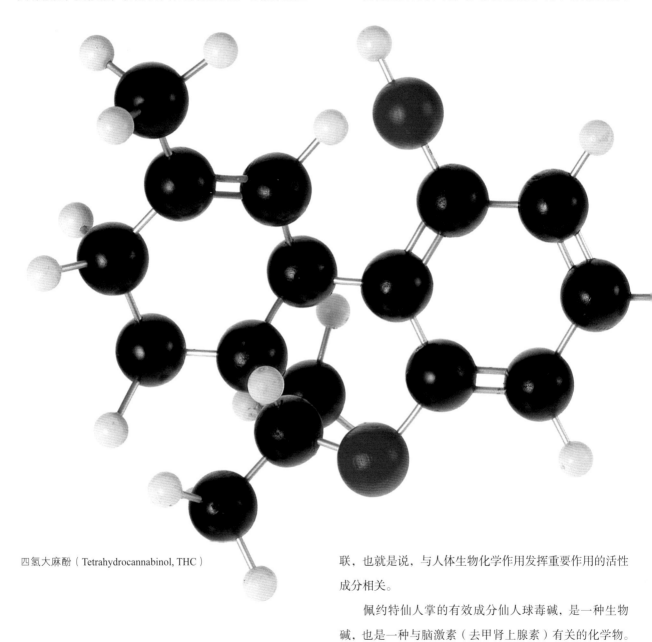

四氢大麻酚（Tetrahydrocannabinol, THC）

联，也就是说，与人体生物化学作用发挥重要作用的活性成分相关。

  佩约特仙人掌的有效成分仙人球毒碱，是一种生物碱，也是一种与脑激素（去甲肾上腺素）有关的化学物。该激素属于生理剂，称为"神经递质"（neurotransmitters），因为这类神经递质具有在神经元（即神经细胞）之间脉动

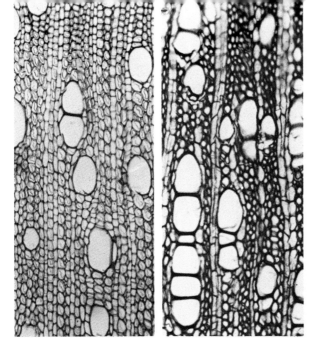

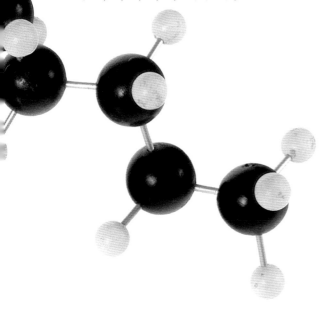

第186—187页的致幻物的分子模型，显示了此类致幻物包含的化学元素，也显示出这些元素在分子内的相互关系。黑球为碳原子（C），白球为氢原子（H），红球为氧原子（O），绿球为氮原子（N），黄球为裸盖菇素中的磷原子（P）。事实上，相互连接的原子之间没有空隙，而是碰在一起的。还有，不同元素的原子大小也不同。这些模式中只特别用小球表示氢原子。我们很难想象原子与分子的真正大小。例如0.1毫克（1克的一万分之一）的致幻物已经很难用肉眼看见，却约含2×10^{17}（200,000,000,000,000,000）个分子。

的化学传递功能。去甲肾上腺素与仙人球毒碱具备相同的基本化学结构。两者均为化学家熟知的苯乙胺的衍生物。苯乙胺尚有另一种衍生物为主要的氨基酸苯乙胺，此成分

最近对大麻（**左图**）与印度大麻（**右图**）内层木质结构的研究，发现两者有诸多不同，如左图大麻的横剖面之显微结构，显著区别之一为大麻的导管往往单独分布，而印度大麻是成团分布的。大麻属植物的四氢大麻酚集中分布在树脂，而不在木质部组织中，这便是美国的大麻立法不管制大麻的缘由。

普遍存在于人体器官内。

从仙人掌毒碱与去甲肾上腺素的化学结构模型（见第186页），可明显看到两者的化学结构具有相关性。

致幻性的墨西哥蘑菇，被当地人称为"特奥纳纳卡特尔"，其有效成分为裸盖菇素与脱磷裸盖菇素，两者衍生自相同的基本化合物，均有与脑激素血清素一样的基本化合物，即色胺。色胺也是一种主要的氨基酸，即色氨酸（tryptophane）的基本化合物。色胺与色氨酸的关系在两者的分子模型（第186页）中一览无遗。

墨西哥尚有另一种神圣植物"奥洛留基"，是一种牵牛花，其致幻成分即为色胺的衍生物。以此为例，色胺连上一个复杂环状结构，此结构称为麦角灵。从麦角灵的分子模型（见第187页）可看出麦角酰胺与羟乙基麦角酰胺在结构上的关系，而两者均为组成奥洛留基的有效成分。

该重要植物的致幻成分与脑激素具有相同的基本化学结构，这不可能仅是巧合。此不可思议的关系可能可以用来诠释此类致幻物精神活性之威力。这些致幻物具有相同的基本化学结构，可能对应于神经系统上相同的位置（如上述的脑激素），有如相似的钥匙适用于同一把锁。其结果可改变、抑制、刺激或者修改与那些脑位置相关的精神生理功能。

致幻物之所以能让脑的运作有所改变，不只是因为致幻物具有特殊的化学组成，还在于致幻物分子中原子特殊的空间配置。这可从当前最强劲的致幻物麦角酸二乙胺之化学性质中清楚看到。麦角酸二乙胺可视为奥洛留基中一种有效成分的化学修改类型。半人工合成的麦角酸二乙胺药物与天然的奥洛留基致幻物麦角酸二乙胺之间仅有的差异，仍是酰胺（amide）的两个氢原子被二乙胺的两个乙基取代。服用0.05毫克的麦角酸二乙胺可产生致幻性中毒一小时，而"异构麦角酸二乙胺"（iso-LSD）与"麦角酸二乙胺"的原子连接皆相同，仅在原子的空间配置上有差异，但服用的异构麦角酸二乙胺剂量即使是麦角酸二乙胺

佩约特，即乌羽玉仙人掌。

脱磷裸盖菇素

（Psilocine，特奥纳纳卡特尔的主要致幻成分）

的10倍，也毫无致幻效果。

　　参见第187页麦角酸二乙胺与异构麦角酸二乙胺的分子模型，可看见每一个分子中原子的连接方式相同，而空间配置迥异。

　　当分子之间只有空间配置不同时，称为立体异构体（steroisomers）。立体异构体只见于不对称结构的分子，而理论上，一般是其中一种空间配置的分子比较有活性。除了化学组成上的重要性外，空间配置不但主导了致幻活性，也决定了一般的药物活性。

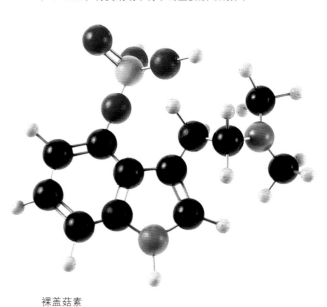

裸盖菇素

（Psilocybine，特奥纳纳卡特尔的主要致幻成分）

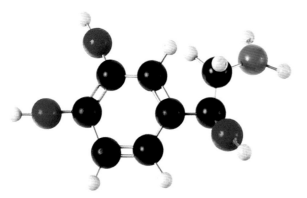

去甲肾上腺素

（NE 或 NA，是一种脑激素）

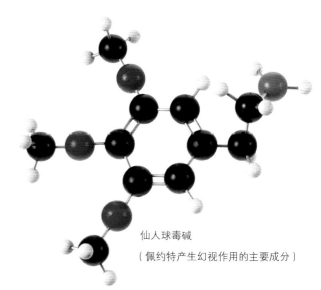

仙人球毒碱

（佩约特产生幻视作用的主要成分）

艾伯特·霍夫曼生于1906年，是麦角酸二乙胺与特奥纳纳卡特尔及奥洛留基致幻成分之发现者。此麦角酸二乙胺之分子结构模型，于1943年置放在瑞士巴塞尔（Basel）的山德士（Sandoz）药物化学研究实验室内。

第186页：仙人球毒碱与去甲肾上腺素，以及裸盖菇素与脱磷裸盖菇素，各自与血清素的化学结构比较，可显示致幻物与脑激素之间化学结构的关系。

奥洛留基与麦角酸二乙胺的紧密化学关系，可从比较麦角酰胺及羟乙基麦角酰胺与麦角酸二乙胺的分子模型差异窥知。

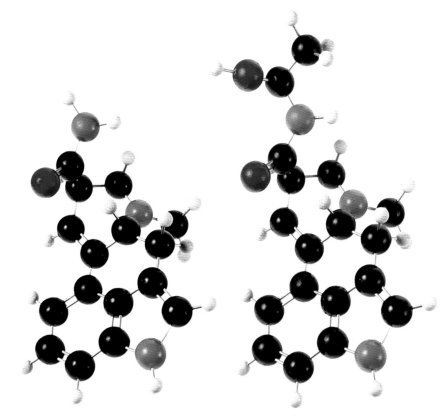

麦角酰胺（Lysergic acid amide，奥洛留基的致幻成分）

羟乙基麦角酰胺（Lysergic Acid Hydroxyethylamide，奥洛留基的致幻成分）

麦角酸二乙胺（LSD，半人工合成的致幻物）

异构麦角酸二乙胺（iso-LSD，半人工合成的化合物）

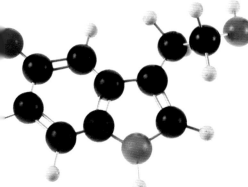

血清素

（一种脑激素）

致幻物的活性成分，不仅取决于其原子结构；分子内原子的空间配置也同等重要。例如，麦角酸二乙胺与异构麦角酸二乙胺（见**右图**）的元素组成相同，但是其二乙胺团之空间配置却不同。若将异构麦角酸二乙胺与麦角酸二乙胺比较，前者实际上并无致幻效果。

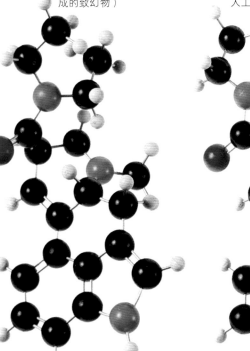

致幻物的医学用途

医药上使用纯粹致幻化合物和"巫术—宗教"仪式上使用致幻性植物体，有共同的基本原理。这两种情况之药效都涉及现实体验上深度的精神改变；服用致幻物不仅影

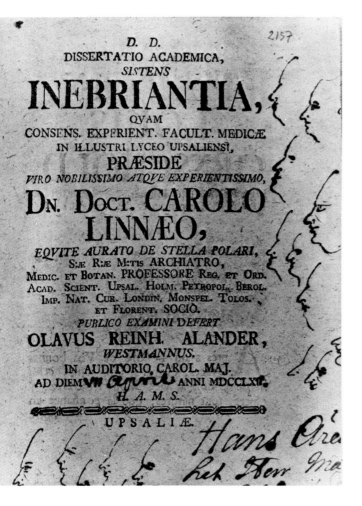

响人对外在世界的认知，也改变主体对自身人格的认识。对外在世界感官经验的改变是由于感官敏感度的变化。感官知觉（尤其是视觉和听觉）受到致幻物的刺激。这些自我知觉上的改变体现了药物的深度作用，它影响了我们存在的核心——意识。

我们的现实经验要是没有"自我"（ego）这个主体，便无法理解现实经验。所谓客观现实的主观经验是外在感官信号（经由感官的传递）和自我（将这讯息带到有意识知觉的层面）之间互动的结果。在这种情况下，我们可以把外在世界想成讯息或信号的发送者，而深层的"自体"（self）是接收者。在这个事例里，讯息的译者就是"自我"。要是没有发送者或接收者之任何一方，现实就不存在。有如收音机不会播放音乐，而荧幕空无画面。假如我们坚持"现实是发送者与接收者之间互动的产物"这个概念，那么在致幻物作用下的不同现实感知，可以用大脑（即意识之所在）经历极大生物化学变化的事实来解释。如此接收者就设定成只接收非关正常、日常现实以外的波长。从这个角度来看，现实的主观经验是无限的，视接收者的能力而定，它可能经由脑域之生物化学改变而迥变。

一般而言，我们是从一个颇为有限的角度来体验生活。这是所谓的正常情况。然而，通过致幻物，现实的感知可以强烈地改变并扩大。这个单一而相同的现实之不同面向或层次，并不彼此排斥。它们形成一个包罗万象的、不受时间限制的、超越的现实。

有可能性改变"自我接收者"之波长设定，产生现实知觉的改变，构成了致幻物真正的重要性。创造新奇又特异的世界形象，这就是致幻植物在过去以及今天被视为神圣之物的缘故。

每日的现实与致幻物迷醉下看到的意象，二者之间有什么根本的、特有的差异呢？在意识的正常情况（即在日常的现实）里，自我和外在世界是分开的；我们和外在世界面对面；外在世界是客体。在致幻物的作用下，经验事物的自我和外在世界之间的界线会视迷醉程度而消失或变得模糊。一个反馈机制在接收者与发送者之间建立起来。部分的自我伸到外在世界，进入我们周遭的客体里。客体

第188页图：有关迷醉物的第一篇专著，显然是阿兰德（Alander）的博士论文，阿兰德是现代植物学之父林奈的学生。这篇论文于1762年在瑞典乌普萨拉进行博士论文答辩，该文混合了科学与伪科学的信息。出席这场论文答辩的某位观察员在论文封面上，信手涂鸦了这些侧面人像，也许画的是那些学术考试委员。

下图：由致幻物产生的视觉经验是画家的灵感来源。这两幅水彩画是克里斯汀·拉奇服用麦角酸二乙胺后创作的，呈现出他所经历的幻视体验的神秘特征。

开始活了起来，有了较玄妙与不寻常的意义。这会是一种愉快的体验，或是可怕的体验，意味着被信任的自我之丧失。新的自我感知和外在客体以及其他人类之间，以一种

一现实里，天地万物与自我、发送者与接收者乃是一体。

利用致幻物之试验，可产生意识与感知上的改变，此类药物已有数种不同的用途。在医学领域，最常使用的纯

特别的方式狂喜地相连接。玄妙沟通的经验甚至可能达到与整个天地万物合而为一的境界。

这种在适当的情况下能借致幻物达到宇宙意识的境界，与不自主的宗教狂喜（即所谓的与神秘融合）联结，或与东方宗教生活里的"三昧"或"开悟"有关联。在这两种境界里，所经验的现实都靠超越实体来阐释，而在后

粹物质是仙人球毒碱、裸盖菇素与麦角酸二乙胺。最晚近的研究主要关注于已知最强劲的致幻物麦角酸二乙胺，这是用化学方式对奥洛留基的精神活性成分改造而成的一种物质。

在精神分析上，打破世界积习已深的经验，能帮助困在自我中心问题循环里的病人逃离他们的固执与孤立。在

致幻物作用之下"我一汝"界线会松解，甚至撤除，可让病人和精神分析师之间有较好的接触，而病人或许会更容易接受精神分析的暗示。

致幻物的刺激也往往可以让人清晰地记起过去被遗忘或压抑的经历。它使有意识的知觉重新记起导致心理扰动的事件，因而在心理分析上具有关键意义。无数已发表的报道记述了心理分析期间使用的致幻物如何唤起关于往事的回忆，即便是发生于童年时非常时期的事件。正如法国心理分析家让·德莱（Jean Delay）所说，这并不是"回忆"（réminiscence），而是"再经历"（réviviscence）。

致幻物本身并没有治疗的效力，更准确地说，它扮演药物辅助品的角色，运用在心理分析或心理治疗的整个脉络里，使分析或治疗更为有效，并减少治疗所需的时间。使用致幻物有两种不同方式可以达到目的。

其中之一是由欧洲医院发展出来的，即我们所说的"心理松绑"（psycholysis）。它（的过程）包括在几个连续的时刻，每隔特定时间便给予中等剂量的致幻物。在接下来的会诊里，讨论病人在致幻物作用下产生的经验，此经验也可通过绘画、素描等方式表达出来。"心理松绑"一词是容格学派（Jungian school）的英国心理治疗师罗纳德·A. 桑迪森（Ronald A. Sandison）发明的。英文词尾"-lysis"标示心理紧张与冲突的解除。

第二种方式在美国较受青睐。在让每一个病人适当做好心理准备以后，给予病人剂量非常高的致幻物。这种"致幻药治疗"是为了让被治疗者产生一种神秘的、宗教式的狂喜状态，如此应该能提供病人重建人格的起点。"引起幻觉"（psychedelic）意为"心灵表露"（mind

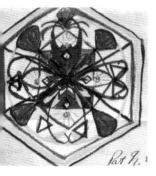
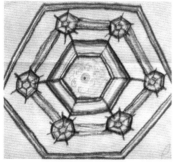

manifesting），这个词是精神分析学家汉弗莱·奥斯蒙（Humphrey Osmond）所创。

以致幻物为精神分析与精神治疗之辅助品，其根据与那些通称为镇静剂的精神药物相反。那些具镇静效果的精神药物，确切地说是为了压抑病人的问题和冲突，使它们表面看起来不那么严重而不再重要，但致幻物是把冲突提升到表面，使之更加强烈，因而可以清晰地辨认问题与冲突之所在，使病人容易接受心理治疗。致幻药物作为精神

药物的人能较快重拾遗忘或被压抑的创伤性经历，所需的治疗时间也较短，这并不利于病情的改善。他们认为，这个方法不能提供充足的时间来进行完全的精神治疗，也不能整合药物，让患者意识清醒，而且，如果唤起创伤性经历的意识是逐渐与分段式的，这种方法会导致有益效果持续的时间较短。

从事心理松绑和致幻药治疗时，在给病人提供致幻物之前，需要非常小心地为病人做好心理建设。若想从这个经验得到真正正面的收获，病人一定不能被药物所产生的非比寻常的惊吓给吓住。慎选接受治疗的病人也很重要，因为并不是每一种精神疾病对这种治疗形式都有同样好的

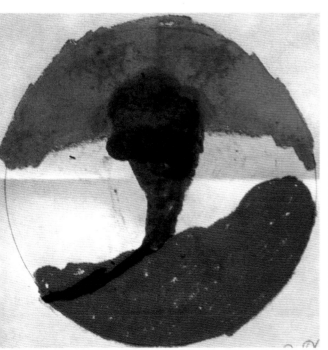

分析与精神治疗之辅助物，在医学界至今仍受到争议。不过，这种情形也见于其他治疗技术，诸如电击法、胰岛素疗法，以及神经外科等，这些技术的危险性都比采用致幻物大得多，致幻物在专家手里可说几乎没有风险。

有些精神分析学家的看法是：经常可以看到使用这些

反应。因此，为了成功，用致幻物辅助心理分析或精神治疗，需要具备专业的知识与经验。

使用致幻药的精神分析师，其临床训练中最重要的方面，是亲身利用这些物质做实验。经由这些经验，治疗师可以得到他们的病人所进入之世界的第一手知识，因而对

第192页图：在1960年代，美国和欧洲的许多艺术家为了提高创作过程，用致幻物做实验。这幅画便是其中一例。

下图：只有少数艺术家能在致幻物直接影响下表达幻视的世界。弗雷德·韦德曼（Fred Weidmann）的这两幅画作是在蓝变裸盖菇的作用下画的。两幅都是作于大理石纹理纸的亚克力画。

左：《滑动与滑行1》（*Slipping and Sliding* 1，同一天还有另一幅画作）。

右：《潘的庭院》（*The Garden of Pan*）

动态性质的潜意识有更多的了解。

　　致幻物也可以用于判定精神失调本质的实验研究。致幻物在正常人身上所引起的某些不正常的精神状态，类似精神分裂症及其他精神病的症状。过去人们甚至认为致幻

医生观察到，癌症病人所遭受的疼痛，无法用传统药剂止痛，但可以用麦角酸二乙胺局部或全部止痛。这种做法并不是使用普通的止痛剂。我们认为事情是这样的：病人对痛苦的感受消失了；在药物的作用下，病人的心智和肉体

物所引起的迷醉，可以视为一种"精神病的原型"，但我们已发现精神病的症状和致幻物迷醉有显著的差异。不过，致幻物迷醉可作为研究异常心智状态下生物化学与电生理变化的一种原型。

　　有关致幻物（特别是LSD）的医药用途，有一点触及严肃的伦理问题，那就是临终病人的照护。美国医院的

分开，使得躯体的疼痛不再触及心智。假如要使致幻物朝这个方向发挥利用并达到效果，绝对要让病患做好心智上的准备，向病患说明可能会经历哪一种经验和改变。将病患的思想引导到宗教方面也会有很大的助益，这可以由神职人员或精神治疗师来做。不少报道记述临终病人如何在麦角酸二乙胺狂喜中脱离痛苦，体认生与死的意义，安于

下图：在幻视体验中，许多人看见螺旋、漩涡，以及银河系。艺术家娜纳·瑙瓦德在她的画作《漂泊》（*The Middle Is Everywhere*）中描绘了这种体验。

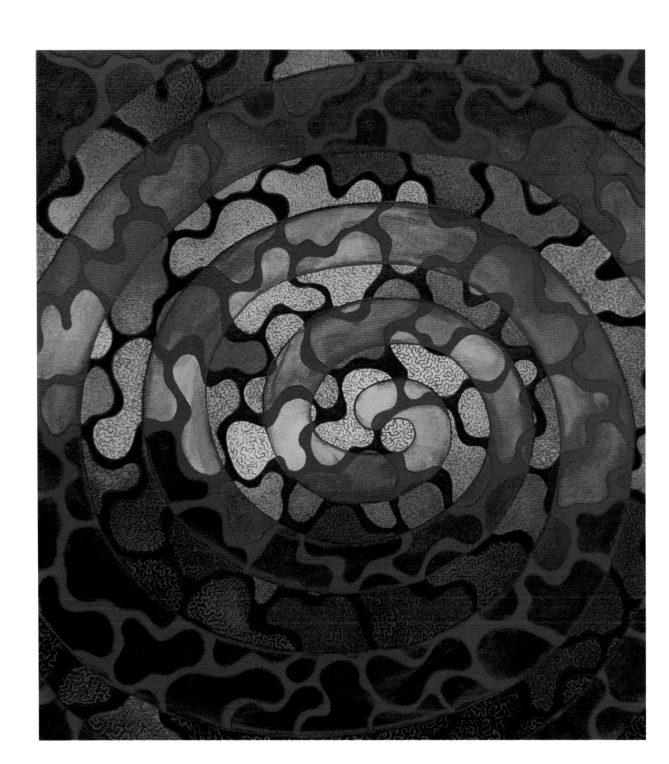

命运而无所惧，并在安宁中过世。

致幻物在医药上的使用，不同于萨满教巫医利用神祇植物的致幻力，后者通常是由巫医和治疗术士食用有关植物或服用其煎剂；在传统医学里，致幻物只给病人服用。然而，这两种情况同样是利用致幻植物所引起的心理

下左图：《精神与物质是不可分割的》（*Spirit and Matter Are Indivisible*）这幅画作记录一个受到致幻物影响而重复出现的经验。

下图：许多人在尝到神祇植物以后，认识"生存的意志"（the Will to Live）。娜纳·瑙瓦德借艺术作品表达这一点。

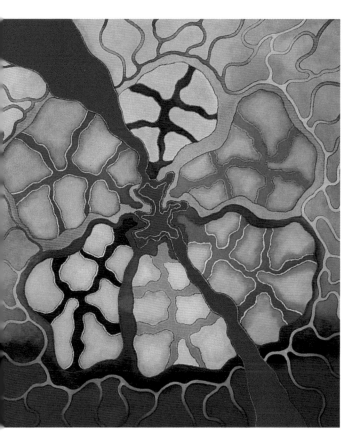

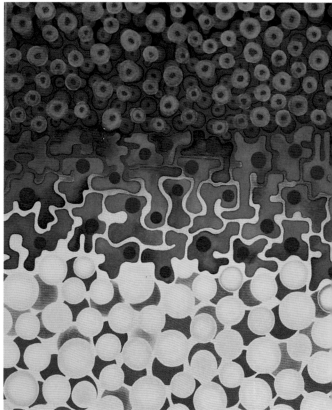

反应，因为辅助精神分析和精神治疗的药物作用，同样提供萨满非比寻常的力量来占卜和治病。这些药物作用包括

松解甚至消除"我-汝"界线，最后客观的日常意识融入"合一"（Oneness）的神秘体验里。

跋

致幻物研究领域最重要的人物是路易斯·莱温。他是柏林有名的毒物学家，半个多世纪前，在撰写《麻醉学》（*Phantastica*）时，他指出了致幻物在人类文化演变上无与伦比的重要性：

"自从我们开始去了解人类，我们发现人类已会使用无关营养价值的物质，使用此物质的唯一目的，就是为了在特定时间内产生满足、松懈与舒适感。

"这些物质的潜在能量遍及整个世界，不被崇山峻岭与汪洋大海阻隔，建立了各族间的联系。分居南半球与北半球的，或者已开化的与野蛮的人类，靠着致幻物的吸引力，联结在一起。致幻物造就了古代部族的特性，此特性不曾间断地绵延至今。此现象验证了不同人群之间有密切的来往，正如化学家从物质间的反应判断两种物质的关系。以这种方式建立两个民族间的接触，非要数百年或数千年的岁月不可。

"不论是偶然还是习以为常地使用这类致幻物，追究其原动力比收录相关事实更令人着迷。所有差异悬殊（如野蛮与文明）的人或物，在致幻物的领域相聚。这领域包括与致幻物相关性程度不等的财产、社会地位、知识、信仰、年龄，以及身体、心智与灵魂的天赋。

"各种人在这个平面上相聚，包括平民工匠与安逸奢靡者，君主与庶民，来自远方群岛或非洲卡拉哈里沙漠的未开化者，诗人、哲人、科学家，离群索居者与博爱为善者，酷爱和平者与好战者，虔诚教友与无神论者。

"致幻物在人体内各种阶段造成一阵阵冲击的效果，必定异常剧烈，影响深远广泛。对此许多人已经表示了诸般看法，为的是调查追究与了解致幻物的性质，有少数人仍然意识到它们最内在深层的重要性，与利用具有内在能量之致幻物的动机。"

早期的几位科学家促进了致幻性植物与精神活性物质的跨领域研究。1855年，恩斯特·冯比布拉男爵出版

在维乔尔族中，"涅里卡"指的是进出所谓"平常现实"与"超常现实"之间的门户。它是两个世界之间的通道，也是障碍。涅里卡是一个装饰性的仪式花盘，亦具有"镜子"与"神之面孔"的意义。这张涅里卡上有四个重要的方位与一个神圣的中心点。其调和轴放在"火之地"内。

了《致幻物与人类》（*Die narkotischen Genussmittel undder Mensch*）。在该书中，他提到17种精神活性植物，并呼吁化学家努力去研究这个深奥、有潜力的知识领域。英国的真菌学家莫迪凯·库克发表了许多真菌方面的专业论文。他唯一大众化的非科学专论是《长眠七修女》（*The Seven Sisters of Sleep*），这是一本综合各个领域精神活性植物研究的巨著，出版于1860年。

半个世纪后，另外一本毫无疑问受到冯比布拉的研究启发的专著付梓了。卡尔·哈特维希的巨著《令人迷幻的麻醉品》（*Die menschlichen Genussmittel*）于1911年出版，跨领域地以大篇幅介绍了30种精神活性植物，书中还提到其他数种致幻植物。该书指出冯比布拉的开创性著作已

经过时，而化学与植物学研究在1855年尚未开展，作者乐观地认为，到了1911年，这方面的研究若非如火如荼地进行着，就是已经完成了。

1924年，即《令人迷幻的麻醉品》一书出版13年以后，精神病药物学界影响最大的，非路易斯·莱温莫属。他的《麻醉学》是一本绝无仅有的、具有深度的综合性著作。全书完整描述28种植物，以及若干人工合成的化合物。该书介绍了全世界通用的、具有兴奋或麻醉作用的植物，强调其在科学（尤其是植物学、民族植物学、化学、药理学、医学、心理学、精神病学以及民族学、历史学与社会学）研究中的重要性。莱温写道："本书的内容将提供一个火种，或许能让上述科学的各门领域有所依循。"

从1930年代到今日，精神药理学、植物学、人类学之间的整合已在越来越紧密地进行。过时的知识获得扩增与澄清，紧接着众多的领域接二连三有新的发现。尽管过去150年来，在制药学、植物化学、民族植物学上有许多进展，但是神祇植物这方面仍有庞大的工作有待完成。

恩斯特·冯比布拉男爵（Ernst Freiherr von Bibra, 1806–1878）

莫迪凯·库克（Mordecai Cooke, 1825–1913）

卡尔·哈特维希（Carl Hartwich, 1851–1917）

路易斯·莱温（Louis Lewin, 1850–1929）

图片来源

Arnau, F., *Rauschgift,* Lucerne 1967: 101 below right
A-Z Botanical Coll., London: 17 above left
Biblioteca Apostolica Vaticana, Vatican City (Codex Barberini Lat. 241 fol. 29r): 111 left
Biblioteca Medicea Laurenziana, Florence: 159 above (Photo: Dr. G. B. Pineider)
Biblioteca Nazionale Centrale di Firenze, Florence: 162 above (Photo: G. Sansoni)
Biedermann, H., *Lexikon der Felsbildkunst,* Graz 1976: 83 above
Bildarchiv Bucher, Lucerne: 17 below right
Biocca, E., Yanoàma, Bari 1965 (Photo: Padre L. Cocco): 178 middle, 178/179, 179 middle, right, 181 left
Black Star, New York: 96 middle, left and right (Photo C. Henning)
Bouvier, N., Cologny-Genève: 82
Brill, D., College Park, Georgia: 168 above left
Carroll, L., *Alice's Adventures in Wonderland,* New York 1946: 101 below left
Coleman Collection, Uxbridge: 17 above, center left
Curtis Botanical Magazine, vol. III, third series, London 1847: 147 below
Editions Delcourt, Paris: 89 above left
EMB Archives, Lucerne: 5. 13 above, centerright, 28/29, 36 (9, 10), 38 (14,15), 40 (22, 25 below), 43 (35), 44 (38, 39), 46 (46) and below, 48 (52, 53) and below, 49 (55, 56), 53 (70, 72) and below, 56 (84) and below, 58 (89, 90), 59 (93), 60 (96), 62, 88, 118, 119, 122 above, 132, 133 right, 145 above, 177, 187 above
Emboden, W., California State University, Northridge: 95 right
Erdoes, R., New York and Santa Fe: 152 right
ETH-Bibliothek, Zurich: 197 center left
Forman, W., Archive, London: 62 right
Fröhlich, A., Lucerne: 186 above
Fuchs, L., *New Kreuterbuch,* Basel 1543: 31 left
Furst, P. T., New York State University, Albany, New York: 172 below
Goodman, Mill Valley, California: 96 center left
Halifax Collection, Ojai, California: 150 below, 190/191 middle, 191 above, 196
Harvard Botanical Museum, Cambridge, Mass.: 31 center left, 98 above, 152 left, 153 above right, 170 below, 185 above, 197 above
Hernández de Alba, G., Nuestra Gente Namuy Misag, Bogotá: 143 left
Hofmann, Dr. A., Burg i. L.: 23, 162 left
Holford, M., Loughton: 105 below
Holmstedt, B., Karolinska Institute, Stockholm: 197 below
Hunt Institute for Botanical Documentation, Carnegie-Mellon University, Pittsburgh: 188

Kaufmann, P. B., Department of Botany, University of Michigan, Ann Arbor: 99
Kobel, H., Sandoz Research Laboratories, Basel: 103 below right
Koch-Grünberg, T., *Zwei Jahre unter den Indianern,* Berlin, 1910: 127 left
Köhler, *Medizinal-Pflanzenatlas,* vol. I, Gera-Untermhaus 1887: 21 below, 31 center left
Krippner, S., San Francisco: 192
Leuenberger, H., Yverdon: 111 right
Lyckner, K.-Ch., Hamburg: 110 above left
Moreau de Tours, J., *Du Hachisch et de l'alimentation Mentale,* Paris 1845: 100 below
Museo del Oro, Bogotá: 64
Museum of Fine Arts, Boston, Gift of Mrs. W. Scott Fritz: 108 left
Museum of the American Indian, Heye Foundation, New York: 152 middle
Museum Rietberg, Zurich: 2 (Photo: Kammerer/Wolfsberger), 10/11 Sammlung von der Heydt (Photo: Wettstein & Kauf)
Myerhoff, B., Los Angeles: 148, 149 above left, 151 below
Nauwald, N., Südergellersen: 194, 195
Negrin, J., Mexico: 63 (Photo: L. P. Baker))
New Yorker, New York: 100 top
Österreichische Nationalbibliothek, Vienna (Codex Vindobonensis S. N. 2644—*Tacuinum Sanitatis in Medicina*—Folio 40): 87 below
Ott, J., Xalapa: 56 (82)
Parker, A.: Yale University, New Haven: 97 below left
Pelt, J. M., *Drogues et plantes magiques,* Paris 1971: 151 above left
Perret, J., Lucerne: 184–187 (models by Dr. A. Hofmann)
Petersen, W.: Mecki bei den 7 Zwergen, Köln (© for the Mecki-character: Diehl-Film, Munich): 84 center right
Photoarchiv Emil Schulthess Erben, Zurich: 24
Radio Times Hulton Picture Library, London: 4
Rätsch, C., Hamburg: 7, 8, 13 center, right, 17 below, center left, 18, 19, 21 above, 22, 24/25, 27, 30, 34, 35, 36, 37 (8), 38 (16, 17), 39, 40, (23, 24), 42, 43 (34, 36, 37), 44 (40, 41), 45, 46 (45, 47, 48), 47, 48 (53), 49 (57), 50, 51, 52, 53, (69, 71), 54, 55 (77, 78, 80), 56 (81, 83), 57, 58 (91), 59 (92, 94), 60 (95, 97), 83 below, 84 above, center left, below, 85 above right, below, 86, 97 above left, above right, 89 below, 90 below, 91, 92, 93, 94, 95 above, 96 above, below, 97, above left, above right, 101 above, 102, 103 above right, below right, 104, 105 right, 106, 107 above, below left, below right, 108 above right, below, 109, 110 below left, right, 112, 113 above below left, 114 above, 115 above, 117

left, above left, 120, 121, 122 below, 123, 124, 125, 128, 129, 130, 131, 134, 135, 136, 137, 138, 139, 140, 141, 142 right, 144, 145 below, 146, 147 above, 150 above, 151 above right, 152 above, 153 above left, 154 above left, 155 below, 156 above, 157 above, 158, 159 below, 164, 165, 166, 167, 168 above right, middle, below, 169, 170 above left, below, 172 above, 173, 175 above, 176 left, 181 right, 182, 189, 190 left
Rauh, Prof., Dr. W., Institut für Systematische Botanik und Pflanzengeographie der Universität Heidelberg: 16 above right, middle, below, 17 middle, 60
Roger Viollet, Paris: 116 right
Royal Botanical Gardens, Kew: 117 below right, 126 left, 197 center right
Sahagún, B. de, *Historia General de las Cosas de Nueva España,* Mexico 1829: 107 below middle
Salzman, E.: Denver, Colorado: 85 above left
Samorini, G.: Dozza: 112 right, 113 below right, 114 below, 115 below
Scala, Florence: 105 left
Schaefer, S. B.: McAllen, Texas: 6, 149 above right, middle, 154 above right, below, 155 above
Schmid, X.: Wetzikon: 55 (79)
Schultes, R. E., Harvard Botanical Museum, Cambridge, Mass.: 98 below, 117 above right, 126 middle, right, 127 right, 133 left, 142, 178
Schuster, M., Basel: 118 above left, 119 above middle
Science Photo Library, London (Long Ashton Research Station, University of Bristol): 31 right
Sharma, G., University of Tennessee, Martin: 98 center right
Sinsemilla: *Marijuana Flowers* © Copyright 1976, Richardson, Woods and Bogart. Permission granted by: And/Or Press, Inc., PO Box 2246, Berkeley, CA 94702: 97 below right
Smith, E. W., Cambridge, Mass.: 156/157 below, 171 above right, 176 right
Starnets, P. Olympia: 158 right
Tobler, R., Lucerne: 16 above left, 81
Topham, J., Picture Library, Edenbridge: 17 above right, 90 above
Valentini, M. B., *Viridarium reformatum, seu regnum vegetabile,* Frankfurt a. Main 1719: 80
Wasson, R. G., Harvard Botanical Museum, Cambridge, Mass.: 14, 15 (Photo A. B. Richardson), 174 below, 175 below (Photo: C. Bartolo)
Weidmann, F., Munich: 193
Zentralbibliothek Zurich (Ms. F23, p. 399): 89 above right
Zerries, O., Munich: 118 below right, 118/119, 119 above right

致谢

如果本书能让读者更了解数百年来致幻植物在人类文化发展上的作用，我们必须感谢萨满和其他一些原住民耐心友善地给以我们快乐共事的机会。感谢许多研究伙伴这些年来忠实地与我们合作并鼓励我们，虽然言语很难也不足以表达我们的感激，但还是要在这里表达我们的谢忱。

对于本书策划和撰写期间，在许多方面给予我们充分协助的各个科学机构和图书馆，在此要表达衷心的感谢。没有这些协助，这本书无法以现在这样的面貌呈现。

感谢许多个人和机构提供的慷慨协助，他们为本书提供了丰富的图说资料，这些材料通常是他们花了许多时间和精力才得到的——其中有一些到目前还没发表。在我们努力完成这本对人类文化和致幻物的基本元素有崭新和前瞻性综览的著作的过程中，常常遇到挫折，他们的慷慨让我们感到很温馨。

克里斯汀·拉奇感谢以下诸位为此修订版提供宝贵的意见：Claudia Müller-Ebeling、娜纳·瑶瓦德、Stacy Schaefer、Arno Adelaars、Felix Hasler、约纳森·奥特、Giorgio Samorini 和 Paul Stamets。

参考书目

Aaronson, Bernard & Humphrey Osmond (ed.)
1970 *Psychedelics*. New York: Anchor Books.

Adovasio, J. M. & G. F. Fry
1976 "Prehistoric Psychotropic Drug Use in North-eastern Mexico and Trans-Pecos Texas" *Economic Botany* 30: 94–96.

Agurell, S.
1969 "Cactaceae Alkaloids. I." *Lloydia* 32: 206–216.

Aiston, Georg
1937 "The Aboriginal Narcotic Pitcheri" *Oceania* 7(3): 372–377.

Aliotta, Giovanni, Danielle Piomelli, & Antonio Pollio
1994 "Le piante narcotiche e psicotrope in Plinio e Dioscoride" *Annali dei Musei Civici de Revereto* 9(1993): 99–114.

Alvear, Silvio Luis Haro
1971 *Shamanismo y farmacopea en el reino de Quito*. Quito, Instituto Ecuatoriana de Ciencias Naturales (Contribución 75).

Andritzky, Walter
1989 *Schamanismus und rituelles Heilen im Alten Peru* (2 volumes). Berlin: Clemens Zerling.
1989 "Ethnopsychologische Betrachtung des Heil-rituals mit Ayahuasca *(Banisteriopsis caapi)* unter besonderer Berücksichtigung der Piros (Ostperu)" *Anthropos* 84: 177–201.
1989 "Sociopsychotherapeutic Functions of Aya-huasca Healing in Amazonia" *Journal of Psycho-active Drugs* 21(1): 77–89.
1995 "Sakrale Heilpflanze, Kreativität und Kultur: indigene Malerei, Gold- und Keramikkunst in Peru und Kolumbien" *Curare* 18(2): 373–393.

Arenas, Pastor
1992 "El 'cebil' o el 'árbol de la ciencia del bien y del mal'" *Parodiana* 7(1–2): 101–114.

Arévalo Valera, Guillermo
1994 *Medicina indígena Shipibo-Conibo: Las plan-tas medicinales y su beneficio en la salud*. Lima: Edición Aidesep.

Baer, Gerhard
1969 "Eine Ayahuasca-Sitzung unter den Piro (Ost-Peru)" *Bulletin de la Société Suisse des American-istes* 33: 5–8.
1987 "Peruanische ayahuasca-Sitzungen" in: A. Dittrich & Ch. Scharfetter (ed.), *Ethno-psychotherapie*, S. 70–80, Stuttgart: Enke.

Barrau, Jacques
1958 "Nouvelles observations au sujet des plantes halluciñgenes d'usage autochtone en Nouvelle-Guinée" *Journal d'Agriculture Tropicale et de Bota-nique Appliquée* 5: 377–378.
1962 "Observations et travaux récents sur les vé-gétaux hallucinogènes de la Nouvelle-Guinée" *Journal d'Agriculture Tropicale et de Botanique Ap-pliquée* 9: 245–249.

Bauer, Wolfgang, Edzard Klapp & Alexandra Rosen-bohm
1991 *Der Fliegenpilz: Ein kulturhistorisches Mu-seum*. Cologne: Wienand-Verlag.

Beringer, Kurt
1927 *Der Meskalinrausch*. Berlin: Springer (reprint 1969).

Bianchi, Antonio & Giorgio Samorini
1993 "Plants in Association with Ayahuasca" *Jahr-buch für Ethnomedizin und Bewußtseinsforschung* 2: 21–42, Berlin: VWB.

Bibra, Baron Ernst von
1995 *Plant Intoxicants: A Classic Text on the Use of Mind-Altering Plants*. Technical notes by Jonathan Ott. Healing Arts Press: Rochester, VT. Originally published as *Die Narcotische Genußmittel und der Mensch*. Verlag von Wilhelm Schmid, 1885.

Bisset, N. G.
1985a "Phytochemistry and Pharmacology of *Voa-canga* Species" *Agricultural University Wageningen Papers* 85(3): 81–114.
1985b "Uses of *Voacanga* Species" *Agricultural University Wageningen Papers* 85(3): 115–122.

Blätter, Andrea
1995 "Die Funktionen des Drogengebrauchs und ihre kulturspezifische Nutzung" *Curare* 18(2): 279–290.
1996 "Drogen im präkolumbischen Nordamerika" *Jahrbuch für Ethnomedizin und Be-wußtseinsforschung* 4 (1995): 163–183.

Bogers, Hans, Stephen Snelders & Hans Plomp
1994 *De Psychedelische (R)evolutie*. Amsterdam: Bres.

Bové, Frank James
1970 *The Story of Ergot*. Basel, New York: S. Karger.

Boyd, Carolyn E. & J. Philip Dering
1996 "Medicinal and Hallucinogenic Plants Identi-fied in the Sediments and Pictographs of the Low-er Pecos, Texas Archaic" *Antiquity* 70 (268): 256–275

Braga, D. L. & J. L. McLaughlin
1969 "Cactus Alkaloids. V: Isolation of Hordenine and *N*-Methyltyramine from *Ariocarpus retusus*" *Planta Medica* 17: 87.

Brau, Jean-Louis
1969 *Vom Haschisch zum LSD*. Frankfurt/M.: Insel.

Bunge, A.
1847 "Beiträge zur Kenntnis der Flora Rußlands und der Steppen Zentral-Asiens" *Mem. Sav. Etr. Petersb.* 7: 438.

Bye, Robert A.
1979 "Hallucinogenic Plants of the Tarahumara" *Journal of Ethnopharmacology* 1: 23–48.

Callaway, James
1995 "Some Chemistry and Pharmacology of Aya-huasca" *Jahrbuch für Ethnomedizin und Bewußt-seinsforschung* 3(1994): 295–298, Berlin: VWB.
1995 "Pharmahuasca and Contemporary Ethno-pharmacology" *Curare* 18(2): 395–398.

Campbell, T. N.
1958 "Origin of the Mescal Bean Cult" *American Anthropologist* 60: 156–160.

Camporesi, Piero
1990 *Das Brot der Träume*. Frankfurt/New York: Campus.

Carstairs, G. M.
1954 "Daru and Bhang: Cultural Factors in the Choice of Intoxicants" *Quarterly Journal for the Study of Alcohol* 15: 220–237.

Chao, Jew-Ming & Ara H. Der Marderosian
1973 "Ergoline Alkaloidal Constituents of Hawaiian Baby Wood Rose, *Argyreia nervosa* (Burm.f.) Bojer" *Journal of Pharmaceutical Sciences* 62(4): 588–591.

Cooke, Mordecai C.
1989 *The Seven Sisters of Sleep*. Lincoln, MA: Quarterman Publ. (reprint 1860).

Cooper, J. M.
1949 "Stimulants and Narcotics" in: J. H. Stewart (ed.), *Handbook of South American Indians*, Bur. Am. Ethnol. Bull. 143(5): 525–558.

Cordy-Collins, Alana
1982 "Psychoactive Painted Peruvian Plants: The Shamanism Textile" *Journal of Ethnobiology* 2(2): 144–153.

Davis, Wade
1996 *One River: Explorations and Discoveries in the Amazon Rain Forest*. New York: Simon & Schuster.

De Smet, Peter A. G. M. & Laurent Rivier
1987 "Intoxicating Paricá Seeds of the Brazilian Maué Indians" *Economic Botany* 41(1): 12–16.

DeKorne, Jim
1995 *Psychedelischer Neo-Schamanismus*. Löhr-bach: Werner Pieper's MedienXperimente (Edition Rauschkunde).

Deltgen, Florian
1993 *Gelenkte Ekstase: Die halluzinogene Droge Cají der Yebámasa-Indianer*. Stuttgart: Franz Stei-ner Verlag (Acta Humboldtiana 14).

Descola, Philippe
1996 *The Spears of Twilight: Life and Death in the Amazon Jungle.* London: HarperCollins.

Devereux, Paul
1992 *Shamanism and the Mystery Lines: Ley Lines, Spirit Paths, Shape-Shifting & Out-of-Body Travel.* London, New York, Toronto, Sydney: Quantum.
1997 *The Long Trip: A Prehistory of Psychedelia.* New York: Penguin/Arkana.

Diaz, José Luis
1979 "Ethnopharmacology and Taxonomy of Mexican Psychodysleptic Plants" *Journal of Psychedelic Drugs* 11(1–2): 71–101.

Dieckhöfer, K., Th. Vogel, & J. Meyer-Lindenberg
1971 "*Datura Stramonium* als Rauschmittel" *Der Nervenarzt* 42(8): 431–437.

Dittrich, Adolf
1996 *Ätiologie-unabhängige Strukturen veränderter Wachbewußtseinszustände.* Second edition, Berlin: VWB.

Dobkin de Rios, Marlene
1972 *Visionary Vine: Hallucinogenic Healing in the Peruvian Amazon.* San Francisco: Chandler.
1984 *Hallucinogens: Cross-Cultural Perspectives.* Albuquerque: University of New Mexico Press.
1992 *Amazon Healer: The Life and Times of an Urban Shaman.* Bridport, Dorset: Prism Press.

Drury, Nevill
1989 *Vision Quest.* Bridport, Dorset: Prism Press.
1991 *The Visionary Human.* Shaftesbury, Dorset: Element Books.
1996 *Shamanism.* Shaftesbury, Dorset: Element.

Duke, James A. & Rodolfo Vasquez
1994 *Amazonian Ethnobotanical Dictionary.* Boca Raton, FL: CRC Press.

DuToit, Brian M.
1977 *Drugs, Rituals and Altered States of Consciousness.* Rotterdam: Balkema.

Efron, Daniel H., Bo Holmstedt, & Nathan S. Kline (ed.)
1967 *Ethnopharmacologic Search for Psychoactive Drugs.* Washington, DC: U.S. Department of Health, Education, and Welfare.

Emboden, William A.
1976 "Plant Hypnotics Among the North American Indians" in: Wayland D. Hand (ed.), *American Folk Medicine: A Symposium*, S. 159–167, Berkeley: University of California Press.
1979 *Narcotic Plants* (revised edition). New York: Macmillan.

Escohotado, Antonio
1990 *Historia de las drogas* (3 vols.). Madrid: Alianza Editorial.

Eugster, Conrad Hans
1967 *Über den Fliegenpilz.* Zürich: Naturforschende Gesellschaft (Neujahrsblatt).
1968 "Wirkstoffe aus dem Fliegenpilz" *Die Naturwissenschaften* 55(7): 305–313.

Fadiman, James
1965 "*Genista canariensis:* A Minor Psychedelic" *Economic Botany* 19: 383–384.

Farnsworth, Norman R.
1968 "Hallucinogenic Plants" *Science* 162: 1086–1092.
1972 "Psychotomimetic and Related Higher Plants" *Journal of Psychedelic Drugs* 5(1): 67–74.
1974 "Psychotomimetic Plants. II" *Journal of Psychedelic Drugs* 6(1): 83–84.

Fericgla, Josep M.
1994 (ed.), *Plantas, Chamanismo y Estados de Consciencia.* Barcelona: Los Libros de la Liebre de Marzo (Collección Cogniciones).

Fernández Distel, Alicia A.
1980 "Hallazgo de pipas en complejos precerámicos del borde de la Puna Jujeña (Republica Argentina) y el empleo de alucinógenos por parte de las mismas cultura" *Estudios Arqueológicos* 5: 55–79, Universidad de Chile.

Festi, Francesco
1985 *Funghi allucinogeni: Aspetti psichofisiologici e storici.* Rovereto: Musei Civici di Rovereto (LXXXVI Pubblicazione).
1995 "Le erbe del diavolo. 2: Botanica, chimica e farmacologia" *Altrove* 2: 117–145.
1996 "*Scopolia carniolica* Jacq." *Eleusis* 5: 34–45.

Festi, Franceso & Giovanni Aliotta
1990 "Piante psicotrope spontanee o coltivate in Italia" *Annali dei Musei Civici di Rovereto* 5 (1989): 135–166.

Festi, Francesco & Giorgio Samorini
1994 "Alcaloidi indolici psicoattivi nei generi *Phalaris* e *Arundo (Graminaceae):* Una rassegna" *Annali dei Musei Civici di Rovereto* 9 (1993): 239–288.

Fields, F. Herbert
1968 "*Rivea corymbosa:* Notes on Some Zapotecan Customs" *Economic Botany* 23: 206–209.

Fitzgerald, J. S. & A. A. Sioumis
1965 "Alkaloids of the Australian Leguminosae V: The Occurrence of Methylated Tryptamines in *Acacia maidenii* F. Muell." *Australian Journal of Chemistry* 18: 433–434.

Flury, Lázaro
1958 "El Caá-pí y el Hataj, dos poderosos ilusiógenos indígenas" *América Indígena* 18(4): 293–298.

Forte, Robert (ed.)
1997 *Entheogens and the Future of Religion.* San Francisco: Council on Spiritual Practices/Promind Services (Sebastopol).

Friedberg, C.
1965 "Des Banisteriopsis utilisés comme drogue en Amerique du Sud" *Journal d'Agriculture Tropicale et de Botanique Appliquée* 12: 1–139.

Fühner, Hermann
1919 "Scopoliawurzel als Gift und Heilmittel bei Litauen und Letten" *Therapeutische Monatshefte* 33: 221–227.
1925 "Solanazeen als Berauschungsmittel: Eine historisch-ethnologische Studie" *Archiv für experimentelle Pathologie und Pharmakologie* 111: 281–294.
1943 *Medizinische Toxikologie.* Leipzig: Georg Thieme.

Furst, Peter T.
1971 "*Ariocarpus retusus,* the 'False Peyote' of Huichol Tradition" *Economic Botany* 25: 182–187.
1972 (ed.), *Flesh of the Gods.* New York: Praeger.
1974 "Hallucinogens in Pre-Columbian Art" in Mary Elizabeth King & Idris R. Traylor Jr. (ed.), *Art and Environment in Native America,* The Museum of Texas Tech, Texas Tech University (Lubbock), Special Publication no. 7.
1976 *Hallucinogens and Culture.* Novato, CA: Chandler & Sharp.
1986 *Mushrooms: Psychedelic Fungi.* New York: Chelsea House Publishers. [updated edition 1992]
1990 "Schamanische Ekstase und botanische Halluzinogene: Phantasie und Realität" in: G. Guntern (ed.), *Der Gesang des Schamanen,* S. 211–243, Brig: ISO-Stiftung.
1996 "Shamanism, Transformation, and Olmec Art" in: *The Olmec World: Ritual and Rulership,* S. 69–81, The Art Museum, Princeton University/New York: Harry N. Abrams.

Garcia, L. L., L. L. Cosme, H. R. Peralta, et al.
1973 "Phytochemical Investigation of *Coleus Blumei.* I. Preliminary Studies of the Leaves" *Philippine Journal of Science* 102: 1.

Gartz, Jochen
1986 "Quantitative Bestimmung der Indolderivate von *Psilocybe semilanceata* (Fr.) Kumm." *Biochem. Physiol. Pflanzen* 181: 117–124.
1989 "Analyse der Indolderivate in Fruchtkörpern und Mycelien von *Panaeolus subbalteatus* (Berk. & Br.) Sacc." *Biochemie und Physiologie der Pflanzen* 184: 171–178.
1993 *Narrenschwämme: Psychotrope Pilze in Europa.* Genf/Neu-Allschwil: Editions Heuwinkel.
1996 *Magic Mushrooms Around the World.* Los Angeles: Lis Publications.

Garza, Mercedes de la
1990 *Sueños y alucinación en el mundo náhuatl y maya.* México, D.F.: UNAM.

Gelpke, Rudolf
1995 *Vom Rausch im Orient und Okzident* (Second edition). With a new epilogue by Michael Klett. Stuttgart: Klett-Cotta.

Geschwinde, Thomas
1990 *Rauschdrogen: Marktformen und Wirkungsweisen.* Berlin etc.: Springer.

Giese, Claudius Cristobal
1989 "Curanderos": *Traditionelle Heiler in Nord Peru (Küste und Hochland).* Hohenschäftlarn: Klaus Renner Verlag.

Golowin, Sergius
1971 "Psychedelische Volkskunde" *Antaios* 12: 590–604.
1973 *Die Magie der verbotenen Märchen.* Gifkendorf: Merlin.

Gonçalves de Lima, Oswaldo
1946 "Observações sôbre o 'vinho da Jurema' utilizado pelos índios Pancurú de Tacaratú (Pernambuco)" *Arquivos do Instituto de Pesquisas Agronomicas* 4: 45–80.

Grinspoon, Lester & James B. Bakalar
1981 *Psychedelic Drugs Reconsidered.* New York: Basic Books.
1983 (eds.), *Psychedelic Reflections.* New York: Human Sciences Press.

Grob, Charles S. et al.
1996 "Human Psychopharmacology of Hoasca, a Plant Hallucinogen in Ritual Context in Brazil" *The Journal of Nervous and Mental Disease* 181(2): 86–94.

Grof, Stanislav
1975 *Realms of the Human Unconscious: Observations from LSD Research.* New York: Viking Press.

Grof, Stanislav and Joan Halifax.
1977 *The Human Encounter with Death.* New York: E. P. Dutton.

Guerra, Francisco
1967 "Mexican Phantastica: A Study of the Early Ethnobotanical Sources on Hallucinogenic Drugs" *British Journal of Addiction* 62: 171–187.
1971 *The Pre-Columbian Mind.* London: Seminar Press.

Guzmán, Gastón
1983 *The Genus* Psilocybe. Vaduz, Liechtenstein: Beihefte zur Nova Hedwigia, Nr. 74

Halifax, Joan (ed.)
1979 *Shamanic Voices: A Survey of Visionary Narratives.* New York: E. P. Dutton.
1981 *Die andere Wirklichkeit der Schamanen.* Bern, Munich: O. W. Barth/Scherz.

Hansen, Harold A.
1978 *The Witch's Garden.* Foreword by Richard Evans Schultes. Santa Cruz: Unity Press-Michael Kesend. Originally published as *Heksens Urtegard.* Laurens Bogtrykkeri, Tønder, Denmark, 1976.

Harner, Michael (ed.)
1973 *Hallucinogens and Shamanism.* London: Oxford University Press.

Hartwich, Carl
1911 *Die menschlichen Genußmittel.* Leipzig: Tauchnitz.

Heffern, Richard
1974 *Secrets of Mind-Altering Plants of Mexico.* New York: Pyramid.

Heim, Roger
1963 *Les champignons toxiques et hallucinogènes.* Paris: N. Boubée & Cie.
1966 (et al.) "Nouvelles investigations sur les champignons hallucinogènes" *Archives du Muséum National d'Histoire Naturelle,* (1965–1966).

Heim, Roger & R. Gordon Wasson
1958 "Les champignons hallucinogènes du Mexique" *Archives du Muséum National d'Histoire Naturelle,* Septième Série, Tome VI, Paris.

Heinrich, Clark
1008 *Die Magie der Pilze.* Munich: Diederichs.

Heiser, Charles B.
1987 *The Fascinating World of the Nightshades.* New York: Dover.

Höhle, Sigi, Claudia Müller-Ebeling, Christian Rätsch, & Ossi Urchs
1986 *Rausch und Erkenntnis.* Munich: Knaur.

Hoffer, Abraham & Humphry Osmond
1967 *The Hallucinogens.* New York and London: Academic Press.

Hofmann, Albert
1960 "Die psychotropen Wirkstoffe der mexikanischen Zauberpilze" *Chimia* 14: 309–318.
1961 "Die Wirkstoffe der mexikanischen Zauberdroge Ololiuqui" *Planta Medica* 9: 354–367.
1964 *Die Mutterkorn-Alkaloide.* Stuttgart: Enke.

1968 "Psychotomimetic Agents" in: A. Burger (ed.), *Chemical Constitution and Pharmacodynamic Action*, S. 169–235, New York: M. Dekker.

1980 *LSD, My Problem Child*. Translated by Jonathan Ott. New York: McGraw-Hill. Originally published as *LSD: mein Sorgenkind*. Stuttgart: Klett-Cotta, 1979.

1987 "Pilzliche Halluzinogene vom Mutterkorn bis zu den mexikanischen Zauberpilzen" *Der Champignon* 310: 22–28.

1989 *Insight, Outlook*. Atlanta: Humanics New Age. Originally published as *Einsichten/Ausblicken*. Basel: Sphinx Verlag, 1986.

1996 *Lob des Schauens*. Privately printed (limited edition of 150 copies).

Hofmann, Albert, Roger Heim, & Hans Tscherter
1963 "Présence de la psilocybine dans une espèce européenne d'Agaric, le *Psilocybe semilanceata* Fr. Note (*) de MM." in: *Comptes rendus des séances de l'Académie des Sciences* (Paris), t. 257: 10–12.

Huxley, Aldous
1954 *The Doors of Perception*. New York: Harper & Bros.

1956 *Heaven and Hell*. New York: Harper & Bros.

1999 *Moksha*. Preface by Albert Hofmann. Edited by Michael Horowitz and Cynthia Palmer. Introduction by Alexander Shulgin. Rochester, VT: Park Street Press.

Illius, Bruno
1991 *Ani Shinan: Schamanismus bei den Shipibo-Conibo (Ost-Peru)*. Münster, Hamburg: Lit Verlag (Ethnologische Studien Vol. 12).

Jain, S. K., V. Ranjan, E. L. S. Sikarwar, & A. Saklani
1994 "Botanical Distribution of Psychoactive Plants in India" *Ethnobotany* 6: 65–75.

Jansen, Karl L. R. & Colin J. Prast
1988 "Ethnopharmacology of Kratom and the *Mitragyna* Alkaloids" *Journal of Ethnopharmacology* 23: 115–119.

Johnston, James F.
1855 *The Chemistry of Common Life. Vol. II: The Narcotics We Indulge In*. New York: D. Appleton & Co.

1869 *Die Chemie des täglichen Lebens* (2 Bde.). Berlin.

Johnston, T. H. & J. B. Clelland
1933 "The History of the Aborigine Narcotic, Pituri" *Oceania* 4(2): 201–223, 268, 289.

Joralemon, Donald & Douglas Sharon
1993 *Sorcery and Shamanism: Curanderos and Clients in Northern Peru*. Salt Lake City: University of Utah Press.

Joyce, C. R. B. & S. H. Curry
1970 *The Botany and Chemistry of Cannabis*. London: Churchill.

Jünger, Ernst
1980 *Annäherungen-Drogen und Rausch*. Frankfurt/usw.: Ullstein.

Kalweit, Holger
1984 *Traumzeit und innerer Raum: Die Welt der Schamanen*. Bern etc.: Scherz.

Klüver, Heinrich
1969 *Mescal and Mechanisms of Hallucinations*. Chicago: The University of Chicago Press.

Koch-Grünberg, Theodor
1921 *Zwei Jahre bei den Indianern Nordwest-Brasiliens*. Stuttgart: Strecker & Schröder

1923 *Vom Roraima zum Orinoco*. Stuttgart:

Kotschenreuther, Hellmut
1978 *Das Reich der Drogen und Gifte*. Frankfurt/M. etc.: Ullstein.

Kraepelin, Emil
1882 *Über die Beeinflussung einfacher psychologischer Vorgänge durch einige Arzneimittel*. Jena.

La Barre, Weston
1970 "Old and New World Narcotics" *Economic Botany* 24(1): 73–80.

1979 "Shamanic Origins of Religion and Medicine" *Journal of Psychedelic Drugs* 11(1–2): 7–11.

1979 *The Peyote Cult* (5th edition). Norman: University of Oklahoma Press.

Langdon, E. Jean Matteson & Gerhard Baer (ed.)
1992 *Portals of Power: Shamanism in South America*. Albuquerque: University of New Mexico Press.

Larris, S.
1980 *Forbyde Hallucinogener? Forbyd Naturen at Gro!* Nimtoffe: Forlaget Indkøbstryk.

Leuenberger, Hans
1969 *Zauberdrogen: Reisen ins Weltall der Seele*. Stuttgart: Henry Goverts Verlag.

Leuner, Hanscarl
1981 *Halluzinogene*. Bern etc.: Huber.

1996 *Psychotherapie und religiöses Erleben*. Berlin: VWB.

Lewin, Louis
1997 *Banisteria caapi, ein neues Rauschgift und Heilmittel*. Berlin: VWB (reprint from 1929).

1998 *Phantastica: A Classic Survey on the Use and Abuse of Mind-Altering Plants*. Rochester, VT: Park Street Press. Originally published as *Phantastica-Die Betäubenden und erregenden Genußmittel. Für Ärtzte und Nichtärzte*. Berlin: Georg Stilke Verlag, 1924.

Lewis-Williams, J. D. & T. A. Dowson
1988 "The Signs of All Times: Entoptic Phenomena in Upper Paleolithic Art" *Current Anthropology* 29(2): 201–245.

1993 "On Vision and Power in the Neolithic: Evidence from the Decorated Monuments" *Current Anthropology* 34(1): 55–65.

Liggenstorfer, Roger & Christian Rätsch (eds.)
1996 *María Sabina-Botin der heiligen Pilze: Vom traditionellen Schamanentum zur weltweiten Pilzkultur*. Solothurn: Nachtschatten Verlag.

Li, Hui-Lin
1975 "Hallucinogenic Plants in Chinese Herbals" *Botanical Museum Leaflets* 25(6): 161–181.

Lin, Geraline C. & Richard A. Glennon (ed.)
1994 *Hallucinogens: An Update*. Rockville, MD: National Institute on Drug Abuse.

Lipp, Frank J.
1991 *The Mixe of Oaxaca: Religion, Ritual, and Healing*. Austin: University of Texas Press.

Lockwood, Tommie E.
1979 "The Ethnobotany of *Brugmansia*" *Journal of Ethnopharmacology* 1: 147–164.

Luna, Luis Eduardo
1984 "The Concept of Plants as Teachers Among Four Mestizo Shamans of Iquitos, Northeast Peru" *Journal of Ethnopharmacology* 11(2): 135–156.

1986 *Vegetalismo: Shamanism Among the Mestizo Population of the Peruvian Amazon*. Stockholm: Almqvist & Wiskell International (Acta Universitatis Stockholmiensis, Stockholm Studies in Comparative Religion 27).

1991 "Plant Spirits in Ayahuasca Visions by Peruvian Painter Pablo Amaringo: An Iconographic Analysis" *Integration* 1: 18–29.

Luna, Luis Eduardo & Pablo Amaringo
1991 *Ayahuasca Visions*. Berkeley: North Atlantic Books.

McKenna, Dennis J. & G. H. N. Towers
1985 "On the Comparative Ethnopharmacology of Malpighiaceous and Myristicaceous Hallucinogens" *Journal of Psychoactive Drugs* 17(1): 35–39.

McKenna, Dennis J., G. H. N. Towers, & F. Abbott
1994 "Monoamine Oxydase Inhibitors in South American Hallucinogenic Plants: Tryptamine and β-Carboline Constituents of *Ayahuasca*" *Journal of Ethnopharmacology* 10: 195–223 and 12: 179–211.

McKenna, Terence
1991 *The Archaic Revival*. San Francisco: Harper.

1992 "Tryptamine Hallucinogens and Consciousness" *Jahrbuch für Ethnomedizin und Bewußtseinsforschung* 1: 133–148, Berlin: VWB.

1992 *Food of the Gods: The Search for the Original Tree of Knowledge: A Radical History of Plants, Drugs and Human Evolution*. New York: Bantam Books.

1994 *True Hallucinations: Being an Account of the Author's Extraordinary Adventures in the Devil's Paradise*. London: Rider.

Mantegazza, Paolo
1871 *Quadri della natura umana: Feste ed ebbrezze* (2 volumes). Mailand: Brigola.

1887 *Le estasi umane*. Mailand: Dumolard.

Marzahn, Christian
1994 *Bene Tibi-Über Genuß und Geist*. Bremen: Edition Temmen.

Marzell, Heinrich
1964 *Zauberpflanzen-Hexentränke*. Stuttgart: Kosmos.

Mata, Rachel & Jerry L. McLaughlin
1982 "Cactus Alkaloids. 50: A Comprehensive Tabular Summary" *Revista Latinoamerica de Quimica* 12: 95–117.

Metzner, Ralph
1994 *The Well of Remembrance: Rediscovering the Earth Wisdom Myths of Northern Europe*. Appendix "The Mead of Inspiration and Magical Plants of the Ancient Germans" by Christian Rätsch. Boston: Shambhala.

Møller, Knud O.
1951 *Rauschgifte und Genußmittel*. Basel: Benno Schwabe.

Moreau de Tours, J. J.
1973 *Hashish and Mental Illness*. New York: Raven Press.

Müller, G. K. & Jochen Gartz
1986 "*Psilocybe cyanescens*-eine weitere halluzinogene Kahlkopfart in der DDR" *Mykologisches Mitteilungsblatt* 29: 33–35.

Müller-Eberling, Claudia & Christian Rätsch
1986 *Isoldens Liebestrank*. Munich: Kindler.

Müller-Ebeling, Claudia, Christian Rätsch, & Wolf-Dieter Storl
1998 *Hexenmedizin*. Aarau: AT Verlag.

Munizaga A., Carlos
1960 "Uso actual de *miyaya (Datura stramonium)* por los araucanos de Chiles" *Journal de la Société des Américanistes* 52: 4–43.

Myerhoff, Barbara G.
1974 *Peyote Hunt: The Sacred Journey of the Huichol Indians*. Ithaca: Cornell, University Press.

Nadler, Kurt H.
1991 *Drogen: Rauschgift und Medizin*. Munich: Quintessenz.

Naranjo, Plutarco
1969 "Etnofarmacología de las plantas psicotrópicas de América" *Terapía* 24: 5–63.

1983 *Ayahuasca: Etnomedicina y mitología*. Quito: Ediciones Libri Mundi.

Negrin, J.
1975 *The Huichol Creation of the World*. Sacramento, CA: Crocker Art Gallery.

Neuwinger, Hans Dieter
1994 *Afrikanische Arzneipflanzen und Jagdgifte*. Stuttgart: WVG.

Ortega, A., J. F. Blount, & P. S. Merchant
1982 "Salvinorin, a New Trans-Neoclerodane Diterpene from *Salvia divinorum* (Labiatae)" *J. Chem. Soc.*, Perkin Trans. I: 2505–2508.

Ortiz de Montellano, Bernard R.
1981 "Entheogens: The Interaction of Biology and Culture" *Reviews of Anthropology* 8(4): 339–365.

Osmond, Humphrey
1955 "Ololiuhqui: The Ancient Aztec Narcotic" *Journal of Mental Science* 101: 526–537.

Ott, Jonathan
1979 *Hallucinogenic Plants of North America*. (revised edition) Berkeley: Wingbow press.

1985 *Chocolate Addict*. Vashon, WA: Natural Products Co.

1993 *Pharmacotheon: Entheogenic Drugs, Their Plant Sources and History*. Kennewick, WA: Natural Products Co.

1995 *Ayahuasca Analogues: Pangoean Entheogens*. Kennewick, WA: Natural Products Co.

1995 "*Ayahuasca* and Ayahuasca Analogues: Pan-Gaean Entheogens for the New Millennium" *Jahrbuch für Ethnomedizin und Bewußtseinsforschung* 3(1994): 285–293.

1995 "Ayahuasca-Ethnobotany, Phytochemistry and Human Pharmacology" *Integration* 5: 73–97.

1995 "Ethnopharmacognosy and Human Pharmacology of *Salvia divinorum* and Salvinorin A" *Curare* 18(1): 103–129.

1995 *The Age of Entheogens & The Angels' Dictionary*. Kennewick, WA: Natural Products Co.

1996 "*Salvia divinorum* Epling et Játiva (Foglie della Pastora/Leaves of the Shepherdess)" *Eleusis* 4: 31–39.

1996 "Entheogens II: On Entheology and Entheobotany" *Journal of Psychoactive Drugs* 28(2): 205–209.

Ott, Jonathan & Jeremy Bigwood (ed.)
  1978 *Teonanácatl: Hallucinogenic Mushrooms of North America.* Seattle: Madrona.
Pagani, Silvio
  1993 *Funghetti.* Torino: Nautilus.
Pelletier, S. W.
  1970 *Chemistry of Alkaloids.* New York: Van Nostrand Reinhold.
Pelt, Jean-Marie
  1983 *Drogues et plantes magiques.* Paris: Fayard.
Pendell, Dale
  1995 *Pharmak/Poeia: Plant Powers, Poisons, and Herbcraft.* San Francisco: Mercury House.
Perez de Barradas, José
  1957 *Plantas magicas americanas.* Madrid: Inst. 'Bernardino de Sahagún.'
Perrine, Daniel M.
  1996 *The Chemistry of Mind-Altering Drugs: History, Pharmacology, and Cultural Context.* Washington, DC: American Chemical Society.
Peterson, Nicolas
  1979 "Aboriginal Uses of Australian Solanaceae" in: J. G. Hawkes et al. (eds.), *The Biology and Taxonomy of the Solanaceae,* 171–189, London etc.: Academic Press.
Pinkley, Homer V.
  1969 "Etymology of *Psychotria* in View of a New Use of the Genus" *Rhodora* 71: 535–540.
Plotkin, Mark J.
  1994 *Tales of a Shaman's Apprentice: An Ethnobotanist Searches for New Medicines in the Amazon Rain Forest.* New York: Penguin
Plowman, Timothy, Lars Olof Gyllenhaal, & Jan Erik Lindgren
  1971 "*Latua pubiflora*-Magic Plant from Southern Chile" *Botanical Museum Leaflets* 23(2): 61–92.
Polia Meconi, Mario
  1988 *Las lagunas de los encantos: medicina tradicional andina del Perú septentrional.* Piura: Central Peruana de Servicios-CEPESER/Club Grau de Piura.
Pope, Harrison G., Jr.
  1969 "*Tabernanthe iboga:* An African Narcotic Plant of Social Importance" *Economic Botany* 23: 174–184.
Prance, Ghillian T.
  1970 "Notes on the Use of Plant Hallucinogens in Amazonian Brazil" *Economic Botany* 24: 62–68.
  1972 "Ethnobotanical Notes from Amazonian Brazil" *Economic Botany* 26: 221–237.
Prance, Ghillian T., David G. Campbell, & Bruce W. Nelson
  1977 "The Ethnobotany of the Paumarí Indians" *Economic Botany* 31: 129–139.
Prance, G. T. & A. E. Prance
  1970 "Hallucinations in Amazonia" *Garden Journal* 20: 102–107.
Preussel, Ulrike & Hans-Georg
  1997 *Engelstrompeten: Brugmansia und Datura.* Stuttgart: Ulmer.
Quezada, Noemí
  1989 *Amor y magia amorosa entre los aztecas.* Mexico: UNAM.
Rätsch, Christian
  1988 *Lexikon der Zauberpflanzen aus ethnologischer Sicht.* Graz: ADEVA.
  1991 *Von den Wurzeln der Kultur: Die Pflanzen der Propheten.* Basel: Sphinx.
  1991 *Indianische Heilkräuter* (2 revised edition). Munich: Diederichs.
  1992 *The Dictionary of Sacred and Magical Plants.* Santa Barbara etc.: ABC-Clio.
  1992 *The Dictionary of Sacred and Magical Plants.* Bridport, England: Prism Press. Originally published as *Lexikon der Zauberpflanzen aus ethnologischer Sicht.* Graz: ADEVA, 1988.
  1994 "Die Pflanzen der blühenden Träume: Trancedrogen mexikanischer Schamanen" *Curare* 17(2): 277–314.
  1995 *Heilkräuter der Antike in Ägypten, Griechenland und Rom.* Munich: Diederichs Verlag (DG).
  1996 *Urbock-Bier jenseits von Hopfen und Malz: Von den Zaubertränken der Götter zu den psychedelischen Bieren der Zukunft.* Aarau, Stuttgart: AT Verlag.
  1997 *Enzyklopädie der psychoaktiven Pflanzen.*

Aarau: AT Verlag.
  1997 *Plants of Love: Aphrodisiacs in History and a Guide to Their Identification.* Foreword by Albert Hofmann, Berkeley: Ten Speed Press. Originally published as *Pflanzen der Liebe.* Bern: Hallwag, 1990. Second and subsequent editions published by AT Verlag, Aarau, Switzerland.
  1998 *Enzyklopädie der psychoaktiven Pflanzen.* Aarau: AT Verlag . English-language edition, *Encyclopedia of Psychoactive Plants,* to be published in 2003 by Inner Traditions, Rochester, Vermont.
Raffauf, Robert F.
  1970 *A Handbook of Alkaloids and Alkaloid-containing Plants.* New York: Wiley-Interscience.
Reichel-Dolmatoff, Gerardo
  1971 *Amazonian Cosmos: The Sexual and Religious Symbolism of the Tukano Indians.* Chicago and London: The University of Chicago Press.
  1975 *The Shaman and the Jaguar: A Study of Narcotic Drugs Among the Indians of Colombia.* Philadelphia: Temple University Press.
  1978 *Beyond the Milky Way: Hallucinatory Imagery of the Tukano Indians.* Los Angeles: UCLA Latin American Center Publications.
  1985 *Basketry as Metaphor: Arts and Crafts of the Desana Indians of the Northwest Amazon.* Los Angeles Museum of Cultural History.
  1987 *Shamanism and Art of the Eastern Tukanoan Indians.* Leiden: Brill.
  1996 *The Forest Within: The World-View of the Tukano Amazonian Indians.* Totnes, Devon: Green Books.
  1996 *Das schamanische Universum: Schamanismus, Bewußtseins und Ökologie in Südamerika.* Munich: Diederichs.
Reko, Blas Pablo
  1996 *On Aztec Botanical Names.* Translated, edited and commented by Jonathan Ott. Berlin: VWB.
Reko, Victor A.
  1938 *Magische Gifte: Rausch- und Betäubungsmittel der neuen Welt* (second edition). Stuttgart: Enke (Reprint Berlin: EXpress Edition 1987, VWB 1996).
Richardson, P. Mick
  1992 *Flowering Plants: Magic in Bloom* (updated edition). New York, Philadelphia: Chelsea House Publ.
Ripinsky-Naxon, Michael
  1989 "Hallucinogens, Shamanism, and the Cultural Process" *Anthropos* 84: 219–224.
  1993 *The Nature of Shamanism: Substance and Function of a Religious Metaphor.* Albany: State University of New York Press.
  1996 "Psychoactivity and Shamanic States of Consciousness" *Jahrbuch für Ethnomedizin und Bewußtseinsforschung* 4 (1995): 35–43, Berlin: VWB.
Rivier, Laurent & Jan-Erik Lindgren
  1972 " 'Ayahuasca,' the South American Hallucinogenic Drink: An Ethnobotanical and Chemical Investigation" *Economic Botany* 26: 101–129.
Römpp, Hermann
  1950 *Chemische Zaubertränke* (5th edition). Stuttgart: Kosmos-Franckh'sche.
Rosenbohm, Alexandra
  1991 *Halluzinogene Drogen im Schamanismus.* Berlin: Reimer.
Roth, Lutz, Max Daunderer, & Kurt Kormann
  1994 *Giftpflanzen-Pflanzengifte* (4. edition). Munich: Ecomed.
Rouhier, Alexandre
  1927 *Le plante qui fait les yeux émerveillés-le Peyotl.* Paris: Gaston Doin.
  1996 *Die Hellsehen hervorrufenden Pflanzen.* Berlin: VWB (Reprint from 1927).
Ruck, Carl A. P. et al.
  1979 "Entheogens" *Journal of Psychedelic Drugs* 11(1–2): 145–146.
Rudgley, Richard
  1994 *Essential Substances: A Cultural History of Intoxicants in Society.* Foreword by William Emboden. New York, Tokyo, London: Kodansha International.
  1995 "The Archaic Use of Hallucinogens in Europe: An Archaeology of Altered States" *Addiction* 90: 163–164.

Safford, William E.
  1916 "Identity of *Cohoba,* the Narcotic Snuff of Ancient Haiti" *Journal of the Washington Academy of Sciences* 6: 547–562.
  1917 "Narcotic Plants and Stimulants of the Ancient Americans" *Annual Report of the Smithsonian Institution for 1916:* 387–424.
  1921 "Syncopsis of the Genus *Datura*" *Journal of the Washington Academy of Sciences* 11(8): 173–189.
  1922 "Daturas of the Old World and New" *Annual Report of the Smithsonian Institution for 1920:* 537–567.
Salzman, Emanuel, Jason Salzman, Joanne Salzman, & Gary Lincoff
  1996 "In Search of *Mukhomor,* the Mushroom of Immortality" *Shaman's Drum* 41: 36–47.
Samorini, Giorgio
  1995 *Gli allucinogeni nel mito: Racconti sull'origine delle piante psicoattive.* Turin: Nautilus.
Schaefer, Stacy & Peter T. Furst (ed.)
  1996 *People of the Peyote: Huichol Indian History, Religion, & Survival.* Albuquerque: University of New Mexico Press.
Schenk, Gustav
  1948 *Schatten der Nacht.* Hanover: Sponholtz.
  1954 *Das Buch der Gifte.* Berlin: Safari.
Schleiffer, Hedwig (ed.)
  1973 *Narcotic Plants of the New World Indians: An Anthology of Texts from the 16th Century to Date.* New York: Hafner Press (Macmillan).
  1979 *Narcotic Plants of the Old World: An Anthology of Texts from Ancient Times to the Present.* Monticello, NY: Lubrecht & Cramer.
Scholz, Dieter & Dagmar Eigner
  1983 "Zur Kenntnis der natürlichen Halluzinogene" *Pharmazie in unserer Zeit* 12(3): 74–79.
Schuldes, Bert Marco
  1995 *Psychoaktive Pflanzen. 2. verbesserte und ergänzte Auflage.* Löhrbach: MedienXperimente & Solothurn: Nachtschatten Verlag.
Schultes, Richard E.
  1941 *A Contribution to Our Knowledge of Rivea corymbosa: The Narcotic Ololiuqui of the Aztecs.* Cambridge, MA: Botanical Museum of Harvard University.
  1954 "A New Narcotic Snuff from the Northwest Amazon" *Botanical Museum Leaflets* 16(9): 241–260.
  1963 "Hallucinogenic Plants of the New World" *The Harvard Review* 1(4): 18–32.
  1965 "Ein halbes Jahrhundert Ethnobotanik amerikanischer Halluzinogene" *Planta Medica* 13: 125–157.
  1966 "The Search for New Natural Hallucinogens" *Lloydia* 29(4): 293–308.
  1967 "The Botanical Origins of South American Snuffs" in Daniel H. Efron (ed.), *Ethnopharmacological Search for Psychoactive Drugs,* S. 291–306, Washington, DC: U.S. Government Printing Office.
  1969 "Hallucinogens of Plant Origin" *Science* 163: 245–254.
  1970 "The Botanical and Chemical Distribution of Hallucinogens" *Annual Review of Plant Physiology* 21: 571–594.
  1970 "The Plant Kingdom and Hallucinogens" *Bulletin on Narcotics* 22(1): 25–51.
  1972 "The Utilization of Hallucinogens in Primitive Societies-Use, Misuse or Abuse?" in: W. Keup (ed.), *Drug Abuse: Current Concepts and Research,* S. 17–26, Springfield, IL: Charles C. Thomas
  1976 *Hallucinogenic Plants.* Racine, WI: Western.
  1977 "Mexico and Colombia: Two Major Centres of Aboriginal Use of Hallucinogens" *Journal of Psychedelic Drugs* 9(2): 173–176.
  1979 "Hallucinogenic Plants: Their Earliest Botanical Descriptions" *Journal of Psychedelic Drugs* 11(1–2): 13–24.
  1984 "Fifteen Years of Study of Psychoaktive Snuffs of South America: 1967–1982, a Review" *Journal of Ethnopharmacology* 11(1): 17–32.
  1988 *Where the Gods Reign: Plants and Peoples of the Colombian Amazon.* Oracle, AZ: Synergetic Press.
  1995 "Antiquity of the Use of New World Hallucinogens" *Integration* 5: 9–18.

Schultes, Richard E. & Norman R. Farnsworth
1982 "Ethnomedical, Botanical and Phytochemical Aspects of Natural Hallucinogens" *Botanical Museum Leaflets* 28(2): 123–214.

Schultes, Richard E. & Albert Hofmann
1980 *The Botany and Chemistry of Hallucinogens*. Springfield, IL: Charles C. Thomas.

Schultes, Richard Evans & Bo Holmstedt
1968 "De Plantis Toxicariis e Mundo Novo Tropicale Commentationes II: The Vegetable Ingredients of the Myristicaceous Snuffs of the Northwest Amazon" *Rhodora* 70: 113–160.

Schultes, Richard Evans & Robert F. Raffauf
1990 *The Healing Forest: Medicinal and Toxic Plants of the Northwest Amazonia*. Portland, OR: Dioscorides Press.
1992 *Vine of the Soul: Medicine Men, Their Plants and Rituals in the Colombian Amazonia*. Oracle, AZ: Synergetic Press.

Schultes, Richard E. & Siri von Reis (Ed.)
1995 *Ethnobotany: Evolution of a Discipline*. Portland, OR: Dioscorides Press.

Schurz, Josef
1969 *Vom Bilsenkraut zum LSD*. Stuttgart: Kosmos.

Schwamm, Brigitte
1988 *Atropa belladonna: Eine antike Heilpflanze im modernen Arzneischatz*. Stuttgart: Deutscher Apotheker Verlag.

Sharon, Douglas
1978 *Wizard of the Four Winds: A Shaman's Story*. New York: The Free Press.

Shawcross, W. E.
1983 "Recreational Use of Ergoline Alkaloids from *Argyreia nervosa*" *Journal of Psychoactive Drugs* 15(4): 251–259.

Shellard, E. J.
1974 "The Alkaloids of *Mitragyna* with Special Reference to Those of *M. speciosa*, Korth." *Bulletin of Narcotics* 26: 41–54.

Sherratt, Andrew
1991 "Sacred and Profane Substances: The Ritual Use of Narcotics in Later Neolithic Europe" in: Paul Garwood et al. (ed.), *Sacred and Profane*, 50–64, Oxford University Committee for Archaeology, Monograph No. 32.

Shulgin, Alexander T.
1992 *Controlled Substances: Chemical & Legal Guide to Federal Drug Laws* (second edition). Berkeley: Ronin.

Shulgin, Alexander T. & Claudio Naranjo
1967 "The Chemistry and Psychopharmacology of Nutmeg and of Several Related Phenylisopropylamìnes" in: D. Efron (ed.), *Ethnopharmacologic Search for Psychoactive Drugs*, S. 202–214, Washington, DC: U.S. Dept. of Health, Education, and Welfare.

Shulgin, Alexander & Ann Shulgin
1991 *PIHKAL: A Chemical Love Story*. Berkeley: Transform Press.
1997 *TIHKAL*. Berkeley: Transform Press.

Siebert, Daniel J.
1994 "*Salvia divinorum* and Salvinorin A: New Pharmacologic Findings" *Journal of Ethnopharmacology* 43: 53–56.

Siegel, Ronald K.
1992 *Fire in the Brain: Clinical Tales of Hallucination*. New York: Dutton.

Siegel, Ronald K. & Louise J. West (ed.)
1975 *Hallucinations*. New York etc.: John Wiley & Co.

Silva, M. & P. Mancinell.
1959 "Chemical Study of *Cestrum parqui*" *Boletin de la Sociedad Chilena de Química* 9: 49–50.

Slotkin, J. S.
1956 *The Peyote Religion: A Study in Indian-White Relations*. Glencoe, IL: The Free Press.

Spitta, Heinrich
1892 *Die Schlaf- und Traumzustände der menschlichen Seele mit besonderer Berücksichtigung ihres Verhältnisses zu den psychischen Alienationen*. Zweite stark vermehrte Auflage. Freiburg i. B.: J. C. B. Mohr (first edition 1877).

Spruce, Richard
1970 *Notes of a Botanist on the Amazon & Andes*. New foreword by R. E. Schultes. New York: Johnson Reprint Corporation (reprint from 1908).

Stafford, Peter
1992 *Psychedelics Encyclopedia* (3. revised edition). Berkeley: Ronin.

Stamets, Paul
1978 *Psilocybe Mushrooms & Their Allies*. Seattle: Homestead.
1996 *Psilocybin Mushrooms of the World*. Berkeley: Ten Speed Press.

Storl, Wolf-Dieter
1988 *Feuer und Asche-Dunkel und Licht: Shiva-Urbild des Menschen*. Freiburg i. B.: Bauer.
1993 *Von Heilkräutern und Pflanzengottheiten*. Braunschweig: Aurum.
1997 *Pflanzendevas-Die Göttin und ihre Pflanzenengel*. Aarau: AT Verlag.

Suwanlert, S.
1975 "A Study of Kratom Eaters in Thailand" *Bulletin of Narcotics* 27: 21–27.

Taylor, Norman
1966 *Narcotics: Nature's Dangerous Gifts*. New York: Laurel Edition. Originally published as *Flight from Reality*. New York: Duell, Sloan and Pearce, 1949.

Torres, Constantino Manuel
1987 *The Iconography of South American Snuff Trays and Related Paraphernalia*. Göteborg: Etnologiska Studier 37.

Torres, Constantino Manuel, David B. Repke, Kelvin Chan, Dennis McKenna, Agustín Llagostera, & Richard Evans Schultes
1991 "Snuff Powders from Pre-Hispanic San Pedro de Atacama: Chemical and Contextual Analysis" *Current Anthropology* 32(5): 640–649.

Turner, D. M.
1996 *Salvinorin: The Psychedelic Essence of Salvia divinorum*. San Francisco: Panther Press. *Der psychodelische Reiseführer*. Solothurn: Nachtschatten Verlag.

Uscátegui M., Nestor
1959 "The Present Distribution of Narcotics and Stimulants Amongst the Indian Tribes of Colombia" *Botanical Museum Leaflets* 18(6): 273–304.

Valdes, Leander J., III.
1994 "*Salvia divinorum* and the Unique Diterpene Hallucinogen, Salvinorin (Divinorin) A" *Journal of Psychoactive Drugs* 26(3): 277–283.

Valdes, Leander J., José L. Diaz, & Ara G. Paul
1983 "Ethnopharmacology of ska María Pastora (*Salvia divinorum* Epling and Játiva-M.)" *Journal of Ethnopharmacology* 7: 287–312.

Van Beek, T. A. et al.
1984 "*Tabernaemontana* (Apocynaceae): A Review of Its Taxonomy, Phytochemistry, Ethnobotany and Pharmacology" *Journal of Ethnopharmacology* 10: 1–156.

Villavicencio, M.
1858 *Geografía de la república del Ecuador*. New York: R. Craigshead.

Völger, Gisela (ed.)
1981 *Rausch und Realität* (2 volumes). Cologne: Rautenstrauch-Joest Museum.

Von Reis Altschul, Siri
1972 *The Genus* Anadenanthera *in Amerindian Cultures*. Cambridge: Botanical Museum, Harvard University.

Vries, Herman de
1989 *Natural Relations*. Nürnberg: Verlag für moderne Kunst.

Wagner, Hildebert
1970 *Rauschgift-Drogen* (second edition). Berlin etc.: Springer.

Wassel, G. M., S. M. El-Difrawy, & A. A. Saeed
1985 "Alkaloids from the Rhizomes of *Phragmites australis* CAV." *Scientia Pharmaceutica* 53: 169–170.

Wassén, S. Henry & Bo Holmstedt
1963 "The Use of Paricá: An Ethnological and Pharmacological Review" *Ethnos* 28(1): 5–45.

Wasson, R. Gordon
1957 "Seeking the Magic Mushroom" *Life* (13 May 1957) 42(19): 100ff.
1958 "The Divine Mushroom: Primitive Religion and Hallucinatory Agents" *Proc. Am. Phil. Soc.* 102: 221–223.
1961 "The Hallucinogenic Fungi of Mexico: An Inquiry into the Origins of the Religious Idea Among Primitive Peoples" *Botanical Museum Leaflets, Harvard University* 19(7): 137–162. [reprinted 1965]
1962 "A New Mexican Psychotropic Drug from the Mint Family" *Botanical Museum Leaflets* 20(3): 77–84.
1963 "The Hallucinogenic Mushrooms of Mexico and Psilocybin: A Bibliography" *Botanical Museum Leaflets, Harvard University* 20(2a): 25–73c. [second printing, with corrections and addenda]
1968 *Soma-Divine Mushroom of Immortality*. New York: Harcourt Brace Jovanovich.
1971 "Ololiuqui and the Other Hallucinogens of Mexico" in: *Homenaje a Roberto J. Weitlaner*, 329–348, Mexico: UNAM.
1973 "The Role of 'Flowers' in Nahuatl Culture: A Suggested Interpretation" *Botanical Museum Leaflets* 23(8): 305–324.
1973 "Mushrooms in Japanese Culture" *The Transactions of the Asiatic Society of Japan* (Third Series) 11: 5–25.
1980 *The Wondrous Mushroom: Mycolatry in Mesoamerica*. New York: McGraw-Hill.
1986 "Persephone's Quest" in: R. G. Wasson et al., *Persephone's Quest: Entheogens and the Origins of Religion*, S. 17–81, New Haven and London: Yale University Press.

Wasson, R. Gordon, George and Florence Cowan, & Willard Rhodes
1974 *María Sabina and Her Mazatec Mushroom Velada*. New York and London: Harcourt Brace Jovanovich.

Wasson, R. Gordon, Albert Hofmann, & Carl A. P. Ruck
1978 *The Road to Eleusis: Unveiling the Secret of the Mysteries*. New York: Harcourt Brace Jovanovich.

Wasson, R. Gordon & Valentina P. Wasson
1957 *Mushrooms, Russia, and History*. New York: Pantheon Books.

Watson, Pamela
1983 *This Precious Foliage: A Study of the Aboriginal Psychoactive Drug Pituri*. Sydney: University of Sydney Press (*Oceania Monograph*, 26).

Watson, P. L., O. Luanratana, & W. J. Griffin
1983 "The Ethnopharmacology of Pituri" *Journal of Ethnopharmacology* 8(3): 303–311.

Weil, Andrew
1980 *The Marriage of the Sun and Moon: A Quest for Unity in Consciousness*. Boston: Houghton-Mifflin.
1998 *Natural Mind: An Investigation of Drugs & Higher Consciousness*. Revised edition. Boston: Houghton-Mifflin.

Weil, Andrew & Winifred Rosen
1983 *Chocolate to Morphen: Understanding Mind-Active Drugs*. Boston: Houghton-Mifflin.

Wilbert, Johannes
1987 *Tobacco and Shamanism in South America*. New Haven and London: Yale University Press.

Winkelman, Michael & Walter Andritzky (ed.)
1996 *Sakrale Heilpflanzen, Bewußtsein und Heilung: Transkulturelle und Interdisziplinäre Perspektiven/Jahrbuch für Transkulturelle Medizin und Psychotherapie* 6 (1995), Berlin: VWB.

Zimmer, Heinrich
1984 *Indische Mythen und Symbole*. Cologne: Diederichs.

索引

图书在版编目(CIP)数据

众神的植物：神圣、具疗效和致幻力量的植物/
(美)理查德·伊文斯·舒尔兹,(瑞士)艾伯特·霍夫曼,
(德)克里斯汀·拉奇著;金恒镳译.—北京:商务印书馆,
2021(2023.7重印)

ISBN 978-7-100-19619-2

Ⅰ.①众…　Ⅱ.①理…②艾…③克…④金…　Ⅲ.
①植物—文化研究　Ⅳ.①Q94-05

中国版本图书馆 CIP 数据核字(2021)第 045500 号

众神的植物

神圣、具疗效和致幻力量的植物

〔美〕理查德·伊文斯·舒尔兹

〔瑞士〕艾伯特·霍夫曼　　　　著

〔德〕克里斯汀·拉奇

金恒镳　译

———————————————————

商　务　印　书　馆　出　版
(北京王府井大街 36 号　邮政编码 100710)
商　务　印　书　馆　发　行
北京雅昌艺术印刷有限公司印刷
ISBN 978-7-100-19619-2

———————————————————

2021 年 9 月第 1 版　　　开本 889×1194　1/16
2023 年 7 月北京第 3 次印刷　　印张 13¼
定价:98.00 元